Refactoring with C#

博碩文化

U0086696

重構

改善 .NET 與 C# 應用程式的設計，償還欠下的技術債

使用 GitHub Copilot 與 Visual Studio

Matt Eland　著 ‧ AI人工智慧小組(GPT、博碩編輯室)　編譯

陳傳興(Bruce Chen)　審校

Refactoring with C#

重構

改善 .NET 與 C# 應用程式的設計，償還欠下的技術債
使用 GitHub Copilot 與 Visual Studio

Matt Eland 著 · AI 人工智慧小組(GPT、博碩編輯室) 編譯
陳傳興(Bruce Chen) 審校

本書如有破損或裝訂錯誤，請寄回本公司更換

作　　者：Matt Eland
編　　譯：AI 人工智慧小組 (GPT、博碩編輯室)
審　　校：陳傳興 (Bruce Chen)
責任編輯：盧國鳳

董 事 長：曾梓翔
總 編 輯：陳錦輝

出　　版：博碩文化股份有限公司
地　　址：221 新北市汐止區新台五路一段 112 號 10 樓 A 棟
　　　　　電話 (02) 2696-2869　傳真 (02) 2696-2867

發　　行：博碩文化股份有限公司
郵撥帳號：17484299　戶名：博碩文化股份有限公司
博碩網站：http://www.drmaster.com.tw
讀者服務信箱：dr26962869@gmail.com
訂購服務專線：(02) 2696-2869 分機 238、519
（週一至週五 09:30 ～ 12:00；13:30 ～ 17:00）

版　　次：2024 年 3 月初版一刷
　　　　　2024 年 4 月初版二刷
建議零售價：新台幣 850 元
Ｉ Ｓ Ｂ Ｎ：978-626-333-778-7
律師顧問：鳴權法律事務所 陳曉鳴律師

國家圖書館出版品預行編目資料

重構：改善 .NET 與 C# 應用程式的設計, 償還欠
下的技術債 (使用 GitHub Copilot 與 Visual Studio)
/ Matt Eland 著 ; AI 人工智慧小組 (GPT、博碩編
輯室) 編譯 . -- 初版 . -- 新北市 : 博碩文化股份有
限公司 , 2024.03
　面；　公分
譯自：Refactoring with C#

ISBN 978-626-333-778-7 (平裝)

1.CST: C# (電腦程式語言) 2.CST: 軟體研發

312.32C　　　　　　　　　　　　113002259

Printed in Taiwan

歡迎團體訂購，另有優惠，請洽服務專線
博碩粉絲團　(02) 2696-2869 分機 238、519

商標聲明

本書中所引用之商標、產品名稱分屬各公司所有，本書引用
純屬介紹之用，並無任何侵害之意。

有限擔保責任聲明

雖然作者與出版社已全力編輯與製作本書，唯不擔保本書及
其所附媒體無任何瑕疵；亦不為使用本書而引起之衍生利益
損失或意外損毀之損失擔保責任。即使本公司先前已被告知
前述損毀之發生。本公司依本書所負之責任，僅限於台端對
本書所付之實際價款。

著作權聲明

給我親愛的妻子 Heather，是她鼓勵我要有大夢想，並在我追夢的過程中給予我支持。

謹此緬懷我們的父親們，希望他們能在這裡看到這一切。

給所有我有幸教導、指導、管理及啟發的人，以及那些我尚未影響的人：願你們的學習之旅精彩絕倫。

審校序

2023 年 12 月，正忙於年末最後一場 iThome Kubernetes Summit 2023 的演講，心想，忙完這一場，終於可以好好休息一下！但事情永遠不是憨人所想的那麼簡單。突然，信箱進來一封編輯邀約的信件，正想說，如果是翻譯工作，就再幫忙找其他新鮮的肝（新譯者），結果是翻譯，也不是翻譯！出版社想嘗試新做法：使用 ChatGPT 進行初譯，然後由編輯和專業譯者進行修潤與審校。快速瀏覽了主題與內容，我非常有興趣，立即回信說，我想接下這份工作。

如果你是看到「C#」+「重構」關鍵字而翻開本書的讀者，我只能說，本書非常實用。作者雖然會提及一些架構設計上的專有名詞，例如 SOLID、DRY、KISS 等原則，但和一般談及重構的書籍不同，他採用更多的範例教學：用一個淺顯易懂的範例，帶上地表最強 Visual Studio 的實際操作，讓我們在彈指之間完成重構這件事。對於專有名詞反而只是淡淡的帶過，先把功夫學起來比較重要。

提到 Visual Studio，不得不誇一下作者。原本以為我已經很熟悉 Visual Studio 了，但看完本書才知道，Visual Studio 提供的重構功能原來如此強大、完善且容易使用。書中提及的 Visual Studio 重構功能——不誇張，我只知道 30% 左右，原來還有其他那麼多好用的重構功能！舉例來說，我們或多或少都看過「if 波動拳」這種技術債，它能動，它運作良好，但沒人想動它！利用書中介紹的 Visual Studio 重構功能，很容易就可以消除這筆「人見人怕」的技術債。

有強大的開發工具，那麼 C# 就是軍火庫。C# 現在是個進化極快的程式開發語言，每年一版的更新不斷推陳出新，這些 C# 新功能成為你重構路上軍火庫的各種新型武器。有些是讓程式碼更短，有些是更易讀、更高的容錯，讓開發者減少犯錯可能性，例如導入 Nullable 也可以視為一種重構，讓開發者在面對 Null 時能有更多的選擇路徑。作者針對遺留程式碼在升級（重構）C# 的過程，進行許多務實的討論。

會寫程式的人很多，就拿我開課或擔任顧問的經驗來說，有寫或會寫測試的比例實在低得可怕。重構是件需要防護罩的工作，而測試，尤其是單元測試，就是它的防護罩。沒有測試的保護，重構會是件可怕的工作。書中所有的範例都有對應的單元測試——不論

是已寫好的，或是作者帶著讀者動手補上的，這些都是提升測試技能很好的練習場。曾經有人問我，如何區分資淺和資深開發者？以技術能力而言，我會把「測試」當成其中一項評估指標。

一般來說，經典的重構書籍，段落性比較強：一個主題搭配一個段落討論，再加上一個程式碼片段。想要找到一個完整且能練習的案例比較不容易。作者虛擬一家航空公司來進行討論，從「第 1 章」讀到最後「第 17 章」，故事線很完整。在審校過程中，本書的所有範例，我完整跟著做了 2 次，基本上，除了一些小小注意事項之外（都有加上審校註），都能很順利地跟著書的節奏完成練習。練習是「重構技能」很重要的一部分，練手感、練察覺味道、練工具的重構功能等等，且透過 Git 的幫忙，還能隨時還原專案來重新練習。這對於想加強實力的人來說尤其重要——練習、練習、再練習。

這是一本 .NET 資淺到資深開發者都能受益的書。程式開發沒有人不需要重構，而重構未必需要很多高深的理論才能做，只要你學好本書的精髓，沒有 Visual Studio 一樣可以重構，只是有工具的幫忙可以發揮加分效果，這是我在審校本書時很深的體悟。如果你是有 3 年以上經驗的開發者，常常受限於「環境」，想重構而無法重構，我蠻建議可以先從 **Part 4** 開始閱讀。了解如何有技巧地溝通，這是我經常在開發者身上看到缺少的東西。很多工作的順利與否，多數時候並不是在於技術層面，而是向上溝通的能力，而 **Part 4** 的內容，是少數提及「如何與上層溝通技術問題」的內容。

回到最前面的「使用 ChatGPT 進行初譯」這件事，整體而言，初譯我給個 60 分吧，誤譯、漏譯、簡體中文用字、簡體中文用語等等，都有出現在初譯稿中。審校的第一回合，也是必須在原文與初譯稿之間一字一行地對照，後續我和編輯的人工審校及文句修飾亦花費不少時間與精神。也就是說，很多工作不是有了 ChatGPT 之類的工具就能省略的，所以這類工具稱為「AI 助理」，而不是 AI 工程師、AI 譯者……它只是一個工具！（它無法幫你讀書、幫你練習，但它能陪你讀書、陪你練習，對吧？）

最後感謝編輯國鳳的邀約，給我帶來一個不同於譯者的工作體驗，這次合作非常愉快。感謝 Joey Chen（91）的支援，遠在日本渡假，還接受我的打擾，詢問重構相關問題，光是幾句話功夫就能抓到本書精髓，給出很好的方向，為讀者們謝謝你。感謝我的家人，為了本書，連個假期都沒法好好安排，每分每秒都是你們的體諒，這是我安心努力的動力。

陳傳興（Bruce Chen）
微軟最有價值專家（Microsoft MVP）
https://blog.kkbruce.net
2024 年 2 月於新竹

推薦序

Matt Eland，又名 Integerman，就像我一樣，已經寫了 30 多年的軟體。深入研讀本書後，我明確感受到他見證和經歷過一些事情。在軟體開發領域擁有漫長的職涯，難免會遇到遺留程式碼和技術債的嚴重影響。不過，Matt 與許多其他開發者不同，他沒有迴避這些問題帶來的挑戰，而是開發出一套豐富的技巧來應對它們。他在本書中與讀者分享的，正是這些技術和技巧。

技術債在每個程式倉庫（codebase）中幾乎無所不在。它是一種隱喻，代表著軟體演變過程中留下的小小麻煩（有時並不那麼小），例如捷徑、混亂、設計不相符等問題，這些問題往往是由於軟體無法適應不斷變化的外部因素所造成的。如果不加以控制，這些問題就會導致工作效率急遽下降，而重構（refactoring）正是開發者處理這個問題的主要工具。這是每位開發者都應該掌握的重要技能。

本書的對談風格很棒。閱讀起來就像是 Matt 坐在你身邊，親自為你解說這些範例。其中很多範例一開始可能相當複雜，但 Matt 做得很好，他擅長將這種複雜性分解成容易理解的小區塊，然後展示如何透過重構技巧進一步簡化。

另一項極具效果的技巧是 Matt 運用工具和截圖來展示「如何有效地使用工具」。本書大部分的內容都是 Visual Studio，但也涵蓋了 VS Code 和其他工具。只要是可以用來輔助重構技術的工具，Matt 都會以清楚、簡潔的方式來說明如何操作，時不時輔以截圖。俗話說，一圖勝千言！

本書的廣度也令人印象深刻。除了展示重新排列程式碼的重構技巧之外，Matt 還提供了一些寶貴建議，幫助你有效地向管理者和商業利害關係人傳達技術債的概念及重構的重要性。書中還有專門探討「如何讓程式碼跟上最新的軟體變化」的內容。他不只提到重構可以從自動化測試中獲益，甚至還特地寫了幾章來介紹測試技術和工具！

無論你是新手開發者，還是有數十年程式設計經驗的專家，我相信你都能在本書中找到一些實用的提示和技術。我教導 .NET 開發者重構知識已經很多年了，即便如此，我依然從中獲益良多。

Steve "ardalis" Smith
NimblePros 首席架構師
Pluralsight 平台作者
20 多年微軟最有價值專家（Microsoft MVP）

貢獻者

作者簡介

Matt Eland 是 AI 人工智慧領域的微軟最有價值專家（Microsoft MVP），從 2001 年開始從事 .NET 的工作。Matt 曾任資深工程師、軟體工程經理及 .NET 程式設計講師。他目前是俄亥俄州哥倫布市附近 Leading EDJE 公司的 AI 專家和資深顧問，他利用 C# 和相關技術協助公司滿足軟體工程和資料科學方面的需求。Matt 在他的社群中演說和寫作，並在攻讀資料分析碩士學位期間，共同組織了 Central Ohio .NET Developers Group。Matt 的個人網站：MattEland.dev。

給 Matthew、Brad、Calvin、Sam、Steve 和 Esha：感謝你們為重構本書所付出的辛勞。給 Debadrita：感謝你向我提出這個想法。給 Heather、我們的家人、Wren、Sadukie、Matt、Angelia、我親愛的 EDJE 同仁、所有爸爸們，以及無數的其他人：感謝你們的鼓勵和支持。給微軟：感謝你為我們提供 20 多年的 C# 語言，以及建置偉大事物所需的工具。最後，我感謝上帝給予我技能、知識、時間和健康來撰寫本書。

檢閱者簡介

Brad Knowles 是 AWS Professional Services 的 CAA（Cloud Application Architect，雲端應用程式架構師），專門負責遷移和最佳化在雲端執行的 .NET 工作負載（workload）。Brad 在軟體產業中擁有超過 20 年的經驗，他曾為許多產業撰寫應用程式，包括供應鏈和醫療保健產業。在那段期間，他從「單一的內部網頁伺服器」部署到「多個容器化微服務」。身為架構師，他的首要目標是建立有彈性的系統，最大限度地降低複雜性，並在這兩者之間取得平衡。他常在當地的社群聚會和會議上分享知識，並在 https://bradknowles.com 上撰寫 .NET 和架構等主題的文章。

Calvin A. Allen 在科技社群中十分活躍。由於他對開發者社群的貢獻，包括提供指導、撰寫技術文章／部落格貼文，以及舉辦科技活動等等，他被認可為微軟最有價值專家（Microsoft MVP）。Calvin 也是各種開放原始碼專案的貢獻者，並熱衷於透過部

落格「Coding with Calvin」與其他人分享他的知識和專業技能。Calvin 的部落格：
https://www.codingwithcalvin.net。

Matthew D. Groves 是一位熱愛程式設計的人。無論是 C#、jQuery 還是 PHP，他都能提交提取要求（pull request）。早在 90 年代，他就為父母的披薩店撰寫了一支 QuickBASIC 銷售應用程式，此後，他就一直在專業環境中從事程式設計的工作。他目前在 Couchbase 工作，以各種方式為開發者提供協助。他的空閒時間主要與家人一起度過，觀看紅襪隊的比賽，並積極參與開發者社群。他是《*AOP in .NET*》的作者，《*Pro Microservices in .NET*》的共同作者，Pluralsight 平台作者，他也是微軟最有價值專家（Microsoft MVP）。

Samuel Gomez 在軟體開發領域已工作超過 15 年（主要是微軟技術），他非常享受在工作中解決問題的過程。近年來，他對 AI 和機器學習技術充滿熱情，並熱衷於探索如何將它們應用到生活的不同方面。不寫程式的時候，他喜歡與家人共度時光，他也喜歡足球（觀看、玩耍和教練）、電玩遊戲和看電影。

審校者簡介

陳傳興（Bruce Chen）由 MS-DOS 6.22 與 Intel 486 DX2-66 進入資訊領域，在 QBasic 寫下第一行 Hello World，就愛上了開發的世界，目前任職於遠東金士頓科技擔任資深工程師。現任微軟最有價值專家（Microsoft MVP），喜歡分享技術心得於部落格（https://blog.kkbruce.net），瀏覽量超過七百萬。STUDY4 與 twMVC 社群核心成員。合著出版作品有《*ASP.NET MVC 4* 網站開發美學》、《*ASP.NET MVC 5* 網站開發美學》。合譯出版作品有《*Martin Fowler* 的企業級軟體架構模式》。協助翻譯 GitHub 上擁有 17.2K 星星的《*ASP.NET Core* 開發人員指南》，為繁體與簡體中文化的主要貢獻者。

目錄

Part 1：在 Visual Studio 中使用 C# 進行重構

Part 2：安全地重構

Part 3：利用 AI 和程式碼分析進階重構

Part 4：企業中的重構

前言

軟體專案很容易就會從綠地（greenfield）樂園變成充滿遺留程式碼和技術債的棕地
（brownfield）荒野[1]。每個工程師都會遇到像這樣的專案：由於現有的技術債，專案
變得比想像中還要困難。本書會介紹重構的流程，將現有程式碼重構成更容易維護的形
式。

在本書中，我們將重點介紹如何利用現代化的 C# 和 Visual Studio 功能，以安全、永
續的方式償還技術債，同時繼續為企業提供價值。

目標讀者

本書是為兩種不同類型的讀者而寫的。

第一類讀者是那些剛踏入職場不久的新手和中階 C# 開發者。本書會教你在職涯中取得
進步所需的程式設計技術和心態。你將學會如何安全地重構程式碼，並找到改善程式碼
整體結構的新方法。

第二類讀者是軟體工程師或工程經理，他們正在處理一個特別麻煩的程式倉庫
（codebase），或是身處非常抗拒重構的專案或組織當中。本書將協助你為重構「辯
護」，確保你能夠安全地進行重構，並為你提供替代解決方案，避免只有完全重寫
（complete rewrite）這種極端的選擇。

本書還介紹了許多你可能沒有接觸過或沒有考慮過的函式庫和語言功能。我希望本書能
為你提供新的視角、工具和技術，協助你重構程式碼，並建立一個更好的程式倉庫。

---

1 審校註：軟體世界使用「棕地」（https://en.wikipedia.org/wiki/Brownfield_
  land），這個說法來自《軟體構築美學》（英文書名是《*Brownfield Application
  Development in .NET*》），指一塊年久失修的建地，如果好好整理一番，仍然有機
  會恢復利用價值。

本書內容

「第 1 章，技術債、程式碼異味與重構」向讀者介紹技術債的概念和造成技術債的原因。本章描述遺留程式碼及其對開發流程的影響，並說明程式碼異味如何幫助你找到它們。本章最後介紹重構的觀念，這也是本書其他內容的焦點。

「第 2 章，重構簡介」介紹在 Visual Studio 中重構 C# 程式碼的流程，具體做法是用一段範例程式碼，然後使用內建的重構功能和自訂操作來示範重構的流程。

「第 3 章，重構程式碼流程和迭代」主要說明如何重構單行程式碼和程式碼區塊。我們把重點放在程式流程控制、物件執行個體化、處理集合，以及適當地使用 LINQ。

「第 4 章，在方法層級的重構」擴大了前一章的範疇，將方法和建構函式重構為更容易維護的形式。本章的核心焦點是在類別內保持一致性和建置小型、可維護的方法。

「第 5 章，物件導向重構」將前幾章的重構概念應用到整個類別層級。本章將會呈現，在一般的情況下，透過導入介面、繼承、多型及其他類別，如何帶來更好的程式碼模式和更容易維護的軟體系統。

「第 6 章，單元測試」介紹 C# 單元測試，從單元測試的概念迅速轉向如何在 xUnit、NUnit 和 MSTest 中撰寫單元測試。我們也會討論參數化測試和單元測試的最佳實踐。

「第 7 章，測試驅動開發（TDD）」向讀者介紹測試驅動開發以及紅 / 綠 / 重構等概念，透過遵循 TDD 流程來改進程式碼並進行重構。我們也會討論程式碼產生（generation）的 Quick Actions（快速操作）。

「第 8 章，使用 SOLID 避免程式碼反模式」主要探討什麼是好的程式碼、什麼是壞的程式碼，以及常見的模式，例如 SOLID、DRY、KISS 等等，它們如何幫助你的程式碼更能抵抗技術債。

「第 9 章，進階單元測試」介紹各種測試函式庫，包括資料產生、模擬（mocking）、固定（pinning）現有行為以及透過 A/B 測試安全地進行變更。我們將詳細介紹 Bogus、Fluent Assertions、Moq、NSubstitute、Scientist .NET、Shouldly 和 Snapper。

「**第 10 章，防禦性程式設計技巧**」展示一系列 C# 語言功能，這些功能可以讓程式碼更可靠、更不容易出現缺陷。我們也會討論 nullable 分析、驗證、不可變性、record 類別、模式比對等內容。

「**第 11 章，AI 輔助重構：使用 GitHub Copilot**」向讀者介紹 Visual Studio 中最新的 AI 工具，那就是 GitHub Copilot Chat。本章將向讀者展示，如何利用 GitHub Copilot Chat 來產生程式碼、給予重構建議、撰寫文件草稿，甚至協助測試程式碼。我們還特別討論了資料隱私問題，以及保護公司智慧財產權的方法。

「**第 12 章，Visual Studio 中的程式碼分析**」重點介紹現代 .NET 內建的程式碼分析器，並展示程式碼分析概況如何有助於找出程式碼中的問題。我們也會探討程式碼度量，並使用這些指標來優先處理某些技術債區域。本章最後還會介紹 SonarCloud 和 NDepend 這兩種工具，它們可以協助追蹤技術債的變化情況。

「**第 13 章，建立一個 Roslyn 分析器**」介紹自訂 Roslyn 分析器的概念，它可以協助檢測程式碼中的問題。本章將指導讀者撰寫他們的第一個分析器，使用 RoslynTestKit 對其進行單元測試，並使用 Visual Studio 擴充功能進行部署。

「**第 14 章，使用 Roslyn 分析器重構程式碼**」，展示 Roslyn 分析器如何修復它們檢測到的問題。本章接續上一章的內容，透過擴充分析器來提供程式碼修正（code fix）。然後，我們會討論如何將分析器包裝為 NuGet 套件，並在 NuGet.org 或其他 NuGet 摘要（feed）上發佈。

「**第 15 章，溝通技術債**」講述的是追蹤和報告技術債的系統化流程（systematic process），目的是讓商業領導者也能夠理解和認同。我們還討論許多重構的常見障礙，以及如何建立信任與透明的文化，讓商業管理者能夠明白技術債所代表的風險。

「**第 16 章，採用程式碼標準**」討論我們如何確定適合開發團隊的程式碼標準，以及如何獲得開發者支持。本章介紹 Visual Studio 中的程式碼樣式、程式碼清除設定檔，以及如何共享 EditorConfig 檔案，來促進團隊採用一致的樣式。

「**第 17 章，敏捷重構**」是本書的最後一章，本章探討敏捷環境中的重構，以及敏捷對重構帶來的獨特挑戰。我們會討論在敏捷衝刺中如何按照優先順序處理並償還技術債。本章還探討升級和重寫等更大型的專案，以及幫助這些大型專案取得成功的方法。

閱讀須知

理想的讀者應熟悉 C# 程式語言和 Visual Studio IDE。熟悉物件導向程式設計、類別及 LINQ 等知識也會很有幫助。

書中包含的軟體／硬體	作業系統需求
Visual Studio 2022 v17.8 或更高版本	Windows
.NET 8 SDK	

本書適用於任何版本的 Visual Studio，從 2022 v17.8 開始，包括 Visual Studio Community。讀者可以在這裡下載 Visual Studio：`https://visualstudio.microsoft.com/downloads/`。

讀者可以在這裡下載最新版本的 .NET 8 SDK：`https://dotnet.microsoft.com/en-us/download/dotnet/8.0`。

如果你閱讀的是電子書版本，我們建議你親自輸入程式碼，或者從書中提供的 GitHub 存放庫裡面存取程式碼（下一節會有連結），這樣做可以幫助你避免任何因複製貼上程式碼而發生的非預期錯誤。

許多章節都提供了你可以遵循的逐步指引，你可以使用章節一開始的「起始程式碼」來產生「最終程式碼」資料夾中的程式碼。在閱讀本書時，你也可以關注你正在處理的其他程式碼，並思考這些主題如何應用於這些程式碼。不過，在讀完「如何安全地測試程式碼」的章節（即 **Part 2**）之前，最好不要將重構技術應用到實際的程式倉庫中。

下載範例程式碼檔案

你可以從 GitHub 下載本書的範例程式碼檔案：`https://github.com/PacktPublishing/Refactoring-with-CSharp`。如果程式碼有更新，作者也會直接更新在這份 GitHub 存放庫上。（博碩文化官網也有提供本書使用的螢幕畫面截圖及彩色圖表：`https://www.drmaster.com.tw/bookinfo.asp?BookID=MP12405`。）

在 `https://github.com/PacktPublishing/`，我們還為各類專書提供了豐富的程式碼和影片資源。讀者可以去查看一下！

本書排版格式

在這本書中，你會發現許多不同種類的排版格式。

段落間的程式碼（`Code In Text`）：在內文中的程式碼、資料庫的資料表名稱、資料夾名稱、檔案名稱、檔案的副檔名、路徑名稱、網址、使用者的輸入和 Twitter 帳號等。舉例來說：「讓我們再次以前面提到的 `IFlightUpdater` 介面為例」。

程式碼區塊，會以如下方式呈現：

```
public interface IFlightRepository {
  FlightInfo AddFlight(FlightInfo flight);
  FlightInfo UpdateFlight(FlightInfo flight);
  void CancelFlight(FlightInfo flight);
  FlightInfo? FindFlight(string id);
  IEnumerable<FlightInfo> GetActiveFlights();
  IEnumerable<FlightInfo> GetPendingFlights();
  IEnumerable<FlightInfo> GetCompletedFlights();
}
```

當我們希望你將注意力放在程式碼區塊的特定部分時，相關的文字段落或元素會以粗體字呈現：

```
public interface IFlightUpdater {
  FlightInfo AddFlight(FlightInfo flight);
  FlightInfo UpdateFlight(FlightInfo flight);
  void CancelFlight(FlightInfo flight);
}
```

任何命令列的輸入或輸出會如下所示：

```
Assert.Equal() Failure
Expected: 60
Actual: 50
```

粗體字：新的技術名詞和重要的關鍵字會以粗體字顯示。你在螢幕上看到的字串，如功能選單或對話視窗當中的字詞，也會以**粗體字**顯示。舉例來說：「點擊 **Next**，然後替你的測試專案取一個有意義的名稱，再次點擊 **Next**。」

> **Tip、 Note**
> 小提醒、小技巧或警告等重要訊息，會出現在像這樣的文字方塊中。

讀者回饋

我們始終歡迎讀者回饋。

一般回饋：如果你對本書的任何方面有疑問，請發送電子郵件到 customercare@ packtpub.com，並在郵件的主題中註明書籍名稱。

提供勘誤：雖然我們已經盡力確保內容的正確性與準確性，但錯誤還是可能會發生。若你在本書中發現錯誤，請向我們回報，我們會非常感謝你。勘誤表網址為 www. packtpub.com/support/errata，請瀏覽它並填寫回報表單。

侵權問題：如果讀者在網路上有發現任何本公司的盜版出版品，請不吝告知，並提供下載連結或網站名稱，感謝你的協助。請寄信到 copyright@packt.com 告知侵權情形。

著作投稿：如果你具有專業知識，並對寫作和貢獻知識有濃厚興趣，請參考 http:// authors.packtpub.com。

讀者評論

我們很樂意聽到你的想法！當你使用並閱讀完這本書時，何不到 Packt 官網和本書的 Amazon 頁面分享你的回饋？

對於我們和技術社群來說，你的評論非常重要，它將幫助我們確保我們提供的是優質的內容。謝謝你！

Part 1

在Visual Studio中
使用C#進行重構

在 **Part 1** 中，我們將討論技術債的性質、程式碼異味以及重構等議題。我們會把重點放在重構的機械化過程上（mechanical process）[2]，特別是在 Visual Studio 中重構 C# 程式碼的實際流程。

在 **Part 1** 中，你將學習如何在不變更功能的情況下，安全地修改你的程式碼形式。我們將介紹進階概念，然後逐行重構程式碼。然後，我們將擴大範疇，重構整個方法，並觀察它們如何彼此互動。最後，我們將研究一些物件導向的重構方法，這些方法會改變類別之間的互動方式，並藉此真正重塑你的程式碼。

讀者可以按照一般書籍的閱讀方式，從頭到尾閱讀 **Part 1**，把它當成是一本傳統書籍；讀者也可以把它當作是一份程式碼的教學指引，用來逐步重構每章開始時提供的程式碼。

Part 1 包含了以下內容：

- 第 1 章：技術債、程式碼異味與重構
- 第 2 章：重構簡介
- 第 3 章：重構程式碼流程和迭代
- 第 4 章：在方法層級的重構
- 第 5 章：物件導向重構

審校註：這裡不是很清楚為什麼作者要特別用 mechanical（機械）這個單字。有試著聯絡作者，但未得到回應。在請教重構方面的專家 Joey Chen（91）後得到以下結論：本書與以往重構領域的經典書籍不同，以往的經典書籍主要關注觀念、重構步驟的程式碼差異來演示過程，但讀者不容易上手操作。本書則透過最常用的 C# 開發工具，帶著讀者動手實作與理解整個重構流程與做法。這個手把手的過程很固定，或許是作者用「機械化」的原因吧。

1

技術債、程式碼異味與重構

新的軟體專案剛開始時都是整潔、明朗的，充滿樂觀的氣氛，但很快地，其複雜性和維護困難程度就會增加，直到程式碼變得難以理解、不容易應對變更，甚至無法進行測試。

如果你已在程式開發中打滾一段時間，那麼很有可能，你也遇過像這樣的程式碼。事實上，即便你只是短暫地踏入程式開發的領域，那麼很有可能，你已寫過「讓你現在感到後悔萬分」的程式碼。

這可能是因為程式碼難以閱讀或難以理解。也許是因為程式碼效率不高，或者容易出錯。也許，程式碼是在特定的業務假設（business assumption）之下建置的，但後來這些假設發生了變化。也可能只是因為程式碼單純不再符合你和團隊所同意的標準。無論原因為何，在任何體積龐大或存在已久的程式倉庫（codebase）中[3]，品質低劣的程式碼就像是無所不在一樣。

這樣的程式碼讓我們的軟體專案雜亂無章，降低我們的開發速度，導致我們導入錯誤（bug），尤有甚者，往往讓身為軟體工程師的我們感到焦慮和不滿，進而影響我們的效率和生產力。

---

3 審校註：程式倉庫（codebase）是指以版本控制（version control）方式儲存程式碼的地方。以產品來看，Azure DevOps、Bitbucket、GitHub、GitLab 等等都是一種程式倉庫的產品。

在本書中，我們將探討技術債是如何產生的，並透過重構的過程，以及在測試和程式碼分析的引導下，看看我們可以採取怎樣的措施來應對它。

在本章中，你會學到下列這些主題：

- 理解技術債和遺留程式碼
- 識別程式碼異味
- 介紹重構

1.1 理解技術債和遺留程式碼

市面上的電腦科學教材、書籍、教學和線上課程，都在教你如何從頭開始建立新的專案，然而實際的情況是，你將面對的開發工作幾乎會集中在理解、維護和擴充「現有程式碼」上，而這些程式碼可能不符合你目前的標準。

這些現有程式碼被稱為**遺留程式碼（legacy code）**。當你加入新專案時，幾乎總是會繼承一些遺留程式碼。這些有可能是現有專案中「原有的大量程式碼」，也有可能是你的程式碼必須使用的「較小的函式庫集合」。

遺留程式碼有許多不同的定義。我讀過印象最深刻的是 Michael C. Feather 在《*Working Effectively with Legacy Code*》中提出的定義，他認為沒有經過測試的程式碼（code without tests）就是遺留程式碼 [4]。

雖然我喜歡 Michael 的定義，我也認為測試非常重要（正如我們將在 **Part 2** 所見），但我個人是這樣定義遺留程式碼的：

遺留程式碼是指任何已存在的程式碼，如果今天重新撰寫，這些程式碼的實作方式將大不相同。

遺留程式碼的一個關鍵因素是，這是你目前並不完全理解的程式碼，因此，其存在導致了某種程度的焦慮和恐懼。

---

4 審校註：博碩文化出版繁體中文版：《*Working Effectively with Legacy Code* 中文版：管理、修改、重構遺留程式碼的藝術》。

維護舊系統時的焦慮感，就是所謂**技術債（technical debt）**的主要症狀。

簡單來說，技術債是「舊版程式碼」對「未來開發工作」的負面影響。

換句話說，遺留程式碼內在具有一定的風險（risk），當程式碼被修改時，可能會出現不良影響。這些不良影響可能包括：由於現有程式碼的脆弱性（或我們對其理解不足）所導致的「錯誤」、「開發速度變慢」，甚至可能出現「嚴重問題」，例如重大錯誤或安全性漏洞，這些漏洞可能源自「過時的安全性實踐」或「已棄用的依賴關係」。

更糟糕的是，技術債會隨著時間增加——尤其是如果沒有檢查的話。

1.1.1 技術債的來源

在我們繼續討論之前，我想要說明我在組織中常見的一個混淆點：「技術債」並不等同於「糟糕的程式碼」。

確實，在我們的系統中，某些技術債或許單純只是品質差的程式碼。這可能是一位沒有經驗的開發者撰寫的，且並沒有從其他開發者的程式碼審查（code review）中得到妥善改進。多數時候，專案進行得很匆忙，團隊一開始就沒有足夠的時間正確地撰寫程式碼，也沒有機會回去清理它。

有時候，為了快速建立原型，我們會撰寫「快速且馬虎（quick and dirty）的程式碼」。然而，當這個「拋棄式原型」（throwaway prototype）被倉促地升級為正式的生產應用程式（actual production application）時，這些「快速且馬虎的程式碼」就會進入正式的生產應用程式當中。我們將在「**第 15 章，溝通技術債**」中探討這個問題。

當然，還有其他導致技術債的原因。

有時候，開發團隊會認為他們正在開發的軟體是為了完成特定的任務，但隨著業務需求的演變和新資訊的發現，該任務可能會有變化。在這些情況下，團隊通常不會放棄他們正在寫的程式碼而重新開始。他們只是演變（evolve）舊的程式碼以適應新的任務。結果就是該程式碼可以運作，但並非理想地適用於新的任務。

這種需求變更在軟體開發環境中是很常見的，甚至是預期一定會出現的情形。現代軟體開發以敏捷的方式進行，需求（requirement）和計畫（plan）自然會隨著時間演變，而一開始就全面理解它們幾乎是不可能的。

即便開發團隊能夠完全理解需求並寫出完美的程式碼，然而由於軟體工程的變化性質，這些程式碼最終將變成某種形式的技術債。

在軟體開發中，工具和函式庫都會隨著時間變更。在撰寫本書時，.NET 8 和 C# 12 是執行 C# 程式碼的最新方式，但這些技術在未來的某個時間點將不再得到支援，而只會被更新版本取代。

即使是對「軟體」的整體思考方式也會有所改變。在過去的二十年中，眾多組織已經從擁有自己的地端伺服器轉向使用 Azure、AWS 或 Google Cloud 上的雲端託管。甚至「伺服器」的本質也因為科技的改變而有所變化，包括：像是 Docker 這樣的容器化技術、像是 Azure App Services 這樣的**平台即服務**（platform as a service，PaaS），以及像是 Azure Functions 和 AWS Lambda 這樣的無伺服器運算（serverless computing）供應商等等。

如今，ChatGPT 和 GitHub Copilot Chat 等最新 AI 技術正準備改變身為「軟體開發者」的定義，而這更進一步強調了「不斷變化」是軟體工程產業的核心。

> **軟體專案中的變更**
>
> 在軟體開發中，變化是一種常態，而且是不可預測、突如其來的。所有這些變化導致曾經被視為「完美」的程式碼，後來卻被認為對「企業的持續成功」構成重大風險。

換句話說，技術債在某種程度上是軟體開發中無法避免的一部分。值得慶幸的是，你可以採取一些步驟來減緩它的累積速率（我們將在 Part 2 討論）。幸運的是，我們可以透過其症狀或「氣味」來檢測技術債。

1.2 識別程式碼異味

那麼，你如何知道你的程式碼是否有問題呢？

你如何知道食物已經變壞、衣物需要清洗，或是尿布需要更換？事實證明，這些只是聞起來有異味。

我們會在「**第 12 章，Visual Studio 中的程式碼分析**」和「**第 16 章，採用程式碼標準**」中探討衡量「好」的程式碼和「壞」的程式碼的一些指標。程式碼的味道在某種程度上可能是主觀的。負責撰寫某段程式碼（或經常修改該程式碼）的開發者，可能會覺得程式碼比較可以接受，反之，第一次看見這份程式碼的開發者，則可能會有不同的看法。

雖然並非所有的技術債都是一模一樣的，但事實上，許多遺留程式碼都有一組共同的症狀（symptom）。

這些症狀通常被稱為「程式碼異味」（code smell），可能包括以下幾種：

*   我們很難理解它的作用或為何它會有這樣的行為
*   你或是你的團隊成員會避免與它一起工作
*   修改它要比修改其他區域慢，或者往往會在修改時出錯
*   它很難進行測試或是偵錯（debug）

新的程式碼一開始是良好且完整的，但在實際的商業環境中運作的程式碼，會隨著「加入更多需求」以及「導入更多功能和修復」而逐漸演變。這種情況一再發生，曾經整潔的程式碼開始累積程式碼異味。

並非所有的程式碼都是一樣的，也不是所有的程式碼都能像其他程式碼一樣長久。確實，我們可以做一些事情，來讓我們的程式碼更有彈性（正如「**第 8 章，使用 SOLID 避免程式碼反模式**」所述）。然而，在某個時間點，你那光鮮亮麗的新程式碼將開始散發出異味，並需要透過一個名為「重構」的過程來進行清理。

1.3 介紹重構

對新手開發者來說，**重構**（refactoring）是那些令人一知半解的術語之一，但這裡有一個簡單的定義：

重構是在不改變程式碼功能（functionality）或行為（behavior）的情況下，改變其形狀（shape）或形式（form）的操作（act）。

這裡有兩個主要的概念：

- 第一個概念是，重構是努力改善現有程式碼的可維護性（maintainability）。有時候，重構可能意味著導入新的變數、方法或類別。其他時候，重構僅僅改變了程式碼各行的排列順序或者使用的語言功能（language feature）。即使是「重新命名一個變數」這樣簡單的事情，也可以被認為是一個小型的重構。
- 第二個概念是，重構不會改變現有的程式碼行為。重構是一種結構性改變（structural change），其目的是帶來一些技術上的優點，而不改變程式碼的現有行為。如果在你重構之前某個方法通常回傳特定值，而現在它回傳了不同的值，那就是一個變動（change），而非重構。

重構同樣應該為工程團隊提供一些好處。重構後的程式碼應該更容易理解、不太會在修改時出錯，並且比一開始的程式碼具有「更少的技術債」和「更少的程式碼異味」。

開發團隊產生的每一行程式碼都應該具有商業價值（business value）。重構也不例外，只是它所產生的商業價值應該是「更容易維護的程式碼」，這些程式碼的問題較少，且不會導致延誤。

很多時候，我們試圖透過重構來改善程式碼，但我們可能在無意中導入了新的行為——通常是新的錯誤。這使得我們的重構成為了軟體中的意外變更（unintentional change），這時需要緊急修復，好將程式碼恢復到可正常運行的狀態。

在重構的過程中破壞程式碼是一個非常嚴重的問題，甚至可能成為未來執行重構程式碼的重大阻礙，這樣的情況反過來將促使技術債繼續存在，甚至壯大。

在 **Part 2** 中，我們將探討如何安全地重構你的程式碼，以免意外地導入錯誤；而在 **Part 4** 中，我們將討論如何獲得組織認同，支持你重構程式碼，以及當你在重構過程中出現缺陷（defect）時，你該如何應對。

1.3.1 在 Visual Studio 中的重構工具

令人欣慰的是，所有版本的 **Visual Studio** 現在都包含了建置在編輯器中的重構工具，讓你能以一種可靠且可重複的方式迅速進行一系列常見的重構。

在「第 2 章，重構簡介」以及 **Part 1** 其餘的章節中，我們會看到許多重構的實際操作。以下是 Visual Studio 為使用者提供的一些重構選項的預覽：

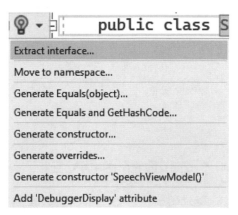

圖 1.1：顯示一組重構操作的 Visual Studio Quick Actions 環境選單

這些工具輔助的重構（tool-assisted refactorings）之所以表現出色，有幾個原因：

- 它們快速且有效率
- 它們可靠且可重複
- 它們甚少導入缺陷

> **警告**
>
> 請注意，當我提到重構工具導入的缺陷時，我使用了 rarely（甚少、很少）
> 這個字。如果在使用內建的重構工具時沒有深思熟慮其後果，可能會在極
> 少數的情況下，導致錯誤出現在你的應用程式中。我們將在接下來的章節
> 具體討論這些情況。

在 **Part 1** 的其餘部分中，我們將探討如何使用這些工具來快速且有效地重構你的
C# 應用程式，並討論你可能會使用每一個工具的情境類型。

考慮到我們的工具能做的所有事情，我們必須記住，這些工具只是重構程式碼的一種方
式。一般來說，最有效地消除程式碼異味的方法，就是結合「親自撰寫程式碼」和「使
用內建的重構工具」。

重構的主要價值在於一個組織的長期健康（long-term health），但是許多重構的阻礙往往來自組織本身。為了協助說明重構在真實世界組織中的實際應用，每一章都會包含一個虛構組織的案例研究（case study）。有些章節將完全集中討論「案例研究中的程式碼」，而其他章節（例如本章），則會以「一個專門的案例研究小節」作結束。這些**「案例研究」小節**會展示如何在虛構組織中應用該章節的概念。

讓我們來看看第一個案例研究吧，我們可以藉此了解技術債和遺留程式碼如何影響一家典型的公司。

1.4 案例研究：雲霄航空公司

本書的其餘部分會使用的程式碼範例，是一家名為**雲霄航空公司**（**Cloudy Skies Airlines**）或簡稱**雲霄**（**Cloudy Skies**）的航空公司。透過這些範例，讀者可以看到技術債和重構如何實際應用於一個「真實」的組織及其軟體開發過程中。

> **Note**
> 雲霄是一家專為本書教學目的而建立的虛構航空公司。任何與現實公司的相似性純屬巧合。此外，我從未在航空業工作過，所以本書中呈現的程式碼範例可能與業界實際使用的軟體系統有很大的差異。

雲霄是一家已經運營了 50 年的航空公司，機隊目前擁有 500 多架飛機，服務於該區域中大約 70 個城市。

20 年前，這家航空公司做出了一個重大決策，開始使用由自家開發團隊建置的「客製化內部應用程式」來替換「老舊的軟體系統」。雲霄選擇使用 .NET 和 C#。初期系統運行良好，提升了開發者的效率和軟體應用程式的效能，因此雲霄決定繼續將其他應用程式遷移到 .NET。

隨著時間過去，航空公司及其系統逐漸發展壯大。雲霄的工程團隊曾經被尊為組織的驕傲和喜悅，並被視為其未來的關鍵。

然而，過去幾年來，管理層對其工程團隊感到相當沮喪。他們主要的抱怨包括以下幾點：

- 針對現有的系統，任何看似簡單的變更都要進行大規模估算，而且由於實作時間拉長、錯誤變多，軟體的發佈間隔時間也跟著越來越長了，產品經理對此感到相當沮喪。
- 軟體中存在越來越多的錯誤、同樣的問題反覆出現，甚至當應用程式的某個部分實作變更時，錯誤卻出現在看似無關的區域當中，這些都讓品質保證（Quality Assurance）部門感到相當困擾。

對於工程團隊來說，他們對正在處理的程式碼工作亦感到不堪負荷。戰略計畫（strategic initiative）已被擱置多年，而組織卻讓團隊更專注於「緊急變更」或「發佈新產品」的緊迫期限。因此，沒有人有時間去解決團隊所面臨的不斷增加的技術債。

雲霄程式倉庫的複雜性不斷增加，以便為系統新增各種功能，或為各種「特殊情況」做出調整。然而這種複雜性反過來將使得應用程式更難以測試、理解和修改，導致新進的開發者難以融入，一些資深的開發者也因此選擇離職。

在經歷了幾次嚴重的延誤和引發高度關注的故障之後，雲霄力挽狂瀾，引進了一位新的工程經理，並賦予團隊進行變革的權力，以確保航空公司在未來幾年能夠更有效果、更有效率。

這位工程經理認定，這些問題的主要原因是技術債，而且他也認為，針對整套應用程式中「最關鍵的那些區域」進行重構，將能顯著降低風險並提升團隊未來的工作效率。

值得稱讚的是，管理層達成一致共識，允許團隊分配資源來償還技術債，並透過重構來提升程式碼的可維護性。

在本書的其餘部分，我們將追蹤這支虛構團隊如何償還技術債，以及他們如何透過重構開創更美好的未來。

1.5 小結

在軟體開發專案中，遺留程式碼是「時間」和「不斷變化」的力量所產生的無法避免的副產品。這些遺留程式碼成為技術債的溫床，威脅開發者的生產力和軟體的品質。

產生技術債的原因有很多種，而重構則是治療的解方。重構可以將現有程式碼重新整理成更容易維護且風險較低的形式，進而減少技術債，幫助我們掌控遺留程式碼。

你越了解程式碼中技術債的成因和影響，你就越能夠有效地向組織中的其他人解釋技術債、倡導重構，並避免那些導致程式碼隨著時間降低效能的事物。

在下一章中，我們將對雲霄航空公司程式倉庫中的一段範例程式碼進行一系列有針對性（targeted）的改進，藉此更深入地探討重構。

1.6 問題

1. 技術債和遺留程式碼之間有什麼區別？
2. 造成技術債的一些原因是什麼？
3. 技術債會帶來什麼影響？
4. 是否有可能避免技術債？
5. 是否有可能出現「無法進一步重構程式碼」的情況？

1.7 延伸閱讀

如果讀者想要了解更多關於技術債、遺留程式碼和重構的資訊，可以參考以下資源：

- 定義技術債：https://killalldefects.com/2019/12/23/defining-technical-debt/
- 識別技術債：https://learn.microsoft.com/en-us/training/modules/identify-technical-debt/
- 技術債的真實成本：https://killalldefects.com/2019/11/09/the-true-cost-of-technical-debt/
- 程式碼重構：https://en.wikipedia.org/wiki/Code_refactoring

2

重構簡介

學習重構的最好方法就是透過範例。在本章中，我們將使用 C# 和 Visual Studio 探索一個重構案例，並親自見證重構如何改變程式碼的可維護性而不改變其功能。

在本章中，你會學到下列這些主題：

- 重構行李費用計算器
- 在其他編輯器中的重構

在此過程中，我們將介紹一些重構活動，包括「導入局部變數、常數和參數」、「提取方法」，以及「移除無法到達／未使用的程式碼」等方面，同時，我們也會強調「測試」在任何重構工作中的重要性。

2.1 技術需求

讀 者 可 以 在 本 書 的 GitHub 找 到 本 章 的 範 例 程 式 碼：`https://github.com/PacktPublishing/Refactoring-with-CSharp`。

讀者可以在複製（clone）存放庫後，在 `Chapter02/Ch2BeginningCode` 資料夾中找到本章的起始程式碼（starting code）。

2.2 重構行李費用計算器

首先，我們將檢視雲霄航空公司的工作人員在進行行李檢查（baggage check）時使用的行李費用計算器（baggage price calculator），來確定每一位顧客必須支付的金額。

行李費用的規定如下：

- 所有隨身行李每件收費 30 元
- 乘客第一件託運行李收費 40 元
- 之後每一件託運行李收費 50 元
- 若旅遊日期適逢假期或國定假日，將適用 10% 的額外收費

這段程式碼存在於一個名為 BaggageCalculator 的 C# 類別內，我們將在幾個程式碼區塊中進行檢閱，從類別定義（class definition）、欄位（field）和完整屬性（full property）開始：

BaggageCalculator.cs

```
public class BaggageCalculator {
  private decimal holidayFeePercent = 0.1M;
  public decimal HolidayFeePercent {
    get { return holidayFeePercent; }
    set { holidayFeePercent = value; }
  }
```

這是一個簡單的類別，使用較舊風格的屬性定義，將 holidayFeePercent 設定為 0.1 或 10% 的 decimal 值（由 M 後綴表示）。

這個類別還有一個 CalculatePrice 方法，該方法回傳 decimal 值，表示行李費用的總價格：

```
public decimal CalculatePrice(
  int bags, int carryOn, int passengers, DateTime travelTime) {
  decimal total = 0;
  if (carryOn > 0) {
    Console.WriteLine($"Carry-on: {carryOn * 30M}");
    total += carryOn * 30M;
  }
```

```
      if (bags > 0) {
        if (bags <= passengers) {
          Console.WriteLine($"Checked: {bags * 40M}");
          total += bags * 40M;
        } else {
          decimal checkedFee = (passengers * 40M) +
            ((bags - passengers) * 50M);
          Console.WriteLine($"Checked: {checkedFee}");
          total += checkedFee;
        }
      }
      if (travelTime.Month >= 11 || travelTime.Month <= 2) {
        Console.WriteLine("Holiday Fee: " +
          (total * HolidayFeePercent));
        total += total * HolidayFeePercent;
      }
      return total;
    }
```

它的邏輯具有一些複雜性,但它與之前描述的商業規則相符。

最後,這個類別以一個 `CalculatePriceFlat` 方法結束,這個方法在應用程式的早期版本中導入並且不再使用(我們稍後會討論):

```
    private decimal CalculatePriceFlat(int numBags) {
      decimal total = 0;
      return 100M;
      return numBags * 50M;
    }
  }
```

雖然這段程式碼絕對不是世界上最差的,但這是一個在新規則加入到應用程式時,其複雜性漸漸增長且越來越難以理解和維護的類別。

幸運的是,這個類別受到一系列通過的單元測試支援,且所有的使用者普遍認為它能計算出正確的金額。

在本章的討論中,我們將運用一系列有針對性的重構來改善這段程式碼,以防止它在未來成為問題。

2.2.1 將屬性轉換為自動屬性

這個類別以宣告 HolidayFeePercent 屬性開始，如下所示：

```
private decimal holidayFeePercent = 0.1M;
public decimal HolidayFeePercent {
  get { return holidayFeePercent; }
  set { holidayFeePercent = value; }
}
```

這段程式碼沒有任何問題，很正常。但 C# 是一種持續演變的程式語言，開發者在有選擇的情況下，通常傾向於寫入並維護較少的程式碼行數。

因此，Microsoft 賦予我們撰寫自動實作的屬性（automatically implemented property，通常稱為**自動屬性（auto property）**）的能力，當程式碼被編譯時，這些屬性會自動生成自己的欄位並帶有 getter 和 setter。

雖然我們可以刪除該屬性及其欄位並重新宣告，但在此過程中，可能會出現拼寫或大寫字母等錯誤。反之，讓我們來看看 Visual Studio 如何自動為我們做這件事。

在 Visual Studio 中，如果你把輸入光標移動到屬性名稱上，無論是使用箭頭鍵或點擊屬性名稱，你將看到如圖 2.1 所示的邊框中出現一個燈泡。

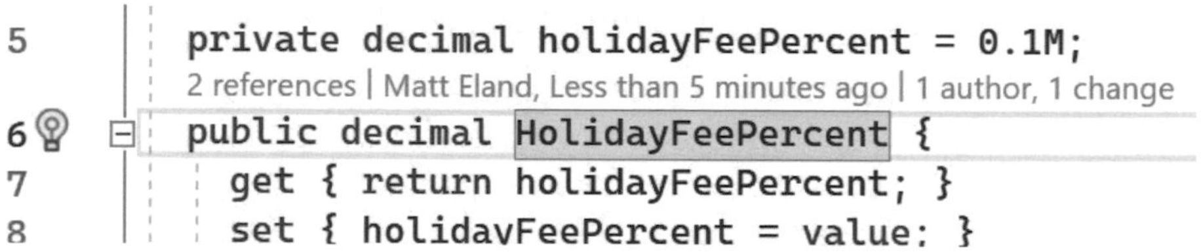

```
5          private decimal holidayFeePercent = 0.1M;
           2 references | Matt Eland, Less than 5 minutes ago | 1 author, 1 change
6 💡    ⊟  public decimal HolidayFeePercent {
7              get { return holidayFeePercent; }
8              set { holidayFeePercent = value; }
```

圖 2.1：燈泡 Quick Actions 圖標

如果你點擊這個燈泡（或預設按 Ctrl + .），**Quick Actions**（快速操作）選單將會出現，並列出幾項重構作業。

重構選項是與當下程式碼區塊相關的，因此，只有 Visual Studio 認為與你當前選擇的程式碼相關的選項才會顯示。

在這種情況下，我們想要的重構動作是第一個選項，即 **Use auto property**。請見圖 2.2：

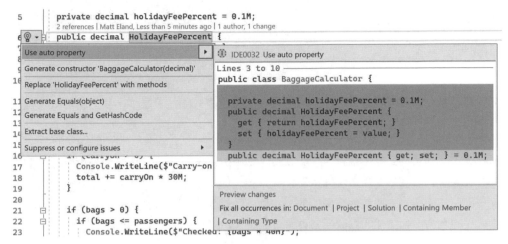

```
5      private decimal holidayFeePercent = 0.1M;
       2 references | Matt Eland, Less than 5 minutes ago | 1 author, 1 change
6      public decimal HolidayFeePercent {
```

圖 2.2：預覽 Use auto property 重構

當你選擇這個選項時，右側窗格將顯示「對你的程式碼所做的變更」的預覽
（preview）。它會將「要刪除的行」列在紅色部分，並將「新增的行」列在綠色部分[5]。

點擊使用 **Use auto property** 或在鍵盤上按 Enter，這會接受建議，並套用自動屬性版本替換你的程式碼：

```
public decimal HolidayFeePercent { get; set; } = 0.1M;
```

這固然是一種簡單的重構，但我想強調一下重構過程中的幾件事：

- Visual Studio 負責進行變更，並以自動化的方式進行，避免了人為可能產生的錯誤或其他失誤。
- 如果你不知道可以將完整屬性移至自動屬性，這個 **Quick Action** 可以幫助你發現。這些 **Quick Actions** 其實可以教你許多關於 C# 程式語言的知識，因為它每年都在演變和變化。

既然講解了 Visual Studio 中的重構機制，讓我們來探討一些其他的重構方法吧。

5　審校註：為使說明與原文截圖一致，有關介面操作流程的說明會保留英文關鍵字，以方便讀者對照操作。也建議讀者把 Visual Studio 切換到英文介面，可以有更好的閱讀體驗。由於中文版採用黑白印刷的關係，上面深反灰的 4 行是紅色部分。下面淺反灰的一行是綠色部分。

2.2.2 導入 local

CalculatePrice 方法存在的一個問題是，有幾個運算式，如 carryOn * 30M 和 bags
* 40M，這些在方法中多次出現。

這些問題雖小，卻可能導致維護上的困難。如果運算式的性質變了，我們就需要在程式
碼中的許多地方進行修改。

一般來說，你可能希望重構程式碼的其中一個原因，就是你發現自己經常需要在多個地
方進行修改，只為了實作單一變更。舉例來說，假設價格結構發生變化，我們便需要修
改多行程式碼，以支援新的定價模型。我們應該修改的每一行程式碼，都是可能無法進
行修改的地方。像這樣的漏改通常會帶來錯誤（bug）。

即便我們沒有錯過任何需要修改的程式碼，大多數開發者也會更喜歡在一個地方做出變
更，而不是在多個地方。

Introduce local（導入局部）重構可以透過導入「包含運算式結果的局部變數」來解
決這個問題。

使用此重構功能，請選取重複出現的運算式（如圖 2.3 所示），注意 Visual Studio 會
幫助我們突顯出所有重複的位置：

```
11      if (carryOn > 0) {
12          Console.WriteLine($"Carry-on: {carryOn * 30M}");
13          total += carryOn * 30M;
14      }
```

圖 2.3：在 Visual Studio 中選擇重複出現的運算式

接下來，請按 Ctrl + . 或點擊螺絲起子圖標來使用 **Quick Action** 按鈕。

關於 Quick Action 圖標的注意事項

Quick Action 按鈕有時會顯示為燈泡，有時則會顯示為螺絲起子，這取
決於你的程式碼分析規則，以及該行程式碼正在面對的確切問題。實際上，
它們是相同的選項，但「燈泡」告訴你的是建議進行重構，而「螺絲起子」
則表示要考慮的是較不重要的重構選項。

一旦環境選單開啟，請使用箭頭鍵巡覽選單，展開 **Introduce local** 旁邊的右箭頭。這
將讓你查看更詳細的選項。

圖 2.4：深入研究 Introduce local 重構的專門形式

在這裡，它讓你有能力為所選擇的運算式導入一個局部變數（local variable），或者對該運算式的 **for all occurrences**（所有出現的地方）都這樣做。我通常建議使用 **for all occurrences** 選項，但這將取決於你試圖改進的背景或情境。

一旦你選擇了 **Introduce local**，Visual Studio 會提示你為變數命名（請見圖 2.5）：

```
11        if (carryOn > 0) {
12          decimal v = carryOn * 30M;
13          Console.
14          total +=
15        }
16
17        if (bags >
18          if (bags
19            Consol                        * 40M}");
20            total
```

Rename will update 3 references in 1 file.

☐ Include comments
☐ Include strings

Enter to rename, Shift+Enter to preview

圖 2.5：命名你的新局部變數

輸入你想要的名稱，然後按 Enter 讓框框消失。

在我的情況下，我稱呼該變數為 fee，並且它在如下所示的兩行中都進行替換了：

```
if (carryOn > 0) {
  decimal fee = carryOn * 30M;
  Console.WriteLine($"Carry-on: {fee}");
  total += fee;
}
```

雖然這對於「隨身行李（carry-on baggage）費用的邏輯」來說確實更清晰了，但在「託運行李（checked baggage）的邏輯」中，仍然重複了一個 bags * 40M 運算式，以及在總費用中，也重複了一個 total * HolidayFeePercent 運算式。

你可以使用 **Introduce local**，把一些邏輯從密集的程式行中提取出來，分解成較小的行，進而使複雜的程式碼更容易理解。

在此方法中應用 **Introduce local** 重構，結果會使方法變得更長，但更容易理解：

```csharp
public decimal CalculatePrice(
  int bags, int carryOn, int passengers, DateTime travelTime) {
  decimal total = 0;
  if (carryOn > 0) {
    decimal fee = carryOn * 30M;
    Console.WriteLine($"Carry-on: {fee}");
    total += fee;
  }
  if (bags > 0) {
    if (bags <= passengers) {
      decimal firstBagFee = bags * 40M;
      Console.WriteLine($"Checked: {firstBagFee}");
      total += firstBagFee;
    } else {
      decimal firstBagFee = passengers * 40M;
      decimal extraBagFee = (bags - passengers) * 50M;
      decimal checkedFee = firstBagFee + extraBagFee;
      Console.WriteLine($"Checked: {checkedFee}");
      total += checkedFee;
    }
  }
  if (travelTime.Month >= 11 || travelTime.Month <= 2) {
    decimal holidayFee = total * HolidayFeePercent;
    Console.WriteLine("Holiday Fee: " + holidayFee);
    total += holidayFee;
  }
  return total;
}
```

身為一位程式設計教師，我看過很多學生誤以為最簡短的實作方式就是最好的。

事實上，最好的程式碼往往是隨著時間過去，更容易維護、不太容易出錯，並且在進行開發任務時，更容易理解的程式碼。

程式碼越少，往往更容易思考，但是當程式碼變得過於簡練或過於複雜時，就會變得難以維護。在簡練和可讀性之間尋找一個滿意的平衡點，並請牢記，多數時候，程式設計師會瀏覽（skim，即略讀）程式碼，只為了快速找到他們想找的特定部分。

2.2.3 導入 constant

Introduce constant（導入常數）重構與 **Introduce local** 很相似，只是它會導入一個 const 值，該值在程式的執行時期永遠不會改變。

然而，**Introduce constant** 經常被用在與 **Introduce local** 不同的目的。**Introduce local** 傾向於用在減少重複或簡化複雜的程式碼行數，**Introduce constant** 則通常用在從程式碼中消除魔法數字（magic number）或魔法字串（magic string）。

在程式設計中，魔法數字指的是在程式碼中存在，但沒有任何「該數字的涵義」或「為何數字會在那裡」的說明。這是不好的，因為日後維護程式碼的人可能無法理解「為何會選擇該數字」。

CalculatePrice 方法有三個魔法數字：30M、40M 和 50M，代表各種行李費用金額。

替這些導入一個常數和導入一個局部變數是一樣的。只需反白選擇該數字並打開 **Quick Actions** 選單，然後選擇 **Introduce constant**，接著在子選單中選擇 **Introduce constant for all occurrences**，如下所示：

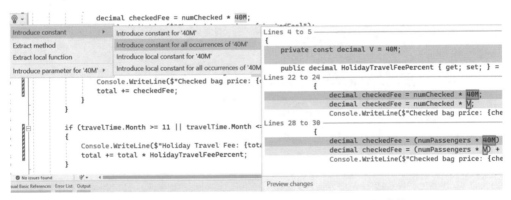

圖 2.6：為所有出現的 40M 浮點數值型別文字導入一個常數

對應用程式中的各種魔法數字進行此操作，並選擇適當的名稱，這將在類別的頂端產生以下新常數：

```
private const decimal CarryOnFee = 30M;
private const decimal FirstBagFee = 40M;
private const decimal ExtraBagFee = 50M;
```

導入這些常數有一個額外的好處，那就是把我們的價格規則集中放在一個地方，讓新加入團隊的開發者更容易找到它們。

這也使我們的程式碼變得更容易讀懂：

```
if (carryOn > 0) {
  decimal fee = carryOn * CarryOnFee;
  Console.WriteLine($"Carry-on: {fee}");
  total += fee;
}
```

程式設計師花在閱讀程式碼的時間遠大於撰寫程式碼的時間。為了可維護性而最佳化程式碼是一個非常重要的習慣，隨著時間過去，這將有助於你的應用程式抵抗技術債。

2.2.4 導入 parameter

我希望看到更多人使用的一種重構技術是 **Introduce parameter**（導入參數）重構。

這種重構將方法中的運算式或變數完全移除，並將其值新增為該方法的新參數。

舉例來說，現在 CalculatePrice 方法中有這個邏輯，用來確定「哪些旅遊日期應被視為國定假日」：

```
if (travelTime.Month >= 11 || travelTime.Month <= 2) {
  decimal holidayFee = total * HolidayFeePercent;
  Console.WriteLine("Holiday Fee: " + holidayFee);
  total += holidayFee;
}
```

若加入更多節假日，甚至考慮來自不同國家的節假日，這個邏輯可能變得更加複雜。按照現在撰寫的程式碼，額外的複雜性將需要加入到這個 if 陳述式中。

反之，導入一個 isHoliday 參數，就可以讓呼叫此方法的人（caller）負責決定「此方法是否屬於假日旅遊」。結果就是，我們可以讓這個方法專注於客戶的行李費用，並且知道何時是假日，但它並不需要負責確定「何時是假日」或「何時不是假日」。

你可以選擇你想要移動到參數的變數或運算式，然後觸發 **Quick Actions** 選單，來導入一個參數：

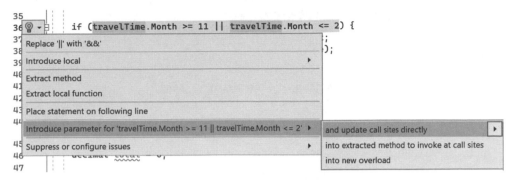

圖 2.7：透過 Quick Actions 選單導入一個參數

在導入參數時，有多種選項可以選擇。通常 **and update call sites directly** 是一個不錯的選擇——前提是你要審查它生成的程式碼。

一旦我們導入參數並適當地命名它，假日費用的邏輯將變得更容易理解：

```
if (isHoliday) {
  decimal holidayFee = total * HolidayFeePercent;
  Console.WriteLine("Holiday Fee: " + holidayFee);
  total += holidayFee;
}
```

導入參數後，方法簽章（method signature）這行也發生了變化，新增了一個 Boolean 型別的 isHoliday 參數：

```
public decimal CalculatePrice(
  int bags, int carryOn,
  int passengers, DateTime travelTime, bool isHoliday) {
```

經過這次重構後，任何呼叫 CalculatePrice 方法的程式碼現在都會計算 isHoliday 並傳遞一個值給這個方法。

當我們需要讓一個方法專注於幾個關鍵邏輯項目時，我發現 **Introduce parameter** 特別有用。

在一些地方，當你有許多相似的方法正在做類似的事情，但只有幾個關鍵細節不同時，**Introduce parameter** 也能派上用場。有時候，可以將許多不同的方法合併成單一方法，並將一些細節作為參數傳遞進去。

例如，下列程式碼可能會對不同的操作進行記錄：

Fee.cs

```csharp
public void ChargeCarryOnBaggageFee(decimal fee) {
  Console.WriteLine($"Carry-on Fee: {fee}");
  Total += fee;
}
public void ChargeCheckedBaggageFee(decimal fee) {
  Console.WriteLine($"Checked Fee: {fee}");
  Total += fee;
}
```

這兩種方法都接受一個數值型別的費用（numeric fee），並將「收費名稱」和「收取的費用」寫入主控台。實際上，它們唯一的區別就是收費名稱。

我們可以導入一個參數，將這段程式碼整合為單一方法：

```csharp
public void ChargeFee(decimal fee, string chargeName) {
  Console.WriteLine($"{chargeName}: {fee}");
  Total += fee;
}
```

絕對不要低估「讓方法更加通用，並讓外部程式碼提供額外細節」的價值。

隨著邏輯大幅改善，讓我們繼續處理程式碼中的最後一個方法，這個方法有一些警告。

2.2.5 移除無法到達和未使用的程式碼

如果你在 Visual Studio 中打開了本章開頭的程式碼，你可能會注意到 CalculatePriceFlat 及其內部的一些變數以灰色出現，並帶有許多波浪線的建議，如圖 2.8 所示。

```
0 references | Matt Eland, 6 hours ago | 1 author, 2 changes
private decimal CalculatePriceFlat(int numBags) {
    decimal total = 0;

    // Business says to use a flat 100 regardless of count
    return 100M;

    // Old logic: $50 per bag
    return numBags * ExtraBagFee;
}
```

圖 2.8：CalculatePriceFlat 方法的許多行程式碼以灰色文字顯示

Visual Studio 有時可以偵測到那些未使用的變數、參數，甚至是方法。如果偵測到了，Visual Studio 通常會用更柔和的色調呈現這些識別碼（identifier），並時常建議進行檢查或移除這些項目。

在這個範例中，沒有任何東西呼叫 CalculatePriceFlat 方法，也沒有任何東西參考 numBags 參數。total 變數被宣告並賦予一個值，但在此之後從未被讀取過，且考慮到上面那一行 return 程式碼，下一行的 return 便是無法到達的程式碼。

這些問題中的每一個都可以透過 remove unused member（移除未使用的成員）、remove unused variable（移除未使用的變數）或是 remove unreachable code（移除無法到達的程式碼）重構來解決。

所有這些重構都會達到你預期的效果：它們會移除錯誤的（有問題的）程式碼。

由於完全沒有任何東西呼叫這個方法，因此可以將整個方法刪除。

2.2.5.1 移除未使用的參數

還有一段程式碼也可以移除：CalculatePrice 方法有一個 travelTime 參數，在我們引進 isHoliday 參數後，這個參數就不再使用了。

在撰寫本書時，Visual Studio 中並沒有 remove unused parameter（移除未使用的參數）的功能，但你可以使用下一章討論的一些「在方法層級的重構」來安全地移除它。

要進行此重構，請選擇 travelTime 參數，然後選擇 **Change signature...**，如下所示：

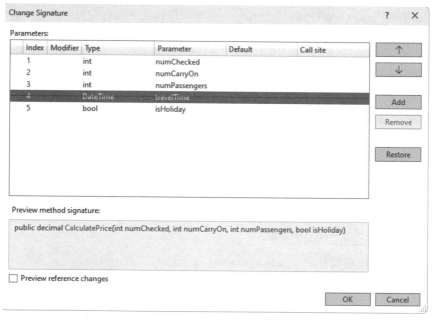

圖 2.9：更改方法的簽章

點擊 **Change signature...** 將會顯示 **Change Signature** 對話框。

選擇 `travelTime` 參數並點擊 **Remove**（移除）。這個參數將在對話框中顯示為劃掉狀態：

圖 2.10：已移除 travelTime 的 Change Signature 對話框

點擊 **OK**，對話框將會關閉，且參數將被移除。

任何參考你的方法的程式碼，也將更新它們的簽章，不再傳遞 `travelTime` 參數的任何值。

2.2.5.2 避免在移除程式碼時出現問題

關於移除程式碼，有一點需要提醒：移除程式碼中的 public 成員時，要特別小心。Visual Studio 有時並非完全理解所有使用程式碼的地方。尤其是在「序列化／反序列化邏輯」、「那些用於資料繫結（data binding）的屬性」，以及「那些使用反射（reflection）存取的成員」等方面。

此外，如果你的程式碼被部署為 **NuGet 套件**，或是在其他專案中分享，那麼很可能就會有外部程式碼依賴於某個方法或參數，而你的修改將導致它們的程式碼無法編譯。

> **測試提醒**
>
> 請確保你所做的任何重構都不會導致程式行為出現非預期的變化，這是你的責任。你需要對這些重構進行測試。

這可能聽起來很恐怖，但不要讓這些極端情況（edge case）阻止你刪除無用的程式碼（dead code）。

我知道有一些開發者會對刪除程式碼感到猶豫，因為他們擔心以後可能會用到。因此，這些開發者會選擇將程式碼保留在原處，或是將整個程式碼區塊註解掉。

將無用的程式碼註解掉的問題在於，它會增加檔案中的註解數量，而這些註解只會讓人分心，一點幫助也沒有。這降低了開發者對現有註解的重視程度，還增加了開發者必須滾動（滑鼠滾輪）查看的範圍。

請刪除無用的程式碼吧。你的程式碼原本就應該在原始碼版控（source control）中，所以如果你日後真的需要找到這段程式碼，你可以查看歷史紀錄來找回它——當然，這是假設你一開始就已經把程式碼提交到原始碼版控中了。

2.2.6 提取方法

我們的程式碼現在看起來相當整潔，但 CalculatePrice 方法中針對託運行李費用計算的邏輯卻相當繁多。

這個邏輯足夠複雜，讓我們可以從中提取（extract）一個方法，只針對這種邏輯，並從我們現有的程式碼中呼叫該方法。

要做到這一點，請選擇代表「你想要提取的方法」的程式碼區塊。請注意所選擇的一個 {} 執行個體（instance），因為你的選擇必須是一個相關的程式區塊（block of code），這樣對 Visual Studio 來說才會有意義。請見以下截圖。

```
21        if (bags > 0) {
22          if (bags <= passengers) {
   Quick Actions (Ctrl+.)
23        al firstBagFee = bags * FirstBagFee;
24        le.WriteLine($"Checked: {firstBagFee}");
25            total += firstBagFee;
26        } else {
27            decimal firstBagFee = passengers * FirstBagFee;
28            decimal extraBagFee = (bags - passengers) * ExtraBagFee;
29            decimal checkedFee = firstBagFee + extraBagFee;
30
31            Console.WriteLine($"Checked: {checkedFee}");
32            total += checkedFee;
33        }
34    }
```

圖 2.11：從程式碼區塊中提取方法

一旦你選擇了程式碼區塊，請開啟 **Quick Actions** 選單，選擇 **Extract Method**，然後在提示中為該方法命名，再按 Enter 確認你的命名。

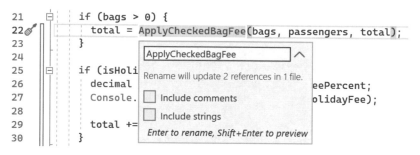

圖 2.12：命名提取的方法

這將導致一個新方法被加入到你的程式碼中：

```
private static decimal ApplyCheckedBagFee(
  int bags, int passengers, decimal total) {
  if (bags <= passengers) {
    decimal firstBagFee = bags * FirstBagFee;
    Console.WriteLine($"Checked: {firstBagFee}");
    total += firstBagFee;
  } else {
    decimal firstBagFee = passengers * FirstBagFee;
    decimal extraBagFee = (bags - passengers)* ExtraBagFee;
```

```
      decimal checkedFee = firstBagFee + extraBagFee;
      Console.WriteLine($"Checked: {checkedFee}");
      total += checkedFee;
    }
    return total;
  }
```

請注意，在預設情況下，Visual Studio 會使方法變為 private（私有），而如果該方法沒有存取類別的執行個體成員，就會將該方法標記為 static（靜態）。

我通常偏好使用 private 方法，但你對 static 的偏好可能會有所不同，這取決於「你正在使用的是什麼方法」，以及「該方法最終是否應該是 static 的」。

「提取方法重構」同時也會將程式碼從原始方法中移除，並以對新方法的呼叫來取而代之：

```
public decimal CalculatePrice(
  int bags, int carryOn, int passengers, bool isHoliday) {
  decimal total = 0;
  if (carryOn > 0) {
    decimal fee = carryOn * CarryOnFee;
    Console.WriteLine($"Carry-on: {fee}");
    total += fee;
  }
  if (bags > 0) {
    total = ApplyCheckedBagFee(bags, passengers, total);
  }
  if (isHoliday) {
    decimal holidayFee = total * HolidayFeePercent;
    Console.WriteLine("Holiday Fee: " + holidayFee);
    total += holidayFee;
  }
  return total;
}
```

這讓 CalculatePrice 方法變得更加簡潔和容易閱讀，也讓我們更容易思考該方法所做的所有事情。如此降低了複雜性，亦大幅提升了該方法的長期品質，幫助開發者充分理解該方法，並避免在維護複雜程式碼區塊時可能發生的昂貴錯誤。

2.2.7 手動重構

到目前為止，我們執行了由 Visual Studio 支援的多種重構操作。由於我們使用的工具品質相當高，這些操作相當安全，但仍有一些事情是內建工具無法做到的。

Visual Studio 十分強大，但它無法像人類那樣思考程式碼（不過，我們會在「**第 11 章，AI 輔助重構：使用 GitHub Copilot**」討論那些令人興奮的 AI 新功能）。

有時候會出現一些可以改進程式碼的機會，而內建的重構工具無法替你執行這些操作。這時候，你就必須手動進行修改。

我們之前提取的 `ApplyCheckedBagFee` 方法是一個好方法，但仍有幾個地方需要改進。

首先，該方法接受一個 `total`，然後將其增加一筆費用，接著回傳這個新的 `total`。如果該方法回傳的是費用而不是調整後的 `total`，其他人會更容易理解這個方法。

其次，該方法執行了兩次相同的 `Console.WriteLine` 操作。此外，該類別中所有其他的 `WriteLine` 陳述式都在 `CalculatePrice` 方法中，這使得追蹤（理解）整個使用者介面稍微有點困難。

我們來修改這個方法吧，使其只回傳 fee，不需要 total 參數，也不記錄任何東西：

```
private static decimal ApplyCheckedBagFee(int bags, int passengers) {
  if (bags <= passengers) {
    decimal firstBagFee = bags * FirstBagFee;
    return firstBagFee;
  } else {
    decimal firstBagFee = passengers * FirstBagFee;
    decimal extraBagFee = (bags - passengers) * ExtraBagFee;
    decimal checkedFee = firstBagFee + extraBagFee;
    return checkedFee;
  }
}
```

接下來，我們需要更新呼叫此方法的程式碼：

```
if (bags > 0) {
  decimal bagFee = ApplyCheckedBagFee(bags, passengers);
  Console.WriteLine($"Checked: {bagFee}");
  total += bagFee;
}
```

你 會 看 到， 結 果 被 儲 存 在 bagFee 變 數 當 中， 不 再 將 total 傳 遞 給 ApplyCheckedBagFee，且 Console.WriteLine 現在出現在這個方法中。

此外，ApplyCheckedBagFee 這個名稱可能不再適用，因為這個方法實際上不再適用於施加（apply）費用，而是計算（calculate）費用。在這種情況下，套用「重新命名方法（rename method）的重構」將有助於最終程式碼擁有一個更適當的名稱。

2.2.8 測試重構的程式碼

如前所述，確保你的重構工作沒有從根本上改變系統行為是你的責任。

在我們的情況下，這意味著針對任何有效的輸入資料，BaggageCalculator 都應該能夠計算出與之前相同的價格。

我們有許多工具，可以用來判定程式碼是否仍符合我們的需求，其中之一就是執行**單元測試（unit test）**。

我們將在「**第 6 章，單元測試**」進一步討論單元測試，但現在，你只需要知道單元測試是驗證其他程式碼是否按預期運作的程式碼。

BaggageCalculator 擁有 5 個可以進行的測試。你只需點擊 **Test** 選單，然後選擇 **Run All Tests** 即可。

Test Explorer 視窗應顯示所有測試均已通過，並帶有綠色的勾號：

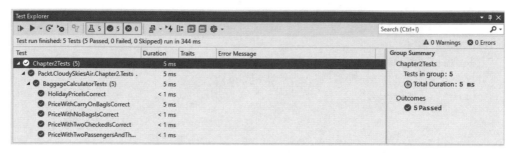

圖 2.13：在 Test Explorer 中 5 個通過的測試

如果現在一個測試失敗了，而以前並沒有，這是好事，因為這代表該測試發現了你在程式碼行為中引發的問題。請研究失敗的測試，解決問題後再繼續。

我們將在 **Part 2** 中更詳細地探討測試，但就目前來看，我們的重構工作似乎已經成功。

最終程式碼

讀者可以在 `https://github.com/PacktPublishing/Refactoring-with-CSharp` 中找到本章最終重構的程式碼，在 `Chapter02/Ch2FinalCode` 資料夾內。

我們在本章製作的程式碼相當簡單，可讀性強，易於維護。當然，還有一些可以進一步改善的地方，但隨著程式碼在未來變得更加複雜，它出現問題的可能性會大幅減少。

2.3 在其他編輯器中的重構

在結束本章之前，讓我們談談「在 Visual Studio 以外的編輯器中進行重構」的話題。

本書主要關注「在 Visual Studio 中進行重構」，因為這是 .NET 開發者目前主要使用的開發環境。然而，還有一些其他經常被用於 .NET 開發並提供重構支援的編輯器和擴充功能：

- **Visual Studio Code**
- **JetBrains Rider**
- **JetBrains ReSharper**（Visual Studio 擴充功能）

由於是 Visual Studio 提供了主要的編輯體驗，這些工具在本書的其餘部分不會出現。話雖如此，我將在本書的其餘部分向你展示的大部分內容，也可以使用這些工具來實作。

2.3.1 在 VS Code 中使用 C# Dev Kit 進行重構

Visual Studio Code（VS Code）得益於其 C# 擴充功能，正迅速成為一個高效能的編輯環境，專為 .NET 專案而生。

VS Code 真正展現其強大之處，在於其新型的 **C# Dev Kit**，它提供了一個幾乎與 Visual Studio 相同的編輯體驗，包括方案總管（solution explorer）。C# Dev Kit 與其他 C# 擴充功能整合在一起，提供了程式碼建議和重構 **Quick Actions**，並使用與 Visual Studio 相同的燈泡圖標風格。

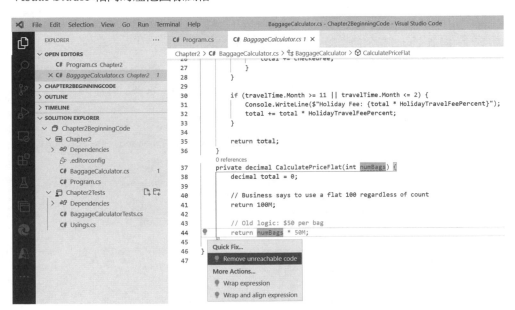

圖 2.14：在 VS Code 中使用 C# Dev Kit 進行重構

VS Code 不會提供你 Visual Studio 目前擁有的所有重構選項，但它是跨平台的，可以在 Mac 和 Linux 上運行。

> **授權備註**
>
> VS Code 是免費的，但是 C# Dev Kit 擴充功能需要有一個付費的 Visual Studio 授權金鑰。

隨著 C# Dev Kit 功能逐漸增加，加上 VS Code 的跨平台支援，以及某種程度上透過 **GitHub Codespaces** 在瀏覽器中運行的能力，我們應該可以期待，以後會看到 VS Code 在 .NET 開發中的地位變得更加重要。

2.3.2 在 JetBrains Rider 中的重構

JetBrains Rider 是一款獨立的編輯器，它使用與「熱門的 **IntelliJ** Java 編輯器」相同的一套編輯軟體。

Rider 適用於大部分的 .NET 專案，它內建一套出色的重構功能集。這些功能通常與本書提到的類似，但具體的命名和使用者體驗將有些許不同。

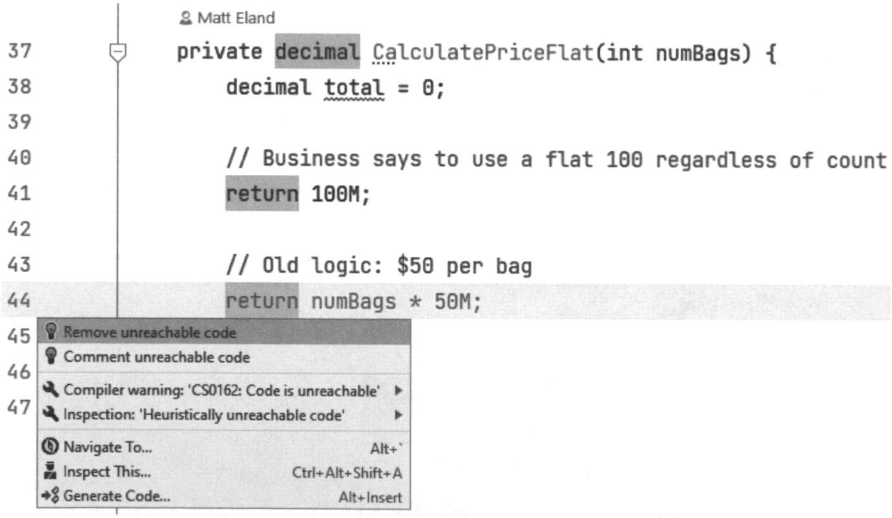

```
                    & Matt Eland
37    ⬠            private decimal CalculatePriceFlat(int numBags) {
38                     decimal total = 0;
39
40                     // Business says to use a flat 100 regardless of count
41                     return 100M;
42
43                     // Old logic: $50 per bag
44                     return numBags * 50M;
45       💡 Remove unreachable code
46       💡 Comment unreachable code
         🔧 Compiler warning: 'CS0162: Code is unreachable'  ▶
47       🔧 Inspection: 'Heuristically unreachable code'       ▶
         🌐 Navigate To...                            Alt+`
         🔍 Inspect This...                  Ctrl+Alt+Shift+A
         ➡§ Generate Code...                       Alt+Insert
```

圖 2.15：在 JetBrains Rider 中的重構

就像 VS Code 一樣，Rider 相對於 Visual Studio 的一個主要優勢是它完全可以跨平台運行，也可以在 macOS 或 Linux 上運行。

2.3.3 在 Visual Studio 中使用 ReSharper 進行重構

如果你喜歡使用 Visual Studio，但希望獲得 Rider 提供的豐富重構集合，JetBrains 也提供了一個名為 **ReSharper** 的 Visual Studio 擴充功能。

ReSharper 將許多 Visual Studio 的功能替換為增強版本，這包括 Visual Studio 的程式碼分析和重構工具。

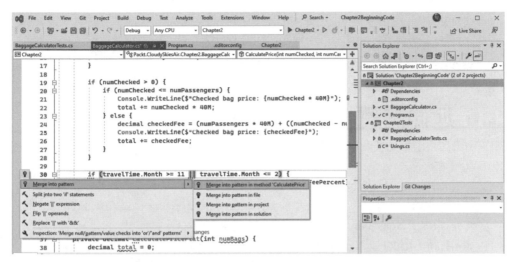

圖 2.16：使用 ReSharper 在 Visual Studio 中進行重構

如今，Visual Studio 幾乎擁有 ReSharper 和 Rider 提供的大多數重構功能，但 ReSharper 和 Rider 的功能有時可能更加進階。

2.4 小結

本章主要探討重構：我們以一個具有一定複雜性的類別為例，並對它進行有針對性的重構，使其更容易閱讀、維護和擴充。

我們遵循一系列可重複的操作，把原本較為複雜的類別轉換為相對簡單的形式，這些操作讓程式碼在形式上有所轉變，但並未改變其整體行為或結果。

儘管 Visual Studio 支援非常強大的重構工具，但身為一位有經驗的開發者，你需要根據「程式碼當前的複雜程度」和「你觀察到的程式碼異味」，來判斷何時需要套用不同的重構。

在接下來的 3 個章節中，我們將更深入地探討內建的重構功能，即「方法」、「類別」和「單行程式碼」的重構。

2.5 問題

1. 對於程式碼區塊，有哪些方法可以觸發 Quick Actions？
2. Visual Studio 是否會提示可以進行重構或建議進行重構？
3. 在執行 Quick Actions 之前，你如何知道 Quick Actions 會做些什麼？
4. Visual Studio 的 Quick Actions 是重構程式碼的唯一方法嗎？

2.6 延伸閱讀

如果讀者想要了解更多關於在 Visual Studio 和其他環境中進行重構的資訊，可以參考以下資源：

- Quick Actions 概觀：https://learn.microsoft.com/en-us/visualstudio/ide/quick-actions
- JetBrains Rider 與 Visual Studio 的比較（包括和不包括 ReSharper）：https://www.jetbrains.com/rider/compare/rider-vs-visual-studio/
- 宣布推出適用於 Visual Studio Code 的 C# Dev Kit：https://devblogs.microsoft.com/visualstudio/announcing-csharp-dev-kit-for-visual-studio-code/

3

重構程式碼流程和迭代

在 **Part 1** 的其他章節中，我們會把重點放在可應用於整個「方法」或「類別」的重構，而本章關注的則是如何提升「單行程式碼」的可讀性和效率。

開發者大部分的時間都在閱讀單行程式碼，只有一小部分的時間用於修改程式碼。因此，盡可能提升「單行程式碼」的可維護性是非常重要的。

在本章中，你會學到下列這些與改進一小段程式碼相關的主題：

- 控制程式流程
- 執行個體化物件
- 迭代集合
- 重構 LINQ 陳述式
- 檢查並測試我們重構的程式碼

3.1 技術需求

讀者可以在本書的 GitHub 找到本章的起始程式碼：https://github.com/PacktPublishing/Refactoring-with-CSharp， 在 Chapter03/Ch3BeginningCode 資料夾中。

3.2 重構登機應用程式

本章的程式碼將關注雲霄航空公司的一對應用程式：

- 一個 Boarding Status Display（登機狀態顯示）應用程式，根據當前的登機組別，還有乘客的機票、軍人身分，以及是否需要協助走下通道等，告知使用者是時候登機航班了。
- 一個 Boarding Kiosk（登機自助機）應用程式，它讓航空公司員工可以查看預定搭乘飛機的乘客，並提供有關各位乘客是否已經登機的資訊。圖 3.1 顯示這個應用程式的實際效果：

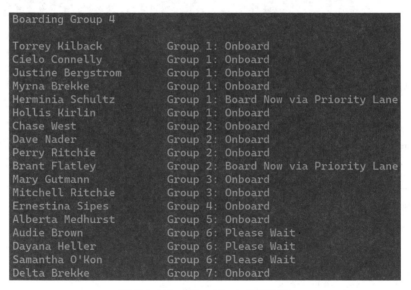

```
Boarding Group 4

Torrey Kilback          Group 1: Onboard
Cielo Connelly          Group 1: Onboard
Justine Bergstrom       Group 1: Onboard
Myrna Brekke            Group 1: Onboard
Herminia Schultz        Group 1: Board Now via Priority Lane
Hollis Kirlin           Group 1: Onboard
Chase West              Group 2: Onboard
Dave Nader              Group 2: Onboard
Perry Ritchie           Group 2: Onboard
Brant Flatley           Group 2: Board Now via Priority Lane
Mary Gutmann            Group 3: Onboard
Mitchell Ritchie        Group 3: Onboard
Ernestina Sipes         Group 4: Onboard
Alberta Medhurst        Group 5: Onboard
Audie Brown             Group 6: Please Wait
Dayana Heller           Group 6: Please Wait
Samantha O'Kon          Group 6: Please Wait
Delta Brekke            Group 7: Onboard
```

圖 3.1：Boarding Kiosk 應用程式

由於我們將要探索的不僅是一個而是兩個應用程式，因此在本章的學習過程中，我們將分成小區塊（small chunks）逐步接觸到應用程式的程式碼。不過，如果你想先熟悉一下，歡迎你在 GitHub 上自行瀏覽這些程式碼。

閱讀本章時，我們將檢視現有的運作程式碼，並看看如何利用各種 C# 語言功能，透過小步驟重構來提升程式碼的可維護性。

首先，讓我們研究如何透過重構改善程式碼的整體流程。

3.3 控制程式流程

新手開發者需要學習的最基礎知識之一，就是如何按順序執行程式碼的行數，以及如何透過 **if 陳述式（if statement）** 和其他語言功能（language feature）來控制接下來要執行哪些陳述式。

在這個小節中，我們將專注於 BoardingProcessor 類別的 CanPassengerBoard 方法。這個方法開始的時候很簡單：

```
public string CanPassengerBoard(Passenger passenger) {
  bool isMilitary = passenger.IsMilitary;
  bool needsHelp = passenger.NeedsHelp;
  int group = passenger.BoardingGroup;
```

在這裡，CanPassengerBoard 接受一個 Passenger 物件並回傳一個字串。這個方法還宣告了一些局部變數，保存從傳入物件中取出的資料片段。

這些變數並非必要，我們可以透過進行「內嵌變數（inline variable）重構」來移除它們，本章稍後將討論到這一點。然而，由於它們增強了後續程式碼的可讀性，它們的存在，在很大程度上是有幫助的。這也是我們有時會導入局部變數的部分原因，正如「**第2章**」所介紹的那樣。

很明顯地，接下來的邏輯變得更難讀懂了，如下所示：

```
if (Status != BoardingStatus.PlaneDeparted) {
  if (isMilitary && Status == BoardingStatus.Boarding) {
    return "Board Now via Priority Lane";
  } else if (needsHelp && Status == BoardingStatus.Boarding) {
    return "Board Now via Priority Lane";
  } else if (Status == BoardingStatus.Boarding) {
    if (CurrentBoardingGroup >= group) {
      if (_priorityLaneGroups.Contains(group)) {
        return "Board Now via Priority Lane";
      } else {
        return "Board Now";
      }
    } else {
      return "Please Wait";
    }
```

```
  } else {
    return "Boarding Not Started";
  }
} else {
  return "Flight Departed";
}
}
```

這個方法主要使用 if/else 陳述式，還有一些零散的變數宣告和週期性的 return 陳述式。這些都是電腦程式設計的基本結構，不過，理解這段程式碼真正的功能還需要花一點時間。

給那些不想要梳理這段程式碼邏輯的人，這段程式碼遵循以下規則：

- 如果飛機已經出發，回傳 "Flight Departed"（已出發）
- 如果飛機還未開始登機，回傳 "Boarding Not Started"（登機尚未開始）
- 如果飛機正在登機且旅客需要幫助或是現役軍人，回傳 "Board Now via Priority Lane"（現在透過優先通道登機）
- 如果飛機正在登機且旅客的組別（group）還未開始登機，回傳 "Please Wait"（請稍等）
- 如果旅客的組別可以登機，告訴他們可以透過正常通道（normal lane）登機，或者，如果他們的登機組別是其中一個優先組別，可以透過優先通道（priority lane）登機

然而，該程式碼的複雜程度，讓解讀這些規則需要一段時間，而且其複雜性導致不確定性，使其他人難以完全理解規則。

理解這些規則對於維護程式碼來說是非常關鍵的。因此，提升這段程式碼的可讀性，對於程式碼的長期成功來說是很重要的。

3.3.1 反轉 if 陳述式

要簡化涉及「巢狀 if 陳述式」的複雜邏輯，最快捷的方法之一，就是將 if 陳述式反轉（invert）並提前回傳。

目前，我們的高層邏輯（high-level logic）看起來像這樣：

```
if (Status != BoardingStatus.PlaneDeparted) {
  // 17 行額外的 if 陳述式和條件
} else {
  return "Flight Departed";
}
```

當我們回到與飛機出發檢查相關的 else 陳述式時，讀者已經忘記最初的 if 陳述式到底是什麼了！

在這裡，由於 else 分支（branch）非常簡單且容易理解，因此，透過採取以下行動來反轉 if 陳述式會很有幫助：

1. 將 if 區塊和 else 區塊的內容進行互換。
2. 反轉 if 陳述式中的 Boolean 運算式。當反轉 == 時，它變成 !=，反之亦然。在我們執行 > 或 < 檢查的情況下，你需要翻轉運算元（flip the operand）並切換是否包含等號（toggle whether equality is included）。根據這些規則，>= 變成 <，並且 <= 變成 >。

在我們的範例中，我們會檢查狀態是否不等於 BoardingStatus.PlaneDeparted。於是我們會把 != 修改為 ==，結果如下：

```
Status == BoardingStatus.PlaneDeparted
```

這些步驟保留了程式的現有行為，但更改了程式碼中的陳述式順序。這可以增加我們原始碼的可讀性。

如果這聽起來很複雜，請不用擔心，因為 Visual Studio 有一個名為 **Invert if** 的 **Quick Action** 重構工具，如圖 3.2 所示：

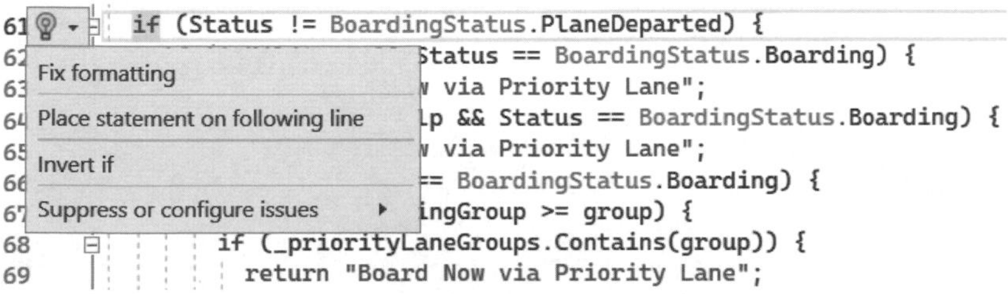

圖 3.2：一個名為 Invert if 的 Quick Action 重構工具

執行這個重構，這將有效地把我們的邏輯改變為以下內容：

```
if (Status == BoardingStatus.PlaneDeparted) {
  return "Flight Departed";
} else {
  // 17 行額外的 if 陳述式和條件
}
```

雖然這樣更容易閱讀，因為讀者不再需要記住在 17 行之後「最初的那個 if 陳述式」到底涉及什麼，但我們還可以進一步改善這段程式碼。

3.3.2 在 return 陳述式後面丟掉 else 陳述式

由於 return 陳述式總是立即離開方法，因此在 return 陳述式後面，你永遠不需要明確的 else 陳述式，因為我們知道，如果執行到 return 陳述式，if 區塊後面的邏輯將不會執行。

這讓我們能夠移除 else 關鍵字及其大括號。然後，我們可以將原本在 else 區塊中的程式碼向外縮排。

產生的程式碼保留了 if 陳述式：

```
if (Status == BoardingStatus.PlaneDeparted) {
  return "Flight Departed";
}
```

在此宣告之後，接下來的程式碼現在與「原始的 if 陳述式」處於同一個縮排層級，這使得它更容易閱讀和理解：

```
if (isMilitary && Status == BoardingStatus.Boarding) {
  return "Board Now via Priority Lane";
} else if (needsHelp && Status == BoardingStatus.Boarding) {
  return "Board Now via Priority Lane";
} else if (Status == BoardingStatus.Boarding) {
  if (CurrentBoardingGroup >= group) {
    if (_priorityLaneGroups.Contains(group)) {
      return "Board Now via Priority Lane";
    } else {
      return "Board Now";
```

```
    }
  } else {
      return "Please Wait";
  }
} else {
  return "Boarding Not Started";
}
```

如果我們希望的話，由於程式碼中還有一些 if/return/else 序列，所以我們可以再重複進行幾次這樣的重構。

我會暫時留下這些，因為我想要向你展示另一種重構方法，這可以協助解決我們現在所看到的問題。

3.3.3 重構 if 陳述式

檢視前述的程式碼，可以發現部分邏輯顯得重複：

```
if (isMilitary && Status == BoardingStatus.Boarding) {
  return "Board Now via Priority Lane";
} else if (needsHelp && Status == BoardingStatus.Boarding) {
  return "Board Now via Priority Lane";
} else if (Status == BoardingStatus.Boarding) {
  // 程式碼已省略以節省空間
} else {
  return "Boarding Not Started";
}
```

在這裡，我們有一個連續 if/else 陳述式，在這個連續陳述式上有 3 個不同的部分正在檢查「航班是否正在登機」。儘管這 3 個 if 陳述式並不相同，但它們之間有足夠的重疊，讓我不禁要問，我們是否可以減少一些重複？

我們可以考慮的第一個選項，可能是簡單地導入「局部變數重構」，如「**第 2 章**」所示：

```
bool isBoarding = Status == BoardingStatus.Boarding;
if (isMilitary && isBoarding) {
  return "Board Now via Priority Lane";
} else if (needsHelp && isBoarding) {
```

```
    return "Board Now via Priority Lane";
  } else if (isBoarding) {
    // 程式碼已省略以節省空間
  } else {
    return "Boarding Not Started";
  }
```

我覺得這段程式碼更容易閱讀，即使「新的局部變數」讓我們多了一行。然而，讓我們採取一種稍微不同的做法。

我們可以重新整理 if 陳述式來增加一層巢狀結構，而不是導入一個變數：

```
if (Status == BoardingStatus.Boarding) {
  if (isMilitary) {
    return "Board Now via Priority Lane";
  } else if (needsHelp) {
    return "Board Now via Priority Lane";
  } else {
    // 程式碼已省略以節省空間
  }
} else {
  return "Boarding Not Started";
}
```

在這裡，從一組 if 陳述式中提取出「一個共同條件」到一個外部的 if 陳述式，能幫助闡明那些 if 陳述式，儘管這樣做需要增加一個額外的巢狀層次。

然而，這種簡化有助於找到一些其他的重構機會，例如結合 isMilitary 和 needsHelp 檢查，因為如果其中一個為 true，它們會回傳相同的值：

```
if (isMilitary || needsHelp) {
  return "Board Now via Priority Lane";
}
```

我們也可以在 if/return 程式碼後丟掉 else 陳述式，以此進一步縮進程式碼，只留下登機組別的邏輯：

```
if (CurrentBoardingGroup >= group) {
  if (_priorityLaneGroups.Contains(group)) {
    return "Board Now via Priority Lane";
```

```
  } else {
      return "Board Now";
  }
} else {
  return "Please Wait";
}
```

這看起來像是「我們可以反轉 if 並丟掉 else 陳述式，以此簡化程式碼」的另一個地方。記住我們必須將 >= 更改為 < 來做這件事：

```
if (CurrentBoardingGroup < group) {
  return "Please Wait";
}
if (_priorityLaneGroups.Contains(group)) {
  return "Board Now via Priority Lane";
} else {
  return "Board Now";
}
```

如你所見，當我們簡化這段程式碼時，它明顯變得容易閱讀。

讓我們退一步，並在這些重構後審視我們的條件邏輯：

```
if (Status == BoardingStatus.PlaneDeparted) {
  return "Flight Departed";
}
if (Status == BoardingStatus.Boarding) {
  if (isMilitary || needsHelp) {
      return "Board Now via Priority Lane";
  }
  if (CurrentBoardingGroup < group) {
      return "Please Wait";
  }
  if (_priorityLaneGroups.Contains(group)) {
      return "Board Now via Priority Lane";
  } else {
      return "Board Now";
  }
} else {
  return "Boarding Not Started";
}
```

現在的程式碼更容易閱讀，也更難以誤解。我們可以反轉「登機狀態檢查」，以提早回傳，但我們稍後將在此處進行其他操作。

接下來，讓我們用一種更具分裂性（divisive）的語言功能，即三元運算子，來進一步降低我們的行數。

3.3.4 使用三元運算子

如果你是**三元運算子**（**ternary operator**）的粉絲，你可能已經注意到我們在重構程式碼時有機會使用一個。

對於不熟悉或不太習慣三元條件運算子的人來說，可以將它理解為一種精簡的「如果我的條件為真，則使用這個值，否則使用另一個值」型別的運算子。

三元運算子的語法是 `boolExpression ? trueValue : falseValue;`。

換句話說，你可以不用三元運算子就能寫出程式碼，像這樣：

```
int value;
if (someCondition) {
  value = 1;
} else {
  value = 2;
}
```

然而，使用三元運算子，只需一行，就可以寫出相同的程式碼：

```
int value = someCondition ? 1 : 2;
```

如你所見，三元運算子讓我們將六行程式碼縮短為一行。這種簡潔性正是為何有人喜歡在程式碼中使用三元運算子的關鍵。

不太喜歡三元運算子的人常指出，三元運算子很難閱讀——尤其是試圖快速閱讀程式碼的時候。換句話說，雖然它們使程式碼更簡潔，但這種簡潔性從長遠來看可能會降低程式碼的可維護性。

讓我們看一下程式碼的一小部分，以及如何應用三元運算子：

```
if (CurrentBoardingGroup < group) {
    return "Please Wait";
}
if (_priorityLaneGroups.Contains(group)) {
    return "Board Now via Priority Lane";
} else {
    return "Board Now";
}
```

在這裡，我們正在檢查當前的登機組別是否為優先組別，然後根據 Contains 呼叫的結果，告訴使用者要使用優先通道登機還是正常通道登機。

由於我們根據 Boolean 運算式的結果回傳一個單一值，我們可以使用三元運算子來重寫程式碼，如下所示：

```
if (CurrentBoardingGroup < group) {
    return "Please Wait";
}
return _priorityLaneGroups.Contains(group)
        ? "Board Now via Priority Lane"
        : "Board Now";
```

這種方式將五行的程式碼簡化為三行，或者，如果你想把?和:的區段和 Boolean 運算式放在同一行，那就只需要一行程式碼。

你可能已經注意到，這次重構將整個程式碼區塊放到了一個位置，你可以在該位置基於登機組別導入另一個三元運算子，如果該運算式為 true，則 return "Please Wait"，如果該運算式為 false，則回傳稍早三元運算式的結果：

```
return (CurrentBoardingGroup < group)
    ? "Please Wait"
    : _priorityLaneGroups.Contains(group)
        ? "Board Now via Priority Lane"
        : "Board Now";
```

雖然這是有效的 C#，但我可以保證，如果一位同事在程式碼審查中向我展示這個，我會忍不住想說一些不太友善的話！

> **Tip**
>
> 請記住：較少的程式碼行數並不一定等同於更高的可維護性。

在個人層面上，我的偏好是在許多地方避免使用三元運算，並且始終避免將三元運算連在一起。然而，當我覺得某段程式碼適合使用三元運算時，我有時還是會使用它。

舉例來說，有時候會有一個非常簡單的方法，如果你使用三元運算式的話，它可以被縮減成一行程式碼。這種特定的變化讓你得以使用運算式主體成員（expression-bodied members）的功能，我們在「**第 4 章**」會討論。

當我使用三元運算時，我會將三元運算式格式化為三行，如先前所示，首行包含 Boolean 運算式。第二行將用來表示「? 運算子」和「若運算式為 `true` 時使用的值」，而第三行將用來表示「: 運算子」和「若運算式為 `false` 時使用的值」：

```
var myVar = booleanExpression
                ? valueIfTrue
                : valueIfFalse;
```

我認為這種方法在三元運算的「優點」（讓程式碼更精簡）和「缺點」（更難以快速且準確地閱讀程式碼）之間，找到了一個令人滿意的平衡點。

3.3.5 將 if 陳述式轉換為 switch 陳述式

這個方法的邏輯現在更容易理解了，將其簡化到這個程度，突顯了「我們正在做三種事情的其中一種」，而這取決於「目前的登機狀態」：

- 如果狀態為 `PlaneDeparted`，則通知使用者航班已經出發
- 如果狀態為 `Boarding`，則檢查是否為軍人身分、是否需要協助登機，還有登機組別
- 至於其他狀態（目前 `NotStarted` 是唯一的其他狀態），則通知使用者登機尚未開始

在處理列舉值（enumerated value）時，這種分支邏輯（branching logic）很常見。

在我們的範例中，enum 值只有三種狀態：

BoardingStatus.cs

```csharp
public enum BoardingStatus {
  NotStarted = 0,
  Boarding = 1,
  PlaneDeparted = 2,
}
```

當你發現自己需要檢查相同變數的不同值時，你通常可以改寫它們，使用 **switch 陳述式代替**。

switch 陳述式基本上是一系列精簡的 if/else if/else 類型檢查，所有這些檢查都檢查相同的值，就像我們的程式碼對狀態（Status）的處理一樣。我們很快就會看到一個 switch 陳述式的範例，但是如果你不熟悉它們，你可以將它們想像為「撰寫一系列相關 if/else if 陳述式」的另一種方式。

這可以手動完成，或者，如果你的程式碼是建立在 if/else if/else 的結構中，你可以使用 Visual Studio 中內建的特定重構，如以下程式碼所示：

```csharp
if (Status == BoardingStatus.PlaneDeparted) {
  return "Flight Departed";
} else if (Status == BoardingStatus.Boarding) {
  if (isMilitary || needsHelp) {
    return "Board Now via Priority Lane";
  }
  if (CurrentBoardingGroup < group) {
    return "Please Wait";
  }
  return _priorityLaneGroups.Contains(group)
          ? "Board Now via Priority Lane"
          : "Board Now";
} else {
  return "Boarding Not Started";
}
```

請注意，我在之前的程式碼中加入了 else 關鍵字（在前面的片段中以粗體字呈現），並以此進入該 if/else if/else 結構中，讓 Visual Studio 能夠識別我們即將使用的重構。

一旦我們按照這個模式設置了程式碼，當你選取 if 陳述式時，**Convert to 'switch' statement** 重構選項將會出現在 **Quick Actions** 選單中，如圖 3.3 所示：

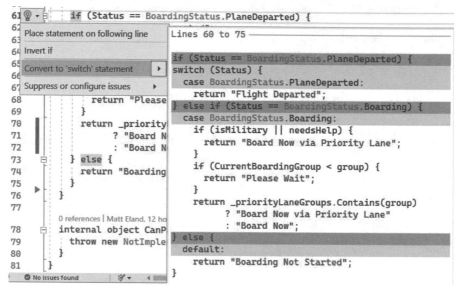

圖 3.3：Convert to 'switch' statement 重構選項

這次重構讓「基於狀態的邏輯」更加明確了：

```
switch (Status) {
  case BoardingStatus.PlaneDeparted:
     return "Flight Departed";
  case BoardingStatus.Boarding:
     if (isMilitary || needsHelp) {
        return "Board Now via Priority Lane";
     }
     if (CurrentBoardingGroup < group) {
        return "Please Wait";
     }
     return _priorityLaneGroups.Contains(group)
            ? "Board Now via Priority Lane"
            : "Board Now";
  default:
     return "Boarding Not Started";
}
```

作為閱讀此程式碼的人，即使邏輯功能相同，我發現這比一連串的 `if/else if/else` 更容易掃描和解釋。使用 `if/else if/else` 陳述式，我「或許」會注意到邏輯正在多次比較同一個值，而 `switch` 陳述式則（表現得）更加明確。

使用 `switch` 陳述式的另一個好處是，當你的 `switch` 比較一個 `enum` 值（如 `BoardingStatus`），並且你缺少一個或多個 `enum` 值的 `case` 值時，它將解鎖內建的重構選項。

此選項在 `switch` 陳述式的 **Quick Actions** 選單中顯示為 **Add missing cases**，如圖 3.4 所示：

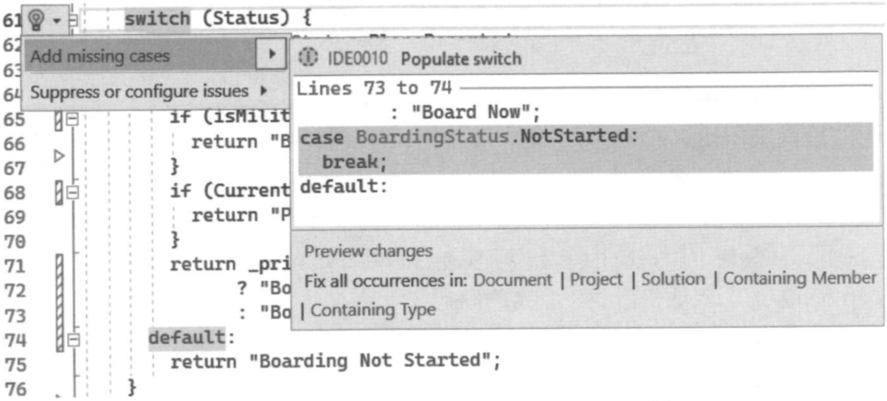

圖 3.4：Quick Actions 選單中的 Add missing cases 重構選項

警告

我想指出，這裡的 **Add missing cases** 重構選項可能會導致行為改變。這個重構的內建實作加入了 `NotStarted` 狀態，並讓它跳出 `switch`，而不是像以前那樣，透過 `default` 關鍵字回傳一個值。

C# 編譯器會在這種情況下為我們標記出這個錯誤，因為該方法不會為這個路徑回傳一個值，然而，一般來說，在 `switch` 陳述式中存在 `default` `case` 的情況下，加入遺失的案例確實會引起行為的變化。

在我們的範例中，我們可以以將 `NotStarted` 狀態與 `default case` 合併，進而得到更明確的選項清單：

```
switch (Status) {
  case BoardingStatus.PlaneDeparted:
```

```
        return "Flight Departed";
    case BoardingStatus.Boarding:
        if (isMilitary || needsHelp) {
            return "Board Now via Priority Lane";
        }
        if (CurrentBoardingGroup < group) {
            return "Please Wait";
        }
        return _priorityLaneGroups.Contains(group)
                ? "Board Now via Priority Lane"
                : "Board Now";
    case BoardingStatus.NotStarted:
    default:
        return "Boarding Not Started";
}
```

現在，這段程式碼比以前更容易閱讀，我們也可以清楚看到按「狀態」區分的邏輯流程。

在真實世界的應用程式中，我可能會變更 default case 來拋出一個例外（exception），明確地告訴我「特定的狀態」並未被「這個邏輯」所支援。這看起來會像下面的邏輯：

```
    case BoardingStatus.NotStarted:
        return "Boarding Not Started";
    default:
        throw new NotSupportedException($"Unsupported: {Status}");
```

我也可能會受到誘惑去進行「提取方法重構」（如「第 2 章」所示），將「處理登機狀態的邏輯」移至它自己的方法中。然而，我暫時不進行此操作，這樣我才能展示switch 運算式的應用。

3.3.6 轉換為 switch 運算式

switch 運算式（**switch expression**）是 switch 陳述式的演進，它依賴於**模式比對**（**pattern-matching**）運算式，來簡化和擴充 switch 陳述式內部可以做的事情。

switch 運算式是 C# 中一個相對較新的功能，該功能在 2019 年作為 C# 8 的一部分釋出。雖然在我撰寫本書時這已經是幾年前的事了，但我仍然覺得 switch 運算式很新，以至於許多 C# 開發者都不熟悉或不熟練。

一個簡單的 switch 運算式看起來很像 switch 陳述式：

```
return Status switch {
  BoardingStatus.PlaneDeparted => "Flight Departed",
  BoardingStatus.NotStarted => "Boarding Not Started",
  BoardingStatus.Boarding => "Board Now",
  _ => "Some other status",
};
```

這些 switch 運算式看起來與 switch 陳述式非常相似，除了以下幾個方面：

- 它們從你需要評估（evaluate）的值開始，接著是 switch 關鍵字，而非以 switch (value) 開始。
- 我們不使用 case 或 break 關鍵字。
- 每個個別情況都有一些「可能為 true 的條件」在左側，然後是箭頭符號（=>），接著，右側是「如果左側的條件為 true 的話」要使用的值。
- 我們有 _ 來取代 default 關鍵字，表示任何其他的比對。

關於 switch 運算式的好處之一是它們既簡潔又相當易讀。然而，switch 運算式的能力遠遠超過我迄今為止向你展示的內容。

你可能已經注意到，我剛剛介紹的範例 switch 運算式並未能充分處理登機的邏輯。具體來說，我們對於現役軍人、需要協助登機的人、登機組別和優先通道都有規定，而這些都沒有在先前的程式碼區塊中表示出來。

讓我們來看看一個能夠處理這些事情的 switch 運算式：

```
return Status switch {
  BoardingStatus.PlaneDeparted => "Flight Departed",
  BoardingStatus.NotStarted => "Boarding Not Started",
  BoardingStatus.Boarding when isMilitary || needsHelp
    => "Board Now via Priority Lane",
  BoardingStatus.Boarding when CurrentBoardingGroup < group
    => "Please Wait",
```

```
    BoardingStatus.Boarding when _priorityLaneGroups.Contains(group)
      => "Board Now via Priority Lane",
    BoardingStatus.Boarding => "Board Now",
      _ => "Some other status",
};
```

這段程式碼與我們上次看到的 switch 運算式有些不同。這裡，登機狀態重複了四次，有時還伴隨著 when 關鍵字。

這段程式碼正在做的是使用「模式比對」來檢查，它不僅檢查「Status 是否為 Boarding」，還有檢查「其他條件是否為 true」。實際上，我們可以在 when 關鍵字之後檢查狀態，並選擇性地檢查另一個 Boolean 運算式。

如果兩件事都不成立，switch 運算式將評估序列中的下一行。這使得 switch 運算式成為一組比對規則，確保「第一條規則」評估為 true。

模式比對

模式比對是一種新的 C# 語法，允許你簡潔地檢查物件和變數的不同屬性和面向。我們將在「**第 10 章，防禦性程式設計技巧**」更深入地探討模式比對語法，但這個小節對它的功能提供了一個良好的介紹。

換句話說，這個 switch 運算式會檢查以下規則，並對「第一個成立為 true 的條件」進行反應：

1. 飛機已經出發。
2. 登機還沒開始。
3. 登機已經開始，並且乘客是現役軍人或者需要協助。
4. 乘客的登機組別還沒有被叫到。
5. 乘客的組別正在登機，並且是優先登機組別。
6. 乘客的組別正在登機，但他們不在優先登機通道。
7. 任何其他狀態。

switch 運算式簡潔有力，讓你得以混合 switch 陳述式的結構清晰性與模式比對的力量，並使用 when 關鍵字來創造可讀性佳的有序邏輯。

就像程式設計工具箱中的任何工具一樣，switch 運算式並不會是每個問題的解決方案，你和團隊可能並不像我那麼喜歡閱讀 switch 運算式。然而，它們依然是你工具箱中一項寶貴工具，可以簡化程式碼，同時保持容易閱讀、維護和擴充。

我們將在「第 10 章」重新檢視一些模式比對語法，但現在讓我們繼續探討如何提高處理物件集合的效率。

3.4 執行個體化物件

既然已經充分改進了 CanPassengerBoard 方法，讓我們來看看如何建立物件吧，以及我們可以進行哪些簡單的改善，來簡化程式碼中的物件**執行個體化（instantiation，又譯實體化）**。

術語說明

新進開發者經常被一些開發者常用的術語難倒。例如，在這個小節中，我們將談論執行個體化物件。這是開發者常用的表達方式，但其實質意義就是「使用 new 關鍵字，建立一個類別的特定執行個體」的過程。當你看到「執行個體化」這個術語時，你可以簡單地將它理解為「建立某物的特定執行個體（a specific instance）」。

本節的程式碼可以來自任何地方，但我們將專注在本章隨附的測試專案中的一對方法，讀者可以在 PassengerTests.cs 檔案中找到這一對方法的程式碼。

3.4.1 將 var 替換為明確的型別

我想要重點關注的第一行程式碼來自於我們的一個單元測試：

PassengerTests.cs

```
var p = Build(first, last);
```

在這裡，我故意省略了這行程式碼周圍的脈絡資訊，以加強一個觀點，而這個觀點是：花一點時間試著確定 p 變數的資料型別（data type）。

p 儲存了 Build 的結果，它接受名為 first 和 last 的一對參數，但僅從這一行，我們無法確定 p 所持有的資料型別。

這是因為 p 是使用 var 關鍵字來宣告的。var 關鍵字是一種簡寫方式，用於告訴編譯器：『嘿，編譯器，在你編譯這段程式碼時，我希望你確定這將是什麼資料型別，並在編譯的程式碼中，將 var 關鍵字替換為資料的實際型別。』

換句話說，var 通常是一種簡便（走捷徑）的做法，讓你不用打出特定資料型別的全名。然而，它帶來一個小缺點，那就是讓讀者更難判斷變數中包含的資料型別。

這在你有複雜的資料型別時（如 IDictionary<Guid, HashSet<string>>）有意義，但對於像 int 這樣的短型別名稱來說，就可能有些荒謬。

> **其他 var 的用途**
>
> 除了我在這裡描述的用法之外，var 關鍵字還有其他的使用方式。例如，它可以輕鬆儲存**匿名型別**（**anonymous type**）和其他難以表示的型別結構，但對於這本書來說，我關注的是在大多數程式倉庫中 var 的常見應用。

Visual Studio 確實允許你將滑鼠懸停在變數宣告上並查看實際使用的型別。在這種情況下，p 代表一個 Passenger 物件，但這還是會減慢你閱讀程式碼的速度。

反之，我建議你利用內建的 **Use explicit type instead of 'var'** 重構」。請見圖 3.5：

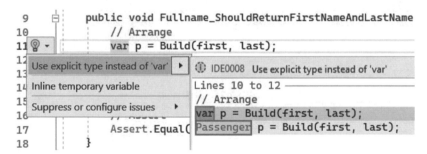

圖 3.5：使用明確的型別

很明顯地，這讓你的程式碼更容易閱讀：

```
Passenger p = Build(first, last);
```

當然，var 存在是有其原因的，它是為了解決某些問題而導入的，這包括在賦值陳述式（assignment statement）中的重複。我們接下來將研究**目標型別 new** 關鍵字，它為該問題提供了不同的解決方案。

3.4.2 用目標型別 new 簡化建立

var 關鍵字的建立是為了協助處理如下的變數執行個體化行為:

```
private Passenger Build(string firstName, string lastName){
    Passenger passenger = new Passenger();
    passenger.FirstName = firstName;
    passenger.LastName = lastName;
    return passenger;
}
```

當我們執行個體化一個新的 Passenger 物件並將其分配給新的 passenger 變數時,我們在賦值運算子(=)的左側和右側共使用了兩次 Passenger 類別的名稱,這稍微重複了一些。

var 關鍵字讓我們能夠簡化這個物件的建立,使其仍然擁有可讀的語法:var passenger = new Passenger();。在這裡,透過縮寫新變數的型別,var 讓我們得以簡化這個賦值陳述式的左側。

C# 9 導入了**目標型別 new (target-typed new)** 關鍵字,讓我們可以簡化賦值運算子的右側,有效地表示「我們執行個體化的類別型別」與「作為賦值運算子目標的變數型別」相同。

換句話說,目標型別 new 是一種方式,它告訴 C#,請建立與「我們將要儲存值的變數」相同的型別。這讓我們可以避免使用 var,且不需要重複自己:

```
Passenger passenger = new();
```

我喜愛這種語法,也樂意在所有的程式碼中使用它。對於第一次看到這個功能的其他開發者來說,它可能會造成一點點困惑,但這只是一次性的小代價,因為它讓你的程式碼同時保持簡潔和易讀。

> **提示**
> Visual Studio 在 **Quick Action** 選單中提供了一個 **Use 'new(...)'** 選項,讓你將「傳統的物件執行個體化」變更為「目標型別 new 語法」。

既然要討論建立物件,讓我們來看看**物件初始化器(object initializer)**如何在建立物件時設定其屬性吧。

3.4.3 使用物件初始化器

讓我們再次看看前面範例中的那個 Build 方法，同時專注於設定「已建立的 passenger 物件」：

```csharp
private Passenger Build(string firstName, string lastName){
  Passenger passenger = new();
  passenger.FirstName = firstName;
  passenger.LastName = lastName;
  return passenger;
}
```

這段程式碼並不差，但確實有點重複。

具體來說，這段程式碼透過在每個屬性之前置入 passenger.，並將值分配給該屬性，使得每一行的物件設定資訊重複出現。

這個物件非常簡單，只包含兩個屬性。但是想像一下，如果有一個更大的物件，它包含 10 個或更多的屬性需要設定，這段程式碼可能會變得非常重複，甚至可能會讓人忽視正在設定的屬性的名稱。

雖然我們可以使用一個建構函式，它會接受代表「屬性值」的參數，以此來解決這個問題（下一章會說明），但另一種解決方法是使用**物件初始化器**。如你所猜測，Visual Studio 為此提供了一個 **Quick Action** 重構，儘管它的名稱有點不太尋常：**Object initialization can be simplified**。請見圖 3.6：

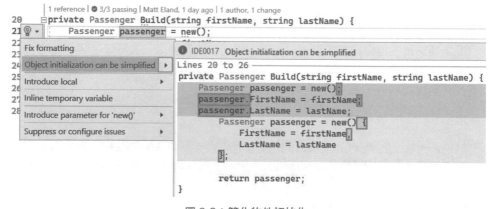

圖 3.6：簡化物件初始化

使用這種重構，將我們的程式碼轉換為更簡潔的格式：

```
private Passenger Build(string firstName, string lastName){
  Passenger passenger = new() {
    FirstName = firstName,
    LastName = lastName
  };
  return passenger;
}
```

我喜歡這種語法，且它與 init 和 required 屬性配合得非常好，我們將在「**第 10 章，防禦性程式設計技巧**」中探討這一點。然而，使用物件初始化器有一個缺點，那就是堆疊追蹤（stack trace）。

假設你有一個物件初始化器，它設置了一個物件的多個不同屬性，並在計算「要儲存的值」時出現例外，該例外並不會指出「錯誤發生在哪一行程式碼上」，或是「哪個屬性即將被更新」，而只會指出「這發生在初始化器中的某處」。

另一方面，如果你在設置個別屬性時使用多行，例外詳細資訊將會識別出「問題所在的那一行」。當然，這可能會成為一個「避免在初始化器中進行可能產生例外的計算」的理由。

當我們在「**第 10 章**」討論 init、required 和 with 運算式時，我們將再次討論初始化器，但現在，我們先來談談集合。

3.5 迭代集合

要開始探索集合（collection），我們先回到 BoardingProcessor 類別，看一看它的 DisplayPassengerBoardingStatus 方法。我們將一點一點地探索這個方法，從它的方法簽章開始：

```
public void DisplayBoardingStatus(
  List<Passenger> passengers, bool? hasBoarded = null) {
```

在這裡，我們可以看到，這個方法接受一個 Passenger 物件的清單，並可選擇性地接受一個 Nullable 的 Boolean 參數 hasBoarded，該參數可以儲存 true、false 或 null 值。這個 hasBoarded 參數被用來根據其值，可選擇性地過濾我們的乘客清單：

- `true`：只包括已登機的乘客
- `false`：只包括未登機的乘客
- `null`：不按登機狀態過濾（預設選項）

這個 Nullable 的過濾參數（filtering parameter）是我在建置搜尋方法（search method）時常見的一個，我們將在「**第 5 章，物件導向重構**」中再次深入探討它。

在 DisplayBoardingStatus 中的下一塊程式碼，它處理的是過濾邏輯：

```
List<Passenger> filteredPassengers = new();
for (int i = 0; i < passengers.Count; i++) {
    Passenger p = passengers[i];
    if (!hasBoarded.HasValue || p.HasBoarded==hasBoarded) {
        filteredPassengers.Add(p);
    }
}
```

這是我們在本節其餘部分將關注的程式碼區塊。它透過迭代 passengers. 清單中的乘客，建置一個新的乘客清單，該清單與「使用者選擇的過濾選項」比對，並有條件地將其加入到我們的新乘客清單中。

> **術語說明**
>
> 在某物上進行**迭代（iteration 或 iterating）**是一個常令新手開發者感到困惑的術語。它僅僅意味著「在一個集合中迴圈（looping）存取每一個項目」。

這個方法的其餘部分主要是將乘客資訊顯示給在「登機自助機」工作的工作人員（agent）：

```
DisplayBoardingHeader();
foreach (Passenger passenger in filteredPassengers) {
    string statusMessage = passenger.HasBoarded
        ? "Onboard"
        : CanPassengerBoard(passenger);
    Console.WriteLine($"{passenger.FullName,-23} Group
        {passenger.BoardingGroup}: {statusMessage}");
}
}
```

基本上，對於我們想要顯示的每一位乘客，我們都會寫出他們的名字、登機組別，以及他們在登機應用程式上看到的訊息，或者如果他們已經登機的話，則寫上 "Onboard"。

整體而言，這種方法簡單，且不超過 20 行的程式碼長度，往往能維護程式碼的易用性。

那麼，讓我們來看看有哪些方法可以改進這段程式碼。

3.5.1 介紹 foreach

讓我們再次查看「過濾乘客清單，以產生新乘客清單」的程式碼：

```
List<Passenger> filteredPassengers = new();
for (int i = 0; i < passengers.Count; i++) {
  Passenger p = passengers[i];
  if (!hasBoarded.HasValue || p.HasBoarded == hasBoarded) {
      filteredPassengers.Add(p);
  }
}
```

雖然這段程式碼並不複雜，但引起我注意的是，我們正在用 for 迴圈來列舉乘客。在這個迴圈內，我們並未對索引變數 i 進行任何處理，只是用它從清單中取出乘客。

當你有一個像這樣簡單的 for 迴圈時（也就是說，這個迴圈不是「從清單的任何地方開始」，不是「反轉迴圈」，也不是「每隔一個項目跳過」），你通常可以用 foreach 迴圈來替換該迴圈。

要將 for 迴圈轉換為 foreach 迴圈，你可以選擇 for 迴圈，然後使用內建在 Visual Studio 中的 **Convert to 'foreach'** 重構功能（請見圖 3.7）：

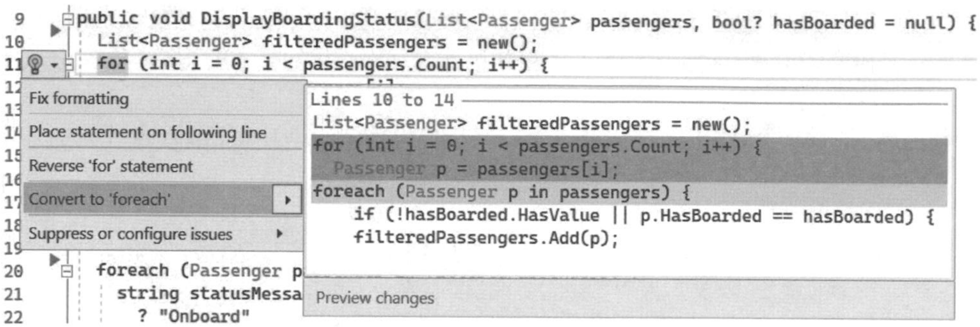

```
 9   ┌ public void DisplayBoardingStatus(List<Passenger> passengers, bool? hasBoarded = null) {
10   │     List<Passenger> filteredPassengers = new();
11 💡 ▾│     for (int i = 0; i < passengers.Count; i++) {
12
```

Fix formatting	┌ Lines 10 to 14 ───────────
Place statement on following line	List<Passenger> filteredPassengers = new();
Reverse 'for' statement	for (int i = 0; i < passengers.Count; i++) {
Convert to 'foreach' ▶	~~Passenger p = passengers[i];~~
Suppress or configure issues ▶	foreach (Passenger p in passengers) {
	if (!hasBoarded.HasValue || p.HasBoarded == hasBoarded) {
	filteredPassengers.Add(p);

```
20   ┌       foreach (Passenger p    Preview changes
21   │         string statusMessa
22   │           ? "Onboard"
```

圖 3.7：Quick Actions 選單中的 Convert to 'foreach' 重構選項

這會移動到一個 foreach 迴圈，並且完全去除變數宣告：

```
List<Passenger> filteredPassengers = new();
foreach (Passenger p in passengers) {
  if (!hasBoarded.HasValue || p.HasBoarded == hasBoarded) {
    filteredPassengers.Add(p);
  }
}
```

我會盡量使用 foreach，因為它不僅消除了變數宣告和索引器（indexer）的使用，而且使整體程式碼更容易閱讀。

幾乎所有的 for 迴圈都是從 0 開始，逐項迭代集合直到結束，但並非每個 for 迴圈都是如此。因此，每次我讀到一個 for 迴圈時，我都需要檢查它是否為標準的迴圈，或者它有沒有什麼特殊之處。然而，對於 foreach 迴圈，我不需要這麼做，因為 foreach 語法不支援這種操作。這增加了閱讀的舒適度和速度，亦透過簡單化提升了程式碼的可維護性。

此外，foreach 迴圈可與任何實作 IEnumerable 的物件一起使用，而 for 迴圈則要求它們迭代的集合具有索引器。這意味著 foreach 迴圈可以迭代比 for 迴圈更多型別的集合。

集合介面

.NET 提供了幾種集合介面（collection interface），包括 `IEnumerable`、`ICollection`、`IList`、`IReadOnlyList` 和 `IReadOnlyCollection`。理解這些集合型別是很有幫助的，但這並不是閱讀本書的必要條件。請參閱本章最後的**「延伸閱讀」小節**，那裡有更多關於這些介面的資訊，但現在，你只需要知道 `IEnumerable` 介面其實就是「可以在 `foreach` 迴圈中迭代某物」的一種較漂亮的說法。

3.5.2 轉換為 for 迴圈

雖然 `foreach` 迴圈非常棒，而且在大多數情況下都是我預設使用的迴圈，但有時候，我們還是希望使用 `for` 迴圈來獲得一些額外的控制。如果你需要以非標準的方式迭代集合，或者需要將「索引變數」用於「從集合中讀取變數」以外的其他地方，那麼你通常會想要使用 `for` 迴圈。

Visual Studio 為我們提供了一個 **Convert to 'for'** 重構功能，可以將 `foreach` 迴圈轉換為 `for` 迴圈。請見圖 3.8：

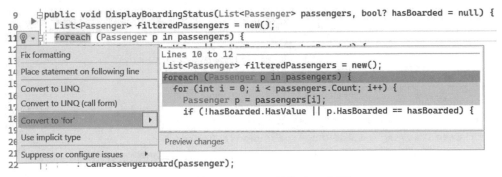

圖 3.8：將 foreach 迴圈轉換回 for 迴圈

我很少使用這種重構，但在需要的時候，它是很方便的。

目前，我們就將程式碼留在 `foreach` 迴圈中，看看 LINQ 如何幫助我們改進它。

3.5.3 轉換至 LINQ

你可能已經注意到，在圖 3.8 中，有一對「將 `foreach` 迴圈轉換為 LINQ」的建議。

LINQ 是 **Language INtegrated Query** 的縮寫,它提供一套擴充方法(extension method),適用於「任何實作了 IEnumerable 的集合」。這樣,你就可以使用「箭頭函式」對該集合執行快速的聚合(aggregation)、轉換(transformation)和過濾(filtering)操作。

> **箭頭函式**
>
> 箭頭函式(arrow function,又被稱為 Lambda 運算式)使用「粗箭頭」(=>)語法來表示,以簡略的格式表示小型方法(small method)。本書假設讀者對箭頭函式有基本的理解。如果你需要更多資訊,或是需要重新學習箭頭函式的工作方式,請參閱本章的**「延伸閱讀」小節**。

讓我們來看看,當我們在 foreach 迴圈的 **Quick Actions** 選單中使用 **Convert to LINQ (call form)** 重構時,foreach 迴圈會發生什麼變化:

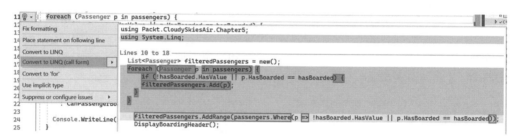

圖 3.9:將 foreach 迴圈轉換成使用 LINQ

這種重構將我們的 foreach 迴圈轉換成只有一小部分程式碼:

```
List<Passenger> filteredPassengers = new();
filteredPassengers.AddRange(passengers.Where(
  p => !hasBoarded.HasValue || p.HasBoarded == hasBoarded));
```

這段程式碼使用我們的 passengers 集合,然後呼叫 Where 擴充方法。Where 方法將建立並回傳一個新的 IEnumerable 的 passengers 序列,而且只包含箭頭函式 p => !hasBoarded.HasValue || p.HasBoarded == hasBoarded 回傳值為 true 的乘客。

> **擴充方法**
>
> 擴充方法是在靜態類別中定義的靜態方法,它允許你建立的語法看起來像是為現有型別加入了新方法。LINQ 極度依賴附加到各種介面的擴充方法。我們將在**「第 4 章」**探討如何建立擴充方法。

這並不會修改我們原先的集合，而是創造一個新的 Passenger 物件集合，然後將這些物件傳遞至 filteredPassengers.AddRange 方法。

雖然這段程式碼已經非常簡潔，我們還是可以利用「泛型 List 類別」上的建構函式來進一步改善它。

List<T> 類別有一個建構函式（constructor），它能接受一個 IEnumerable<T> 介面，並允許你有效地圍繞一系列元素建立一個新的清單。這能讓我們避免使用 AddRange 呼叫，且有助於簡化我們的程式碼到單一陳述式：

```
List<Passenger> filteredPassengers = new(passengers.Where(
  p => !hasBoarded.HasValue || p.HasBoarded == hasBoarded));
```

如果想要的話，我們也可以完全去除 filteredPassengers 變數，做法是過濾乘客，然後將其重新指定回自身中：

```
passengers = passengers.Where(
  p => !hasBoarded.HasValue || p.HasBoarded == hasBoarded).ToList();
```

在這裡，我們執行 Where 呼叫，來產生一個包含乘客的 IEnumerable<Passenger> 介面，然後在該 IEnumerable 介面上呼叫 ToList 方法，將其轉換回 List 方法，以便將其儲存在 passengers 參數中。

此外，請注意，任何曾經使用過 filteredPassengers 的地方都需要更改為使用 passengers：

```
foreach (Passenger passenger in passengers) {
  string statusMessage = passenger.HasBoarded
    ? "Onboard"
    : CanPassengerBoard(passenger);
  Console.WriteLine($"{passenger.FullName,-23} Group
    {passenger.BoardingGroup}: {statusMessage}");
}
```

我喜歡 LINQ，也認為它對於「建立簡單且可維護的應用程式」來說相當重要，但如果你不熟悉 LINQ，或者不習慣閱讀箭頭函式（=>）表示法，那麼的確需要一些時間來習慣。

儘管如此，我確實在 LINQ 程式碼中看到一些常見的錯誤。所以，在結束本章之前，讓我們來看看其中的一些錯誤吧。

3.6 重構 LINQ 陳述式

在本章的最後一節中，我們將回顧一些常見的 LINQ 程式碼最佳化，我們會把重點放在「大多數使用 LINQ 的程式倉庫」都能從中獲益的一些常見改進上。

3.6.1 選擇正確的 LINQ 方法

LINQ 有幾種不同的方式可以搜尋集合中的特定項目。

如果你有一個名為 people 的 IEnumerable<Passenger> 介面，而你想要用名字找到某位乘客，你可能會寫出類似這樣的程式碼：

LinqExamples.cs

```
PassengerGenerator generator = new();
List<Passenger> people = generator.GeneratePassengers(50);
Passenger me = people.FirstOrDefault(p => p.FullName == "Matt Eland");
Console.WriteLine($"Matt is in group {me.BoardingGroup}");
```

這段程式碼使用 LINQ 的 FirstOrDefault 方法，該方法會搜尋集合，直到找到箭頭函式評估為 true 的第一個值。在此範例中，它會找到第一個 FullName 設定為 "Matt Eland" 的人，從 FirstOrDefault 方法回傳該值，並將其儲存在名為 me 的 Passenger 變數中[6]。

然而，如果箭頭函式並未回傳任何 true 的項目，FirstOrDefault 將使用 Passenger 型別的預設值，對於像「類別」這樣的參考型別（reference type）來說，其預設值會是 null。

6　審校註：原文是說「儲存在名為 matt 的變數」，但在實體書上，範例程式碼變數名稱為 me，另外，在 GitHub 所附的原始碼中，又用了另一個變數名稱 author。由於這裡正在解說範例程式碼，因此中文版修改為 me 變數。

預設值

在 .NET 中，bool 的預設值是 false；數值型別（如 int 和 float）的預設值為 0；參考型別（包括 string、List 和其他類別在內）的預設值為 null。

換句話說，如果 Matt 存在於乘客中，這個 FirstOrDefault 呼叫就會尋找並回傳他，而如果他不存在，則回傳 null。

這裡的問題在於下一行會嘗試讀取 me.BoardingGroup 的值。如果我們找到了該元素，那麼這是沒問題的，但如果我們沒有找到，這段程式碼在嘗試存取 BoardingGroup 時，將會出現 NullReferenceException 的錯誤，這可能並非程式作者的本意。

請注意，我們如何修復這段程式碼，取決於我們的期望是什麼。

使用 LINQ 的時候，當你要尋找集合中的元素時，你需要決定兩件事情：

- 我是否可以接受「有多於一個項目」符合我的箭頭函式，還是我需要確保「最多只有一個項目」會回傳 true 值？
- 我是否可以接受「我正在尋找的項目」完全不存在？

第一個決定影響的是「你是否將呼叫 First 或 Single」。使用 First 方法時，邏輯會找到「第一個符合查詢的元素」並回傳它。然而，使用 Single 方法時，邏輯除了會找到「第一個符合查詢的元素」，還會繼續迭代整個集合，以確定是否有其他元素也符合該運算式。如果有一個符合該運算式的其他元素，就會拋出 InvalidOperationException 錯誤，告訴你序列中包含多個比對符合的元素。

大多數開發者在執行程式碼時都不喜歡看到例外。然而，有時候，如果你的查詢有多於一個的符合結果，你會需要知道這一點。一般來說，「及早失敗」遠比在一個更令人困惑的位置「晚點失敗」還要好，早點失敗可以避免掩蓋程式最初出現問題的地方。

在尋找集合中的元素時，你需要做的第二個決定是「如果沒有物件符合查詢，你是否可以接受」。如果可以接受，那麼你通常會想要呼叫 FirstOrDefault 或 SingleOrDefault（取決於你之前是否允許多個比對符合）。然而，如果絕不接受找不到比對符合的情況，那你將使用 First 或 Single，而不是 FirstOrDefault 或 SingleOrDefault。

如果序列中不含有任何比對的元素，First 和 Single 兩者都將拋出 InvalidOperationException 錯誤。若你使用 First 或 Single，且集合中沒有任何元素的箭頭函式回傳 true，就會拋出例外。如此一來，便無法用 First 或 Single 的結果來處理 null 值，而這對於簡化程式碼非常有幫助。

> **Tip**
> 在程式碼執行時，相較於在程式碼後面的某處（如 30 行之後）才出現 NullReferenceException 錯誤，如果在出現問題的確切位置立即拋出 InvalidOperationException 錯誤，將更有助於解決問題，也有助於快速找出「一個值」該如何抵達「它應該出現的位置」。

null 狀態分析（**null-state analysis**）是另一項功能，可以協助預防 NullReferenceException 錯誤的發生。我們將在「**第 10 章**」深度探討這個問題。

讓我們繼續，並討論結合（combine）LINQ 方法的方式。

3.6.2 結合 LINQ 方法

LINQ 的一個好處是它讓你可以「鏈接」不同的方法，即透過在另一個 LINQ 方法的結果上呼叫一個 LINQ 方法，將不同的方法「鏈在一起」（chain together）。這讓你能夠完成這些事情，例如：使用 Where 過濾出項目的子集（subset）、使用 OrderBy 重新排序結果，再透過 Select 將它們轉換為新的物件。

不過，隨著 .NET 持續發展，LINQ 在其現有方法的基礎上，又增加了一些更專門的多載（specialized overload），這就使得其中一些鏈接在一起的方法變得不必要，甚至效率不高。

以這段程式碼區塊為例：

```
bool anyBoarded = people.Where(p => p.HasBoarded).Any();
int numBoarded = people.Where(p => p.HasBoarded).Count();
Passenger firstBoarded = people.Where(p => p.HasBoarded).First();
```

乍看之下，這段程式碼看似沒問題。這三個變數各自指定自己的過濾條件，然後查看該過濾選項的結果。當然，這裡有機會導入一個局部變數代表 people.Where(p => p.HasBoarded)，但除此之外，這段程式碼通常第一眼看起來都很正常。

然而，LINQ 提供了 Any、Count、First 等幾個方法的多載版本，這些版本接受一個**述詞**（predicate，這只是箭頭函式的華麗說法）。

這些多載版本允許你將 Where 方法與其他方法結合成更簡潔的格式：

```
bool anyBoarded = people.Any(p => p.HasBoarded);
int numBoarded = people.Count(p => p.HasBoarded);
Passenger firstBoarded = people.First(p => p.HasBoarded);
```

這種寫作方式不僅更簡潔，在某些情況下，這些多載也可能更有效率。

舉例來說，在之前，當我們執行 people.Where(p => p.HasBoarded).Any() 時，這段程式碼是「從左至右」進行評估的，將大量項目過濾成較少的項目。一旦整個清單都被過濾完成，就會進行 Any 方法的呼叫，如果在結果清單中找到至少一個項目，則回傳 true 值。

相較之下，people.Any(p => p.HasBoarded) 的版本則不同。這個方法會迴圈整個（loop over）項目，一旦看到任何一個元素從箭頭函式回傳 true 值，它就知道可以停止評估，因為最終結果將為 true。

始終尋找機會，使用這些專門的 LINQ 多載，因為它們可以產生非常簡潔甚至效能更佳的程式碼。

3.6.3 利用 Select 進行轉換

假設你想要建立一個「尚未登機的所有乘客」的字串清單。你希望每個名稱都按照「乘客的名字」和「他們的登機組別」格式化。所以，一個範例實體可能是 "Priya Gupta-7"。

你可以按照以下方式撰寫程式碼：

```
List<string> names = new();
foreach (Passenger p in people) {
  if (!p.HasBoarded) {
    names.Add($"{p.FullName}-{p.BoardingGroup}");
  }
}
```

然而，LINQ 有一個名為 Select 的方法，可以讓你將項目從一種形式轉換為另一種形式，對於這種情況來說，這非常完美。

> **Tip**
> 給那些來自 JavaScript 背景的讀者：Select 功能與 Map 函式相似。

這個 Select 版本的樣子，如下所示：

```
List<string> names =
        people.Where(p => !p.HasBoarded)
            .Select(p => $"{p.FullName}-{p.BoardingGroup}")
            .ToList();
```

在這裡，Where 陳述式將結果過濾為「未登機的乘客」，而 Select 陳述式將這些物件從乘客物件轉換成「字串」。

Select 不限於字串。你可以選擇適合你的任何資料型別，包括整數、其他物件、清單，甚至是**匿名型別（anonymous types）**或元組（**tuples**）。

最終，無論何時，當你擁有一個以某種形式呈現的物件集合，而你需要將這些物件轉換為不同的形式時，Select 便是一種值得考慮的優秀方法。

3.7 檢查並測試我們重構後的程式碼

雖然我們在本章中並未修改大量程式碼，但我們所改變的程式碼在體積上縮小了，因此變得更容易閱讀、理解和修改。

這就是我們為何要進行重構的原因。重構應該積極改善應用程式的可維護性，並針對戰略性的部分（strategic pieces，即應用程式的關鍵部分）償還技術債，以降低未來導入錯誤和延誤的風險。

> **重構的程式碼**
> 讀者可以在 https://github.com/PacktPublishing/Refactoring-with-CSharp 中找到本章最終重構的程式碼，在 Chapter03\Ch3FinalCode 資料夾內[7]。

---

7 審校註：原文最終程式碼是寫放在 Chapter03/Ch3RefactoredCode 資料夾，但 GitHub 原始碼只有 Chapter03\Ch3FinalCode 資料夾。中文版依 GitHub 專案位置修正。

由於重構的藝術在於「更改程式碼的形式，卻不改變其功能」，因此我們必須在繼續之前，對應用程式進行測試。

我們將在「**第 6 章**」更詳細地討論手動測試和自動測試，但現在，請在 Visual Studio 的頂端選擇 **Test** 選單，然後點擊 **Run All Tests** 來運行測試。

這將顯示 **Test Explorer** 和一片綠色的勾號，如圖 3.10 所示：

圖 3.10：本章的程式碼通過的測試

現在，讓我們總結一下本章學習的內容。

3.8 小結

在本章中，我們探討了重構技術，以此幫助我們更好地控制程式流程、執行個體化物件、迭代集合，並透過 LINQ 撰寫更有效率的程式碼。

我們介紹的每一項重構技術都是你工具箱中的一個工具，在適當的情況下，它們可以提升程式碼的可讀性和可維護性。隨著你練習與實踐的重構越來越多，你將更能理解何時該應用哪種重構，來改善你正在處理的程式碼。

在下一章中，我們將從改善單行程式碼轉向一個更大的範疇，我們將努力重構 C# 程式碼的整個方法。

3.9 問題

請回答以下問題,來測試你對本章的理解:

1. 簡潔的程式碼比較重要?還是容易閱讀的程式碼更重要?
2. 在你正在處理的專案中瀏覽一個程式碼檔案。請觀察程式碼中的 if 陳述式。你有什麼發現?
3. 我們有多常使用巢狀的 if 陳述式?
4. 在你的 if 陳述式的條件中有沒有常常重複出現的邏輯?
5. 有沒有任何地方,反轉 if 陳述式或轉換為 switch 陳述式或 switch 運算式,可能會改善情況?
6. 你認為團隊在處理集合時有充分利用 LINQ 嗎?你看到了哪些改進的機會?

3.10 延伸閱讀

如果讀者想要了解更多關於本章討論的資訊,可以參考以下資源:

- Switch 運算式:https://learn.microsoft.com/en-US/dotnet/csharp/language-reference/operators/switch-expression
- .NET 集合介面之間的差異:https://newdevsguide.com/2022/10/09/understanding-dotnet-collection-interfaces/
- LINQ 中的資料查詢語法與方法語法:https://learn.microsoft.com/zh-tw/dotnet/csharp/programming-guide/concepts/linq/query-syntax-and-method-syntax-in-linq
- 探索資料的範圍:https://learn.microsoft.com/zh-tw/dotnet/csharp/tutorials/ranges-indexes
- 箭頭函式和 Lambda 運算子:https://learn.microsoft.com/zh-tw/dotnet/csharp/language-reference/operators/lambda-operator

4

在方法層級的重構

在上一章中，我們講解了改善「單行程式碼」的做法。在這個基礎上，我們將擴大範圍來處理整個方法的重構，並解決「程式碼如何組合形成更大的方法，這些方法接著彼此互動」所產生的問題。

「第 2 章」在探討「提取方法重構」時已經稍微提及這方面的內容。然而，在這一章中，我們將擴充我們的工具箱，涵蓋重構方法的基本原則，然後進入更進階的範疇。我們將討論以下主要主題：

- 重構航班追蹤器
- 重構方法
- 重建建構函式
- 重構參數
- 重構為函式
- 介紹靜態方法和擴充方法

4.1 技術需求

讀者可以在本書的 GitHub 找到本章的起始程式碼：https://github.com/PacktPublishing/Refactoring-with-CSharp， 在 Chapter04/Ch4BeginningCode 資料夾中。

4.2 重構航班追蹤器

本章的程式碼主要針對一個名為 FlightTracker 的類別，該類別的目的是追蹤
（track）和顯示（display）商業機場內「即將起飛的航班資訊」給候機室內的旅客，
如圖 4.1 所示：

```
FLIGHT     DEST   DEPARTURE              GATE   STATUS

CSA2024    ORD    Sun Jul 09 23:27 PM    A01    Inbound
CSA2028    ATL    Sun Jul 09 23:41 PM    C01    Delayed
CSA2034    ORD    Mon Jul 10 00:04 AM    A01    OnTime
CSA2040    ORD    Mon Jul 10 00:13 AM    A01    OnTime
CSA2043    MCI    Mon Jul 10 00:17 AM    C04    OnTime
CSA2049    ATL    Mon Jul 10 00:31 AM    A03    OnTime
CSA2050    ORD    Mon Jul 10 00:55 AM    C01    OnTime
CSA2052    PNS    Mon Jul 10 00:57 AM    A02    OnTime
CSA2054    SAN    Mon Jul 10 01:00 AM    C03    OnTime
CSA2058    CMH    Mon Jul 10 01:17 AM    A01    OnTime
CSA2061    PNS    Mon Jul 10 01:27 AM    C04    Inbound
CSA2062    MCI    Mon Jul 10 01:47 AM    A04    Cancelled
CSA2067    CHS    Mon Jul 10 01:52 AM    A03    Delayed
CSA2073    MCI    Mon Jul 10 01:55 AM    A03    Delayed
CSA2075    MCI    Mon Jul 10 02:04 AM    A04    Cancelled
```

圖 4.1：FlightTracker 顯示「出境航班狀態」

FlightTracker 類別擁有許多與「管理和顯示航班」相關的方法。它由 Flight 類別支
援，該類別代表「系統中的個別航班」，以及由 FlightStatus enum 支援，該 enum
（列舉）代表「航班的所有相關狀態」，如圖 4.2 中的類別圖所示：

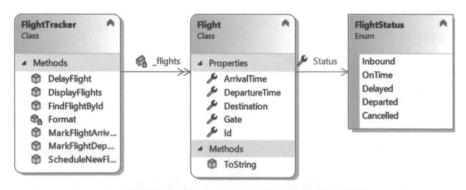

圖 4.2：顯示 FlightTracker 及相關支援類別的類別圖

我們將在本章中探討這些程式碼片段，但現在，我們需要理解 FlightTracker 的主要職責包括以下內容：

- 追蹤一個航班清單
- 安排新航班（將它們加入到清單中）
- 標記航班為已抵達、已出發或延誤
- 顯示所有航班
- 根據其 ID 尋找航班

這是一個相當簡單的航班追蹤器類別，但在下一章探索「物件導向重構」時，我們會看到一個稍微複雜一點的版本。

現在，讓我們來看看幾個可以改善這些方法的簡單步驟。

4.3 重構方法

在這一節中，我們將探討與「方法及其互動性」相關的多種重構。我們將從討論方法的**存取修飾詞（access modifier）**開始。

4.3.1 變更方法存取修飾詞

在我擔任專業 C# 講師期間，我注意到學生們往往不會思考他們在程式碼中使用的**存取修飾詞**。具體來說，我的學生通常會做以下兩件事情之一：

- 他們會將所有方法預設標記為 **public**，除非有人（通常是我）建議他們使用不同的存取修飾詞。
- 他們會將所有方法預設標記為 **private**（或完全省略存取修飾詞，預設為 **private**），直到編譯器出現「需要使方法更具存取性」的問題。

這兩種方式都不夠充分，原因很簡單：我們希望明確地宣告方法的可見性（visibility，又譯能見度）等級。如此一來，每當你閱讀程式碼時，存取修飾詞就會明確地提醒你，哪些其他的程式碼能存取你正在操作的程式碼。這在處理那些可以在類別外部參考的「非私有（non-private）方法」時特別有用。

> **存取修飾詞**
>
> C# 12 中有幾種存取修飾詞,用於控制其他區域能否參考你的程式碼。目前的存取修飾詞有 public(公開)、private(私有)、protected(受保護)、internal(內部)、protected internal(受保護的內部)、private internal(私有的內部),以及新的 file(檔案)存取修飾詞,這個修飾詞會限制只能存取「單一來源檔案中的某些內容」。雖然這些存取修飾詞都有各自的用途,但為了簡單起見,在本節中我會把重點放在 public 和 private 上。

如果我們將一種方法標記為 public、protected 或 internal,應該有一個充分的理由——這個理由通常與「這個方法是我們希望其他地方在使用我們的程式碼時,主要會使用的方式」有關。

我們的 FlightTracker 類別中有一個 public 方法名為 FindFlightById,這個方法被該類別中的大多數其他方法使用,但在類別之外沒有任何東西使用它。此方法會依照航班的 ID 尋找並回傳找到的航班:

```
public Flight? FindFlightById(string id) {
  return _flights.Find(f => f.Id == id);
}
```

鑒於這些情況,你可能會明確決定將此方法標記為 private,限制其在此類別中的使用,如以下程式碼所示:

```
private Flight? FindFlightById(string id) {
  return _flights.Find(f => f.Id == id);
}
```

透過將此方法標記為私有,你在未來將有更大的自由來重新命名它,改變它的工作方式,修改其參數,或者完全刪除它。

如果類別外部沒有任何東西使用該方法,那麼變更存取修飾詞通常是安全的。否則,這個決定將導致編譯器錯誤。

4.3.2 重新命名方法和參數

讓我們來看看在 `FlightTracker` 中管理航班的三種非常相似的方法：

```
public Flight? DelayFlight(string fId, DateTime newTime) {
    // 細節省略
}
public Flight? MarkFlightArrived(DateTime time, string id) {
    // 細節省略
}
public Flight? MarkFlightDeparted(string id, DateTime t) {
    // 細節省略
}
```

這些方法中的每一種都需要一個 `DateTime` 與一個航班識別碼字串（flight identifier string）。然而，這些參數的命名，甚至這些方法的命名，並不完全 致。

`DelayFlight` 使用 `fId` 來表示其航班 ID 變數，並使用 `newTime` 來表示新的出發時間。`MarkFlightArrived` 使用 `time` 來表示抵達時間，並使用 `id` 來表示航班識別碼。`MarkFlightDeparted` 則使用 `id`，但選擇 `t` 來表示出發時間。

雖然這些命名選擇中有些比其他的更好，但在同一個類別中，方法的命名不一致，可能會影響其他人使用程式碼的效率。這可能會讓他們對你的能力缺乏信心，甚至可能因為誤解參數或方法代表的涵義而導入錯誤——所有這些都是由於缺乏一致性所造成的。

為了解決這個問題，我們可以使用 Rename parameter 重構來重新命名單一參數，以確保一致性。這可以透過右鍵點擊參數並從環境選單中選擇 **Rename...**，或者選中參數後按兩下 Ctrl + R 來完成。請見圖 4.3：

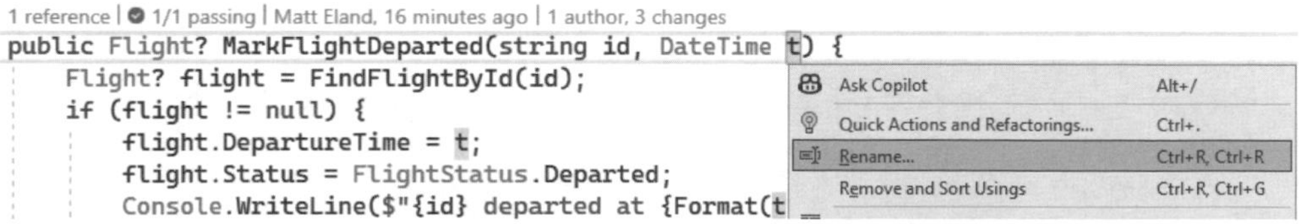

圖 4.3：透過環境選單啟動「重新命名參數重構」

接著，輸入你想要用於該參數的新名稱，並按 Enter 完成變更。請見圖 4.4：

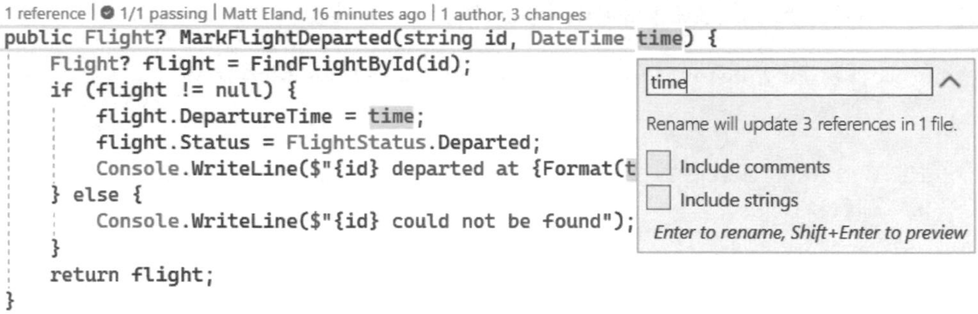

```
1 reference | ● 1/1 passing | Matt Eland, 16 minutes ago | 1 author, 3 changes
public Flight? MarkFlightDeparted(string id, DateTime time) {
    Flight? flight = FindFlightById(id);
    if (flight != null) {
        flight.DepartureTime = time;
        flight.Status = FlightStatus.Departed;
        Console.WriteLine($"{id} departed at {Format(t
    } else {
        Console.WriteLine($"{id} could not be found");
    }
    return flight;
}
```

```
time                        ∧
Rename will update 3 references in 1 file.
[ ] Include comments
[ ] Include strings
Enter to rename, Shift+Enter to preview
```

圖 4.4：重新命名參數

在選擇名稱時，你應該選擇「清晰」且與類別中已使用的術語和名稱「一致」的名稱。請盡量避免使用非常短的和單一字母的參數（排除某些情況，例如用於坐標的 x 和 y，或其他已確定的短參數名稱的用法）。

以這段程式碼為例，我選擇將所有的航班識別碼重新命名為 id，並選擇對 DateTime 參數的名稱進行更明確的描述，用以表示該參數所代表的意義。

我也選擇使用同一個重新命名工具，將 DelayFlight 的整個方法重新命名為 MarkFlightDelayed，藉此與這個類別中的其他方法保持更高的一致性：

```
public Flight? MarkFlightDelayed(string id, DateTime newDepartureTime)
{
    // 細節省略
}
public Flight? MarkFlightArrived(DateTime arrivalTime, string id)
{
    // 細節省略
}
public Flight? MarkFlightDeparted(string id, DateTime departureTime)
{
    // 細節省略
}
```

有些名稱可能比我希望的要長一些（尤其是在排版程式碼，試圖符合書頁版面的時候！），但是清晰的參數和方法名稱可以避免許多混淆，甚至可以防止某些錯誤在之後出現。

> **Note**
>
> 如果參數的排序不一致讓你感到困擾,別擔心。我們將在本章後面修正參數排序。

4.3.3 多載方法

讓我們改變話題,來談談方法如何彼此協同運作。首先,我們將看一下**多載**(**overloading**)的範例,然後是**鏈接**(**chaining**)的範例。

我們先來看看 ScheduleNewFlight 方法:

```
public Flight ScheduleNewFlight(
  string id, string dest, DateTime depart, string gate) {
  Flight flight = new() {
      Id = id,
      Destination = dest,
      DepartureTime = depart,
      Gate = gate,
      Status = FlightStatus.Inbound
  };
  _flights.Add(flight);
  return flight;
}
```

此方法接受四個代表航班資訊的參數。它利用它們來建立一個 Flight 物件。將航班加入到私有航班清單(_flights)中,然後回傳新建立的 Flight 物件。

隨著系統延伸,我們有理由期望,可能會有人想提供他們自己的 Flight 物件。為了適應這種情況,你可以對 ScheduleNewFlight 方法進行多載。

> **多載**
>
> 多載是指你提供一個方法,這個方法與另一個方法同名,但接受不同型別的參數集合。例如,你可以有一個方法接受一個 int,另一個方法接受兩個 string,但你不能有兩個方法都只接受一個單一的 int,即使參數名稱不同。從編譯器的角度來看,多載方法(overloaded methods)是完全獨立的方法,只是碰巧叫同一個名字。

一個接受 Flight 物件的多載 ScheduleNewFlight 方法，看起來可能像這樣：

```
public Flight ScheduleNewFlight(Flight flight) {
  _flights.Add(flight);
  return flight;
}
```

多載 ScheduleNewFlight 方法很有用，因為它可以幫助人們根據 Visual Studio 的建議，探索「安排一個航班」（scheduling a flight）的不同選項，如圖 4.5 所示：

```
Flight flight = flightTracker.ScheduleNewFlight(|)
_ = rand.Next(8)   ▲ 1 of 2 ▼  Flight FlightTracker.ScheduleNewFlight(Flight flight)
```

圖 4.5：Visual Studio 的建議顯示了 ScheduleNewFlight 可用的多載選項

透過提供多載、遵循標準慣例，並擁有一致且可預測的方法和參數，你可以幫助其他人發現「如何安全且有效率地使用你的類別」。

4.3.4 鏈接方法

你可能已經注意到，我們的兩個 ScheduleNewFlight 多載之間有幾行重複。讓我們將它們並排比較，以供參考：

```
public Flight ScheduleNewFlight(
  string id, string dest, DateTime depart, string gate) {
  Flight flight = new() {
      Id = id,
      Destination = dest,
      DepartureTime = depart,
      Gate = gate,
      Status = FlightStatus.Inbound
  };
  _flights.Add(flight);
  return flight;
}
public Flight ScheduleNewFlight(Flight flight) {
  _flights.Add(flight);
  return flight;
}
```

雖然這種重複性非常小，但我可以想像，如果有新的需求出現，將需要在兩處都進行變更。例如，商業上可能要求每當安排一個新航班時，都應該寫入日誌實體（log entry），或者可能需要將新的 LastScheduleChange 屬性設置為當前時間。

當這種類型的變更發生時，除非開發者變更所有受影響的區域，否則他們將面臨導入錯誤的風險。這意味著，程式碼的重複，甚至是像這樣的小型程式碼重複，如果沒有在每一個具有相似邏輯的地方都進行更新，都會導致額外的工作和更多的錯誤來源。

有一項可以協助完成這項任務的東西，那就是**方法鏈**（**method chaining**）。方法鏈是當一個方法呼叫另一個相關的方法，並讓它代替自己完成工作。

在這個範例中，我們可以修改第一個 ScheduleNewFlight 方法，讓它負責建立一個 Flight 物件，然後將該物件交給另一個 ScheduleNewFlight 多載，如下所示：

```
public Flight ScheduleNewFlight(
  string id, string dest, DateTime depart, string gate) {
  Flight flight = new() {
      Id = id,
      Destination = dest,
      DepartureTime = depart,
      Gate = gate,
      Status = FlightStatus.Inbound
  };
  return ScheduleNewFlight(flight);
}
public Flight ScheduleNewFlight(Flight flight) {
  _flights.Add(flight);
  return flight;
}
```

這不僅減少了程式碼的使用，而且如果我們需要修改「安排一個新航班」時的操作，現在只需修改一處地方即可。

既然介紹了重構方法的一些基礎知識，讓我們簡短地看一下它與**建構函式**（**constructor**）的一些相似之處。畢竟，建構函式實質上是一種在執行個體化「物件」時被呼叫的特殊方法。

4.4 重構建構函式

考慮一個建構函式的工作，它存在的理由就是把「物件」放置到正確的初始位置。一旦建構函式完成，該物件通常被認為已經準備好供其他程式碼使用。

這意味著，建構函式可能對「確保某些資訊的完整性」非常有用。

目前，我們的 Flight 類別被定義得相當簡單，且只有一個預設建構函式（在缺乏任何明確的建構函式的情況下，這是 .NET 所提供的預設建構函式）：

Flight.cs

```
public class Flight {
  public string Id { get; set; }
  public string Destination { get; set; }
  public DateTime DepartureTime { get; set; }
  public DateTime ArrivalTime { get; set; }
  public string Gate { get; set; }
  public FlightStatus Status { get; set; }
  public override string ToString() {
    return $"{Id} to {Destination} at {DepartureTime}";
  }
}
```

我們的 Flight 類別缺乏明確的建構函式，這裡的問題在於，如果沒有這些資訊，航班就沒有意義。

雖然 C# 的較新版本為我們提供了例如 required 的關鍵字（「**第 10 章**」會說明），但在物件建立時，「要求提供某些資訊」的經典做法，是將「這些資訊」作為「參數」傳遞給「建構函式」。為了說明這一點，接下來，我們將加入一個帶有參數的建構函式。

4.4.1 產生建構函式

雖然我們可以手動撰寫建構函式，但 Visual Studio 提供了一些出色的程式碼產生工具（code generation tool），包括「產生建構函式的重構」。

要使用此重構，請選擇該類別並開啟 **Quick Actions** 選單。然後，選擇 **Generate constructor...**，如圖 4.6 所示：

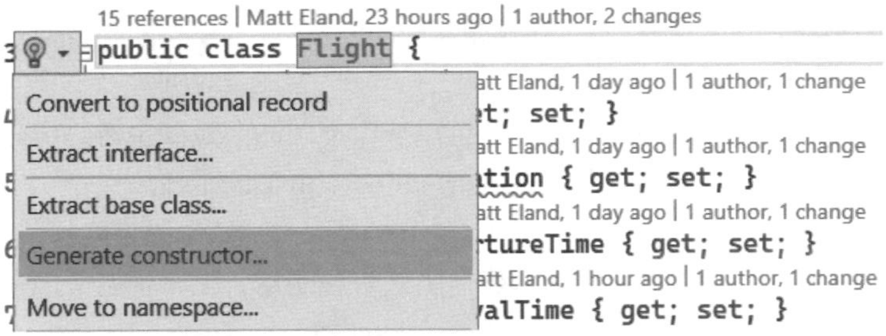

圖 4.6：產生建構函式

這將開啟一個對話框，讓你選擇在建立 Flight 時，由建構函式初始化哪些成員，如圖 4.7 所示：

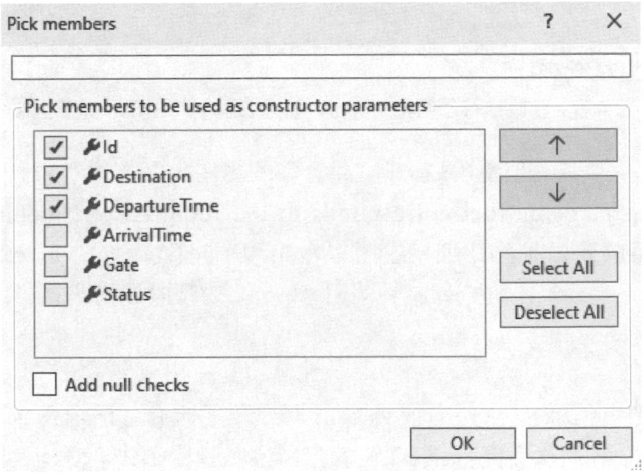

圖 4.7：為建構函式選擇所需的成員

在這個案例中，我選擇將 Id、Destination 和 DepartureTime 作為建構函式的一部分，其他項目則維持未勾選。我還取消了 **Add null checks** 的核取方塊（checkbox，又譯勾選框），以防止產生的程式碼對於此範例而言變得過於複雜。

這產生了以下的建構函式：

```
public Flight(string id, string destination, DateTime departureTime) {
    Id = id;
    Destination = destination;
```

```
        DepartureTime = departureTime;
    }
```

產生的程式碼根據其參數正確地設定所需的屬性。

如果你想要的話,可以重新進行操作,並且以一組不同的參數產生新建構函式,因為類別可以擁有任意數量的多載建構函式(overloaded constructors)。

事實上,我們將在下一節中增加另一個建構函式來說明這一點。不過,現在我們需要解決一個以「建置錯誤(build error)形式」存在的問題:

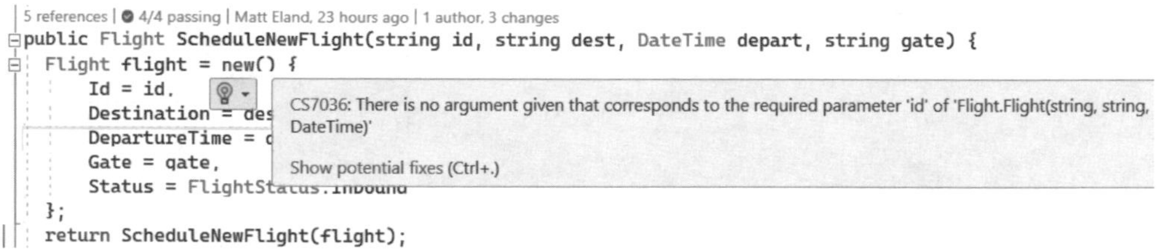

```
5 references | ● 4/4 passing | Matt Eland, 23 hours ago | 1 author, 3 changes
public Flight ScheduleNewFlight(string id, string dest, DateTime depart, string gate) {
    Flight flight = new() {
        Id = id,          ⚙ ▾   ┌─────────────────────────────────────────────────────────┐
        Destination = des        CS7036: There is no argument given that corresponds to the required parameter 'id' of 'Flight.Flight(string, string,
        DepartureTime = d         DateTime)'
        Gate = gate,              Show potential fixes (Ctrl+.)
        Status = FlightStatus.Inbound
    };
    return ScheduleNewFlight(flight);
```

圖 4.8:嘗試執行個體化「Flight 執行個體」時出現了建置錯誤

如果你在增加了 Flight 建構函式後嘗試建置你的專案,你會看到類似圖 4.8 的錯誤。這種「no argument given that corresponds to the required parameter(沒有給出與所需參數相對應的參數)的錯誤」之所以會出現,是因為 ScheduleNewFlight 中的 Flight flight = new() 程式碼試圖叫用 Flight 的預設建構函式,但該建構函式已不存在。

我們剛剛加入建構函式時,並沒有把 Flight 類別從「沒有建構函式」變為「有一個建構函式」。反之,我們從「擁有 .NET 的預設無參數建構函式」變為「我們產生了帶有新參數的一個建構函式,完全移除了預設建構函式」。

我們可以透過明確地定義它來手動加回「預設建構函式」:

```
    public Flight() {
    }
```

這個建構函式除了讓其他人能夠透過「不向建構函式提供參數」來執行個體化類別之外,並無其他功能。一旦你宣告自己的建構函式,.NET 將不再為你提供預設建構函式。

要修復此編譯器錯誤，我們可以新增一個不接受任何參數的新建構函式，或者，我們可以調整 ScheduleNewFlight 程式碼，使用我們的新建構函式，而非不再存在的預設建構函式。

由於新增新建構函式的其中一個目的是在物件建立時要求「某些資訊」，因此，更有意義的是將 ScheduleNewFlight 變更為使用新建構函式，如下所示：

FlightTracker.cs

```
public Flight ScheduleNewFlight(
  string id, string dest, DateTime depart, string gate) {
  Flight flight = new(id, dest, depart) {
    Gate = gate,
    Status = FlightStatus.Inbound
  };
  return ScheduleNewFlight(flight);
}
```

進行此操作的一個好處是，我們不再需要在物件初始化器（object initializer）中設定那些屬性，因為建構函式已經為我們完成了。

4.4.2 鏈接建構函式

稍早，我們看到如何將多載方法鏈接在一起，藉此減少程式碼重複。我也暗示過，建構函式其實就是特殊方法（special method）。當你有多個建構函式時，它們的行為就像多載方法一樣。

我們可以透過**鏈接建構函式**（**chaining constructor**）來整合所有這些概念，使一個建構函式呼叫另一個建構函式。

首先，讓我們來看看一個「不這樣做」的範例：

Flight.cs

```
public Flight(string id, string destination, DateTime departureTime) {
  Id = id;
  Destination = destination;
  DepartureTime = departureTime;
}
```

```
public Flight(string id, string destination, DateTime departureTime,
    FlightStatus status) {
    Id = id;
    Destination = destination;
    DepartureTime = departureTime;
    Status = status;
}
```

在此，我們有兩個幾乎相同的 Flight 建構函式，只是「第二個」還接受一個狀態（status）參數。

雖然這並不是過度的重複，但可以利用： this() 語法將建構函式鏈接在一起來避免這樣的重複，如下所示：

```
public Flight(string id, string destination, DateTime departureTime) {
    Id = id;
    Destination = destination;
    DepartureTime = departureTime;
}
public Flight(string id, string destination, DateTime departureTime,
    FlightStatus status) : this(id, destination, departureTime) {
    Status = status;
}
```

在這個案例中，第二個 Flight 建構函式首先會透過使用： this 來呼叫「第一個建構函式」。一旦該呼叫完成，控制權將回到「第二個建構函式」，然後它將執行 Status = status; 這行程式碼。

將建構函式鏈接在一起，會為你的程式碼增加一些複雜性，但是它也減少了重複的程式碼，同時讓你可以在一個地方加入新的初始化邏輯，且多個建構函式都可以利用這個新增的部分。

4.5 重構參數

現在，我們探討了方法與建構函式的基礎知識，讓我們來談談如何管理參數。這很重要，因為如果參數設定不佳，可能會迅速降低程式碼的可維護性。

讓我們來看一下，在你的方法生命週期中，你會想要進行的一些常見重構。

4.5.1 重新排序參數

有時候，你會發現方法中「參數的排列順序」並不如其他安排那麼有意義。其他時候，你可能會注意到你的一些方法接受相同型別的參數，但順序卻不一致。無論哪種情況，你都會發現自己想要重新排序你的方法參數。

讓我們來看看一個實際的範例，這來自我們之前看到的各種 MarkX 方法：

FlightTracker.cs

```
public Flight? MarkFlightDelayed(string id, DateTime newDepartureTime)
{
  // 細節省略 ...
}
public Flight? MarkFlightArrived(DateTime arrivalTime, string id)
{
  // 細節省略 ...
}
public Flight? MarkFlightDeparted(string id, DateTime departureTime)
{
  // 細節省略 ...
}
```

在這裡，我們有三種方法都接受 String 和 DateTime 參數，但它們的排序方式並不一致。

在這種情況下，你在研究這三種方法後，決定直覺的順序是先放置航班 ID，然後將時間部分作為第二個參數。這就意味著 MarkFlightDelayed 和 MarkFlightDeparted 是正確的，但需要調整 MarkFlightArrived。

你可以在 Visual Studio 相同的重構對話框中「加入」、「刪除」和「重新排序」參數，方法是選擇你希望重構的方法，然後從 **Quick Actions** 選單中選擇 **Change signature...**，如圖 4.9 所示：

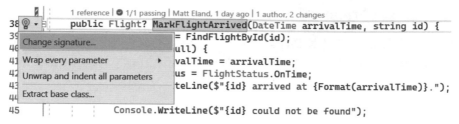

圖 4.9：觸發「Change signature... 重構」

這將打開 **Change signature** 對話框（請見圖 4.10），並讓你使用右上角的「上下按鈕」來重新排序參數，直到預覽中的順序符合你的期待：

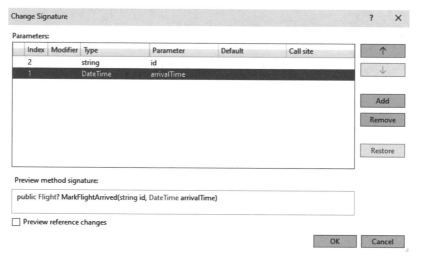

圖 4.10：在 Change Signature 對話框中重新排序參數

一旦你修改完成，請點擊 **OK**，Visual Studio 將更新「你的方法」以及「呼叫該方法的所有其他程式碼」，以使用「修改後的參數順序」。

Tip

在 C# 中，有其他方式可以更明確地設定方法所需要的參數。其中一種方式就是使用 C# 的**具名引數（named argument）**功能，它允許你透過「冒號後的名稱」來指定方法參數（method parameter），使參數的使用更加明確。

使用這個方式呼叫我們的 `MarkFlightArrived` 方法的一個範例將是 `Mark FlightArrived(arrivalTime:DateTime.Now, id:"MyId")`。請注意，使用具名引數時，可以按照你喜歡的任何順序指定引數。更多詳細資料，請參閱「**延伸閱讀**」小節。

4.5.2 新增參數

有時候，你會想要為方法增加一個新的參數。最自然的做法通常是將參數加到參數清單的尾端。然而，這樣做可能有兩個缺點：

- 當新的參數被加入到清單的末尾，而不是參數序列的前面時，這可能不是最理想的位置（即可能會使程式碼的可讀性降低）。
- 手動加入一個參數意味著你現在必須手動調整呼叫「方法」的任何內容，並為該參數提供一個新的值。

讓我們來看看一個實際的範例，看看 **Change Signature** 對話框如何協助我們。

MarkFlightArrived 方法目前透過航班的 Id 找到航班，然後更新其「抵達時間」和「狀態」，以符合參數：

```
public Flight? MarkFlightArrived(string id, DateTime arrivalTime) {
    Flight? flight = FindFlightById(id);
    if (flight != null) {
        flight.ArrivalTime = arrivalTime;
        flight.Status = FlightStatus.OnTime;
        Console.WriteLine($"{id} arrived at {Format(arrivalTime)}.");
    } else {
        Console.WriteLine($"{id} could not be found");
    }
    return flight;
}
```

假設我們需要更新這個方法，讓它可以接受「飛機應該滑行到的登機門（gate）位置」。雖然我們可以手動將它加入到參數清單的尾端，但這將破壞每一個呼叫此方法的方法。

現在，並沒有很多地方正在呼叫這個方法，因為只有「測試」正在使用這個方法。

FlightTrackerTests.cs

```
Flight? actual = _target.MarkFlightArrived(flightId, arrivalTime);
```

不過，當你點擊 **Add** 按鈕時，Visual Studio 中的「Change Signature 重構工具」提供你一個更安全的選擇：

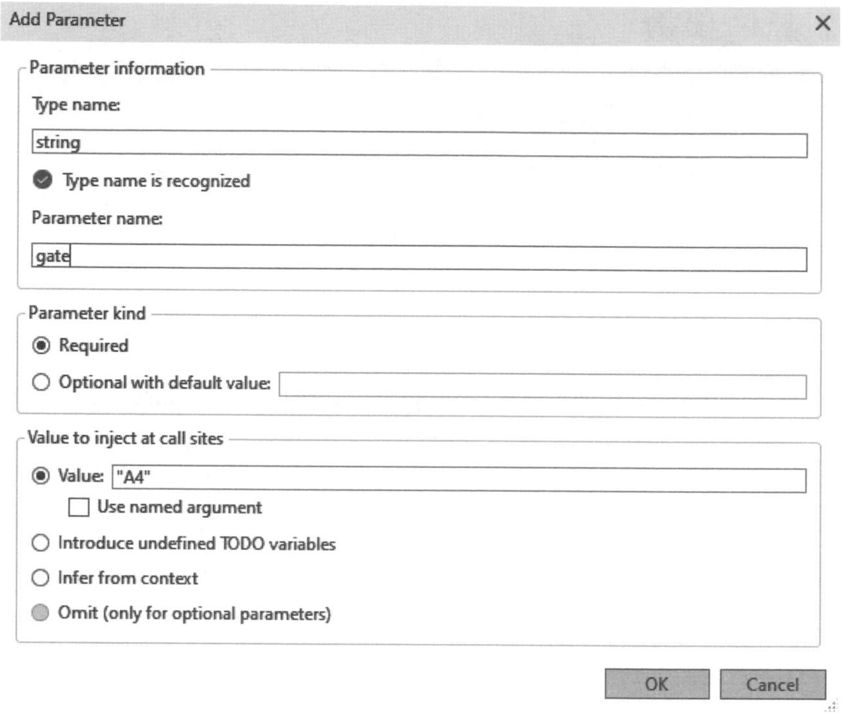

圖 4.11：為 MarkFlightArrived 增加一個新的 gate 參數

Add Parameter 對話框是 Visual Studio 中比較複雜的一個，但實際上它只需要以下幾項資訊：

- 正在加入的參數名稱和型別
- 此參數是必需的還是可選擇性的（稍後將對此進行詳述）
- 在「已經呼叫該方法的地方」使用的值

在這個案例中，我們的新參數將是一個名為 gate 的 string 型別。呼叫者必須提供一個值，且任何現有的呼叫者都應該暫時使用 "A4" 字串來呼叫。

這種使用 "A4" 的方式可能看起來像是隨機的字串，因為它就是。目前唯一使用這種方法的地方是在「單元測試」中，而對於那個測試來說，登機門實際上無關緊要。如果有更多地方使用這種方法，我可能會選擇 **Infer from context**（根據脈絡內容推斷）或 **Introduce undefined TODO variables**（導入未定義的 TODO 變數）。

點擊 **OK** 將再次顯示「Change Signature 對話框」並列出你的新參數，讓你可以根據需要重新排序。在此對話框中點擊 **OK**，會將該參數加入至你的方法，並更新你的程式碼。

這次更新涵蓋了你的 `MarkFlightArrived` 方法簽章，以及呼叫你的程式碼的測試：

```
Flight? actual =
  _target.MarkFlightArrived(flightId, arrivalTime, "A4");
```

有了新的參數後，你可以更新 `MarkFlightArrived` 方法，用它來設定航班的 Gate（登機門）屬性：

```
public Flight? MarkFlightArrived(
  string id, DateTime arrivalTime, string gate) {
  Flight? flight = FindFlightById(id);
  if (flight != null) {
    flight.ArrivalTime = arrivalTime;
    flight.Gate = gate;
    flight.Status = FlightStatus.OnTime;
    Console.WriteLine($"{id} arrived at {Format(arrivalTime)}.");
  } else {
    Console.WriteLine($"{id} could not be found");
  }
  return flight;
}
```

當你發現自己需要擴充方法以接受「新的參數」時，這是一個你常會經歷的工作流程。

接下來，讓我們來看看一些使用「選擇性參數」來簡化方法呼叫的方式。

4.5.3 介紹選擇性參數

如果你不喜歡 **Change Signature** 對話框，寧願自己寫程式碼，那麼你可以利用選擇性參數（optional parameter），安全地在參數清單的尾端加入新參數。

使用一個選擇性參數時，你需要指定一個預設值。那些呼叫你的方法的地方，可以指定這個參數的值，或者不傳遞任何值。在沒有傳遞任何值的情況下，會使用預設值來代替。

> **Note**
>
> 這只適用於在你的參數清單尾端的參數,這是由於 C# 中選擇性參數的工作方式。此外,編譯器不允許使用某些型別的預設值,例如 new 物件和特定的字串文字。

如果你想將 gate 宣告為可選擇性的並預設為 "TBD"(to be determined 的縮寫,代表「待確定」),你的方法將如下所示:

```
public Flight? MarkFlightArrived(
  string id, DateTime arrivalTime, string gate = "TBD") {
  // 細節省略 ...
}
```

這樣,呼叫你的方法的程式碼就可以保留在以前的狀態:

```
Flight? actual = _target.MarkFlightArrived(flightId, arrivalTime);
```

在這裡,程式碼將會編譯,但 gate 將使用「TBD」。

或者,你可以手動指定 gate 的值,只需要為那個參數提供一個值:

```
Flight? actual = _target.MarkFlightArrived(flightId, arrivalTime, "A4");
```

選擇性參數不只可以用來擴充方法,還可以提供呼叫者需要時能夠自訂的常見預設值,這點特別好。

4.5.4 移除參數

目前,程式碼要求你在安排(schedule)新航班時指定 gate:

```
public Flight ScheduleNewFlight(
  string id, string dest, DateTime depart, string gate) {
  Flight flight = new(id, dest, depart) {
    Gate = gate,
    Status = FlightStatus.Inbound
  };
  return ScheduleNewFlight(flight);
}
```

假設你決定，既然登機門現在是在「抵達」時分配的，那麼在安排新航班時就不需要指定登機門了。

雖然你可以直接修改程式碼，即刪除 gate 參數，但這不會更新呼叫該方法的任何方法，反而會導致你必須解決的編譯器錯誤。

反之，你可以使用 **Change Signature** 對話框，選擇你想要刪除的參數，然後點擊 **Remove**，如圖 4.12 所示：

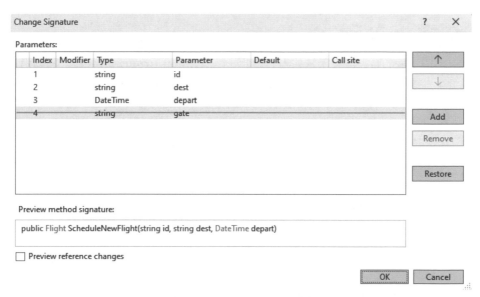

圖 4.12：從 ScheduleNewFlight 中移除 gate 參數

當你點擊 **OK** 時，Visual Studio 將更新你的方法以及任何呼叫該方法的程式碼，使其不再擁有 gate 參數。

當然，這並不是什麼魔法，它仍會留下依賴那個 gate 參數的程式碼，或是為了將值傳入 ScheduleNewFlight 而放置的程式碼。儘管如此，這項重構工作在「清理方法定義和該方法的直接呼叫」這方面，還是做得相當出色。

將重構應用於移除 gate 參數，可以得出更簡單的方法：

```
public Flight ScheduleNewFlight(
    string id, string dest, DateTime depart) {
```

```
Flight flight = new(id, dest, depart) {
  Status = FlightStatus.Inbound
};
return ScheduleNewFlight(flight);
}
```

既然介紹了方法、建構函式和參數的基礎知識，讓我們深入探索重構方法更具冒險精神的地方：使用函式。

4.6 重構為函式

在這一節中，我們將探討與**函數式程式設計**（**functional programming**，又譯函式程式設計）相關的一些重構方面。函數式程式設計是一種程式設計方法，它專注於函式（function）及其互動，而非純粹依賴物件與類別。

過去 10 年間，函數式程式設計越來越受歡迎，這種受歡迎的程度影響了 C# 語言，使其新增新的語法形式。

我們將探討一些與函數式程式設計相關的語法改進，看看它們如何有助於製作簡潔靈活的程式。儘管這不是一本關於函數式程式設計的書，但我們在本節和「**第 10 章，防禦性程式設計技巧**」中仍會提及並探索這些概念。

4.6.1 使用運算式主體成員

為了開始初步探索更多函數式語法（functional syntax），讓我們來看一下 FlightTracker 中的 FindFlightById 方法：

```
private Flight? FindFlightById(string id) {
  return _flights.FirstOrDefault(f => f.Id == id);
}
```

顯然，這是一種非常簡短的方法，只有一個陳述式。與此同時，這種方法佔用了螢幕的三行。由於開發者通常會在每種方法上下各留一行空白，因此這種簡單方法的存在佔用了螢幕的五行。這五行可能佔螢幕可見區域的一大部分，如圖 4.13 所示：

圖 4.13：單一陳述式方法的視覺足跡（visual footprint）

反之，我們可以利用運算式主體成員（expression-bodied members），並透過在 **Quick Actions** 選單中啟動 **Use expression body for method** 重構，將「我們的方法」轉換為「使用這種新語法的單行宣告」，如圖 4.14 所示：

圖 4.14：觸發 Use expression body for method 重構

這將我們的程式碼轉換為以下更簡潔的格式：

```
FindFlightById(string id) =>
  _flights.FirstOrDefault(f => f.Id == id);
```

此風格只適用於單行的實作方式，且並非適合所有人。不過，如果你在簡單的程式碼中使用它，它有助於減少「在較大的檔案中有許多小型方法」所導致的「滾動懲罰」（scrolling penalty，即閱讀程式碼時需要不斷滾動頁面的不便和困擾）。

4.6.2 將函式作為參數與 Action 傳遞

運算式主體成員與其說是「函數式程式設計」，不如說是「函數式語法」，讓我們轉換思路，並嘗試將方法視為 **Action**，Action 可以儲存在變數中並傳遞給其他方法。

在我們談論如何做到這一點之前，讓我們透過觀察 FlightTracker 中的 MarkFlightX 方法來探索「為什麼我們想要這樣做」。我們將從 MarkFlightDelayed 方法開始：

```
public Flight? MarkFlightDelayed(string id, DateTime newDepartureTime)
{
  Flight? flight = FindFlightById(id);
  if (flight != null) {
    flight.DepartureTime = newDepartureTime;
    flight.Status = FlightStatus.Delayed;
    Console.WriteLine($"{id} delayed until {Format(newDepartureTime)}");
  } else {
    Console.WriteLine($"{id} could not be found");
  }
  return flight;
}
```

這個方法做了一些抽象的事情：

- 它根據航班 ID 搜尋航班
- 如果找到該航班，它會更新航班的屬性並輸出延誤訊息
- 如果找不到該航班，則會在主控台（console）寫入警告訊息

單獨使用，這種方法是可以的。現在我們來看一下 MarkFlightDeparted：

```
public Flight? MarkFlightDeparted(string id, DateTime departureTime) {
  Flight? flight = FindFlightById(id);
  if (flight != null) {
    flight.DepartureTime = departureTime;
    flight.Status = FlightStatus.Departed;
    Console.WriteLine($"{id} departed at {Format(departureTime)}.");
  } else {
    Console.WriteLine($"{id} could not be found");
  }
  return flight;
}
```

將這個方法與上一個方法進行比較，你會發現它們之間的差異並不多。這個方法仍然必須透過航班 ID 找到一個航班、檢查是否找到該航班，然後更新航班。這個方法的唯一的不同之處在於「對航班的更新」以及「寫入主控台的訊息」。

最後，讓我們來看看 MarkFlightArrived：

```
public Flight? MarkFlightArrived(
  string id, DateTime arrivalTime, string gate = "TBD") {
  Flight? flight = FindFlightById(id);
  if (flight != null) {
    flight.ArrivalTime = arrivalTime;
    flight.Gate = gate;
    flight.Status = FlightStatus.OnTime;
    Console.WriteLine($"{id} arrived at {Format(arrivalTime)}.");
  } else {
    Console.WriteLine($"{id} could not be found");
  }
  return flight;
}
```

在這裡，我們可以看到模式重複出現。這三種方法唯一的不同之處在於「如果找到了航班會發生什麼事」。

以這種方式來思考，考慮我們的邏輯與以下的虛擬程式碼（pseudo code）：

```
Flight? flight = FindFlightById(id);
if (flight != null) {
  ApplyUpdateToFlight(flight);
} else {
  Console.WriteLine($"{id} could not be found");
}
return flight;
```

在這裡，ApplyUpdateToFlight 是我們可以套用到航班物件的某種方法或函式的預留位置（placeholder）。這是因為我們採取的動作結果變成了「這裡唯一變化的事情」。

實際上，.NET 有一個被稱為 Action 的類別，就是為了服務這個特定的目的：

```
private Flight? UpdateFlight(string id, Action<Flight> updateAction) {
  Flight? flight = FindFlightById(id);
  if (flight != null) {
    updateAction(flight);
  } else {
    Console.WriteLine($"{id} could not be found");
  }
  return flight;
}
```

在這裡，updateAction 參數代表一個可以被呼叫的特定函式。那麼，這是什麼函式呢？我們不知道。誰呼叫了 UpdateFlight 方法，該函式就會由他們提供——就像任何其他參數一樣。

然而，由於 updateAction 被定義為 Action<Flight>，我們知道該函式接受一個 Flight 型別的單一參數，這就是為什麼我們能夠在此方法內叫用（invoke）該函式時提供該參數。

為了更深入地理解 Action 語法的概念，我們來看看其他幾個簽章：

- Action<int>：一個帶有單一整數參數的函式
- Action<string, bool>：一個帶有字串然後是 Boolean 值的函式
- Action：一個完全不帶參數的函式

既然現在宣告 Action 參數在語法上看起來更加合理，讓我們來看看，如何更新我們的一個舊方法來使用這種新方法：

```
public Flight? MarkFlightDelayed(string id, DateTime newDepartureTime)
{
  return UpdateFlight(id, (flight) => {
    flight.DepartureTime = newDepartureTime;
    flight.Status = FlightStatus.Delayed;
    Console.WriteLine($"{id} delayed to {Format(newDepartureTime)}");
  });
}
```

在此，`MarkFlightDelayed` 方法直接呼叫 `UpdateFlight` 方法，並以 `(flight) -> { }` 語法的形式提供一個 `Action<Flight>`。

當 `UpdateFlight` 方法執行時，它會檢查該航班是否存在，如果存在，該方法會呼叫我們提供的箭頭函式來實際更新航班。

如果這個語法看起來很困難，這裡有另一種表示同一件事的不同方式，即使用一個局部變數來保存 `Action<Flight>`：

```
Action<Flight> updateAction = (flight) => {
  flight.DepartureTime = newDepartureTime;
  flight.Status = FlightStatus.Delayed;
  Console.WriteLine($"{id} delayed to {Format(newDepartureTime)}");
};
return UpdateFlight(id, updateAction);
```

身為開發者，即使不使用 `Action` 變數，無疑也可以擁有開心而富有成效的職涯。然而我發現，當我能夠用抽象的 `Action` 來思考時，可以為問題提供一些非常有趣又有彈性的解決方案。

4.6.3 透過 Func 從 Action 回傳資料

在我們討論靜態方法和擴充方法之前，讓我們簡短地看一下 `Func`。

一個 `Func` 與 `Action` 非常相似，因為它們都代表可以被叫用且可能傳遞參數的函式。然而，不同的是 `Action` 並不回傳任何結果，而 `Func` 卻可以回傳結果。

讓我們來檢視一個簡單的 C# 方法，該方法將兩個數字相加並在程式字串中顯示其結果：

```
public void AddAction(int x, int y) {
  int sum = x + y;
  Console.WriteLine($"{x} + {y} is {sum}");
}
```

這個方法具有 `void` 的回傳型別（return type），意味著它不回傳任何值。因此，它可以被儲存在 `Action` 中並以該方式叫用：

```
Action<int, int> myAction = AddAction;
myAction(2, 2);
```

現在，讓我們來看看一個稍微不同版本的 Add 方法：

```
public string AddFunc(int x, int y) {
  int sum = x + y;
  return $"{x} + {y} is {sum}";
}
```

在此，AddFunc 具有 string 的回傳型別。由於此方法不再回傳 void 值，因此不能再視為 Action ──現在被視為 Func 了，因為它回傳了一些值。

也就是說，如果我們想要儲存這個方法的參考，我們需要在 Func 中進行，如下所示：

```
Func<int, int, string> myFunc = AddFunc;
string equation = myFunc(2, 2);
Console.WriteLine(equation);
```

請注意，除了使用 Func 而不是 Action 之外，我們現在還提供了第三個**泛型型別參數（generic type parameter）**。Func 的最後一個參數代表 Func 的回傳型別。在 myFunc 的範例中，第三個泛型型別參數表明 AddFunc 回傳一個 string。

Action 和 Func 的關係非常密切，唯一的重要區別在於 Func 會回傳一個值。在實踐中，當我想要「完成某事」時（例如在前面更新航班的範例中），我傾向使用 Action。另一方面，當我需要決定「何時做某事」或「如何獲取我需要的特定值」時，我傾向使用 Func。

舉例來說，我可能會宣告一個方法，該方法接受一個 Func<Flight, bool> 作為參數，並利用它來判定「是否應從航班清單中顯示某一航班」：

```
public void DisplayMatchingFlights(List<Flight> flights,
  Func<Flight, bool> shouldDisplay) {
  foreach (Flight flight in flights) {
    if (shouldDisplay(flight)) {
      Console.WriteLine(flight);
    }
  }
}
```

這個方法為清單中的每一個航班呼叫 `shouldDisplay` 函式，以決定是否應該顯示該航班。只有當 `shouldDisplay` 函式為該航班回傳 `true` 值時，航班才會顯示。

這種結構讓同一個方法可以用於不同的情境，包括以下幾種：

- 列出即將起飛的航班
- 列出延誤的航班
- 列出飛往某一特定機場的航班

這些方法之間的唯一區別是 `shouldDisplay` 參數所持有的內容。

4.7 介紹靜態方法和擴充方法

現在，我們已經探索了方法重構（method refactoring）一些更偏向功能性的方面，接下來，讓我們來看看一些協助徹底革新了 .NET 的特性，那就是**靜態方法（static method）**和**擴充方法（extension method）**。

4.7.1 使方法變為靜態

有時候，你的類別會有一些方法，這些方法並不直接與該類別的執行個體成員（instance member，如欄位、屬性或非靜態方法）一起使用。舉例來說，FlightTracker 有一個 Format 方法，它可以將 DateTime 轉換為類似「Wed Jul 12 23:14 PM」的字串：

```
private string Format(DateTime time) {
    return time.ToString("ddd MMM dd HH:mm tt");
}
```

在這裡，Format 並不依賴於「除了它所提供的參數以外的任何東西」來計算結果。出於這個原因，我們可以將 Format 設為靜態方法。

靜態方法是與「類別本身」相關聯，而不是與「類別的執行個體」相關聯的方法。因此，你不需要執行個體化「類別的執行個體」來呼叫它們。C# 編譯器還能偶爾最佳化靜態程式碼，進而產生執行速度更快的程式碼。

通常，靜態方法也可以被認為是**純函式**（**pure method**）——也就是說，「不直接產生副作用，並且在給予相同輸入時總是產生相同結果」的方法。

如圖 4.15 所示，你可以透過「在存取修飾詞後面加入 static 關鍵字」，或是「在 **Quick Actions** 選單中選擇 **Make static** 選項」，來將方法標記為靜態：

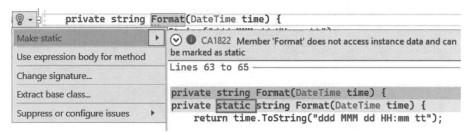

圖 4.15：將方法移至靜態方法

靜態版本的 Format 看起來非常相似，運作方式也幾乎相同：

```
private static string Format(DateTime time) {
    return time.ToString("ddd MMM dd HH:mm tt");
}
```

Format 方法仍可像以前一樣，簡單地用 Format(DateTime.Now) 來呼叫，但加入了 static 關鍵字之後，你也可以從「類別本身」來呼叫它，例如 FlightTracker.Format(DateTime.Now)。

將方法標記為靜態有一些好處：

- 編譯器可以進行最佳化，進而提高執行時效能
- 程式碼可以在不需要執行個體化類別的情況下呼叫靜態方法
- 靜態方法可以被轉換為擴充方法，我們稍後會看到

static 關鍵字看似因為這些新增功能，讓你覺得在任何地方都可以大量使用它。不幸的是，static 也有一些缺點。將一個方法標記為 static 也意味著它不能再呼叫「非 static 方法」或存取「執行個體層級的資料」。

static 固然有很多用途，但許多開發者仍然不喜歡它，或認為過度使用它是一種反模式（anti-pattern）。

我個人認為，static 方法適用於「輔助方法」（helper method），並且在某些情況下，可以簡化複雜類別的單元測試，因為在測試場景中「執行個體化這些複雜類別」可能會很困難。不過，只要有可能，我就不會將欄位設定為 static，因為 static 資料可能導致在開發和測試應用程式時出現許多問題。

4.7.2 將靜態成員移至另一個型別

有時候，讓靜態方法停留在它原始的類別中並沒有意義。

舉例來說，我們的 Format 方法接受任何 DateTime，並回傳符合雲霄航空公司商業需求的自訂字串（customized string）。這個邏輯目前位於 FlightTracker 類別中，但與追蹤航班完全無關，在應用程式中的任何地方都可能用得到。

在這種情況下，讓 Format 變成一個獨立的類別是有道理的，這樣其他開發者可以更容易地發現這些格式化功能（formatting capabilities）。

Visual Studio 為此提供了內建的重構功能。要使用它，請選擇一個靜態方法並打開 **Quick Actions** 選單，然後點擊 **Move static members to another type...**，如圖 4.16 所示：

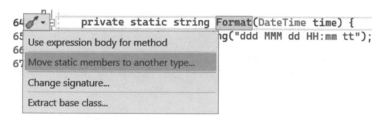

圖 4.16：將靜態成員移至另一個型別

接下來，系統將提示你選擇「要將靜態方法移至哪種型別」。如果目前沒有適合的類別，這可以是一個新類別的名稱。對於雲霄來說，目前並未存在一個應該擁有此方法的型別（Type），所以建立「一個名為 DateHelpers 的新型別」是合理的。

此外，你還需要勾選或取消勾選「你想要移動的靜態方法」，並選擇 **Select Dependents** 選項（請見圖 4.17），然後選擇「你選擇的靜態方法所呼叫的任何方法」：

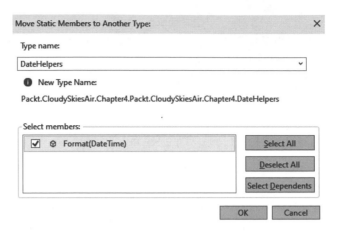

圖 4.17：選擇目標型別並移動成員

點擊 **OK** 來移動你選擇的方法並建立一個新類別。

> **重要提醒**
>
> Visual Studio 目前的做法是保留「方法當前的存取修飾詞」，並將「新的靜態類別」建立為 internal。如果你的方法是 private 的，這可能會導入編譯器錯誤，因為舊位置的程式碼將無法存取新產生的程式碼。我建議將你的靜態類別及其方法變更為 public，以避免問題。

在調整其修飾詞後，**靜態類別（static class）**的結果如下所示：

```
public static class DateHelpers {
  public static string Format(DateTime time) {
    return time.ToString("ddd MMM dd HH:mm tt");
  }
}
```

現在，我們擁有一個專門的類別，它專門用來處理與日期和時間相關的「輔助方法」。

> **靜態類別**
>
> 如果你不熟悉靜態類別，請記得，靜態類別只能擁有靜態方法，且不能「執行個體化」或「繼承」。靜態類別對於擴充方法來說是必要的。

我們剛剛進行的重構也更新了使用「舊的 Format 方法」的所有程式碼，使其指向 DateHelpers.Format[8]。 例 如， 在 FlightTracker 中，MarkFlightArrived 方 法 的航班記錄（flight logging）現在顯示 Console.WriteLine($"{id} arrived at {DateHelpers.Format(arrivalTime)}.");。

透過將靜態成員提取到它們自己的專用型別（dedicated type）當中，我們創造了一個家（home），在這裡，「與日期相關的邏輯」得以存在並幫助各種類別。同時，我們也讓 FlightTracker 類別更專注於其核心工作，而不再既專注於日期格式化，又專注於航班追蹤。

不幸的是，這種改變在一定程度上損害了程式碼的可讀性，因為呼叫者現在必須指定 DateHelpers.Format，而不僅僅是 Format。接下來，我們會看到擴充方法如何在這方面提供協助。

4.7.3 建立擴充方法

擴充方法允許你擴充（extend）一個現有的型別，透過加入你自己的靜態方法，使其看起來像是該型別的一部分。

這聽起來可能會嚇到你，但如果你使用過 LINQ，你其實已經看過擴充方法的實際運作。讓我們以 FlightTracker 中的 FindFlightById 方法為例：

```
private Flight? FindFlightById(string id) =>
    _flights.FirstOrDefault(f => f.Id == id);
```

在這裡，_flights 被定義為 List<Flight>。由於程式碼是透過航班 ID 來尋找航班，我們很容易會認為 List 必須有一個名為 FirstOrDefault 的方法；然而，實際上並沒有。

反之，FirstOrDefault 方 法 並 未 在 System.Collections.Generic 命 名 空 間 的 List<T> 型別上定義，而是作為一個擴充方法，在 System.Linq 命名空間「一個名為 Enumerable 的靜態類別」中定義。

8　審校註：原文是「point to DateTimeHelpers.Format」，比對 GitHub 上 Chapter04 的範例程式碼，應該是原文的筆誤，中文版已進行修正。

換句話說，我們完全有可能重寫之前的程式碼，以明確地使用 Enumerable 類別，如下所示：

```
private Flight? FindFlightById(string id) =>
  Enumerable.FirstOrDefault(_flights, f => f.Id == id);
```

雖然這是完全有效的程式碼，但我曾合作過的人都不會這樣寫程式碼，因為「使用 FirstOrDefault 作為擴充方法」更符合直覺，也更容易閱讀。

這突顯了擴充方法的關鍵重點：擴充方法允許你以一種看起來像「這些方法本來就存在於物件上」的方式，向現有類別加入新功能，進而產生更符合直覺的程式碼。

要將一種方法宣告為擴充方法，必須符合以下條件：

- 該方法必須是 static 的
- 該方法必須在一個 static 類別裡面
- 該方法的第一個參數必須以 this 關鍵字開始

我們的 DateHelpers 類別和它的 Format 方法都是靜態的，這意味著我們可以透過在方法簽章中加入 this 關鍵字，將該方法轉換為擴充方法：

```
public static class DateHelpers {
  public static string Format(this DateTime time) {
    return time.ToString("ddd MMM dd HH:mm tt");
  }
}
```

將靜態方法移至擴充方法，並不代表我們必須將其作為擴充方法來使用，因此我們之前的程式碼仍能編譯。不過，為了從擴充方法中獲得最大價值，我們應該更新之前的程式碼，以利用其新的語法。

讓我們再次看看 FlightTracker 中的 MarkFlightArrived 方法。這次，如果你刪除 DateHelpers.Format(arrivalTime)，改為輸入 arrivalTime.For，並允許 Visual Studio 的 **IntelliSense** 提供建議值，它將列出你的新擴充方法：

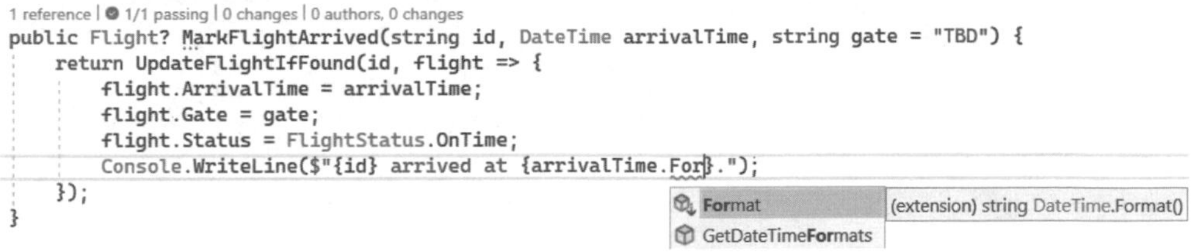

```
1 reference | ● 1/1 passing | 0 changes | 0 authors, 0 changes
public Flight? MarkFlightArrived(string id, DateTime arrivalTime, string gate = "TBD") {
    return UpdateFlightIfFound(id, flight => {
        flight.ArrivalTime = arrivalTime;
        flight.Gate = gate;
        flight.Status = FlightStatus.OnTime;
        Console.WriteLine($"{id} arrived at {arrivalTime.For}.");
    });
}
```

🔍 **Format**	(extension) string DateTime.Format()
🔧 GetDateTime**Formats**	

圖 4.18：IntelliSense 建議新的擴充方法

因為 arrivalTime 是一個 DateTime，而我們的擴充方法是建立來適用於任何 DateTime 的，所以「我們撰寫的新 Format 方法」會在「.NET 提供的 DateTime 型別」上出現，這要歸功於擴充方法的威力。

重寫「對 arrivalTime.Format() 的呼叫」，可以達到呼叫擴充方法的正確效果，進而使可讀性大幅提升。

如果你想要的話，你仍然可以透過 DateHelpers.Format(arrivalTime) 來呼叫 Format 方法。導入擴充方法只是提供了另一種語法結構的選擇。

擴充方法的缺點主要有以下幾點：

- 擴充方法需要使用 static（靜態），而有些團隊會避免使用它，因為這可能會在整個程式碼中擴散
- 使用擴充方法時，可能會讓人感到混淆、難懂
- 新的擴充方法是在哪裡定義的，這可能會讓人感到困惑

幸好，Visual Studio 讓你只需按住 Ctrl 並點擊要巡覽到的任何方法、成員或型別，就可以前往其定義。或者，你也可以選擇識別碼（identifier）並在鍵盤上按 F12，或是右鍵點擊它並選擇 **Go To Definition**，以巡覽到擴充方法的宣告位置。

4.8 檢查並測試我們重構後的程式碼

在閱讀本章的過程中，我們重構了一個重複的 FlightTracker 類別，確保其方法簽章更加一致，並在可能的地方重複使用共用邏輯（common logic）。

> **重構的程式碼**
>
> 讀者可以在 https://github.com/PacktPublishing/Refactoring-with-CSharp 中找到本章最終重構的程式碼，在 Chapter04\Ch4FinalCode 資料夾內 [9]。

在繼續之前，我們應該確保所有的測試仍然能通過，方法是從 **Test** 選單中執行單元測試，然後選擇 **Run All Tests** 選單項目。

4.9 小結

在本章中，我們學會應用各種「方法」、「建構函式」和「參數」的重構，來維護程式碼的整潔。我們也了解到，透過方法和建構函式的「多載」和「鏈接」，可以提供更多選擇，同時，參數的「重新命名」、「新增」、「移除」和「重新排序」，也有助於確保程式碼的一致性。

接近本章尾聲時，我們介紹 Action、Func、靜態方法和擴充方法，並說明如何利用「小型、可重複使用的函式」來思考程式碼，進而更有效率地解決某些類型的問題。

在下一章中，我們將介紹物件導向重構（object-oriented refactoring）的技術，並重新回顧本章的「參數重構」，探討如何透過提取「類別」來控制大量參數。

4.10 問題

1. 在你的程式碼中，某些地方的參數排列順序或命名，似乎經常讓你感到困惑？
2. 你能否想到程式碼中有哪些地方，在相同或類似的條件下執行了稍微不同的動作？如果是的話，考慮轉換為使用 Action 或 Func 是否合理？
3. 在你的程式碼中，是否包含一組可能適合變成靜態的「輔助方法」，並放入靜態類別內？如果是的話，改用擴充方法是否能在其他地方改進你的程式碼？

9　審校註：原文最終程式碼是寫放在 Chapter04/Ch4RefactoredCode 資料夾，但 GitHub 原始碼只有 Chapter04\Ch4FinalCode 資料夾。中文版依 GitHub 專案位置修正。

4.11 延伸閱讀

如果讀者想要了解更多關於本章討論的資訊，可以參考以下資源：

- 重構為純函式：https://learn.microsoft.com/en-us/dotnet/standard/linq/refactor-pure-functions
- Action 導向的 C#：https://killalldefects.com/2019/09/15/action-oriented-c/
- 使用擴充方法進行重構：https://learn.microsoft.com/en-us/dotnet/standard/linq/refactor-extension-method
- 具名和選擇性引數：https://learn.microsoft.com/en-us/dotnet/csharp/programming-guide/classes-and-structs/named-and-optional-arguments

5

物件導向重構

在上一章中，我們看到重構如何協助改善類別及其方法。在本章中，我們將進一步探索如何有創造力的使用**物件導向程式設計（object-oriented programming，OOP）**，將「一系列的類別」重構為更容易維護的形式。這些工具將幫助你進行更大規模且更有影響力的重構，並對改善你的程式碼產生更大的影響。

在本章中，你會學到下列這些主題：

- 透過重構來組織類別
- 重構與繼承
- 使用抽象控制繼承
- 為更好的封裝進行重構
- 透過介面和多型來改善類別

5.1 技術需求

讀者可以在本書的 GitHub 找到本章的起始程式碼：`https://github.com/PacktPublishing/Refactoring-with-CSharp`， 在 `Chapter05/Ch5BeginningCode` 資料夾中。

5.2 重構航班搜尋系統

本章的程式碼重點在於雲霄航空公司的航班調度系統（flight scheduling system）。

航班調度系統是一個簡單的系統，它用一個 FlightScheduler 類別追蹤所有「活動中的（active，即有效的）航班」，並允許外部呼叫者查詢「他們感興趣的航班」。這個類別反過來透過一系列的 IFlightInfo 執行個體來追蹤航班，這可能是 PassengerFlightInfo 或是 FreightFlightInfo 執行個體，取決於航班是否載運乘客或貨物。

圖 5.1 展示這些類別的進階互動：

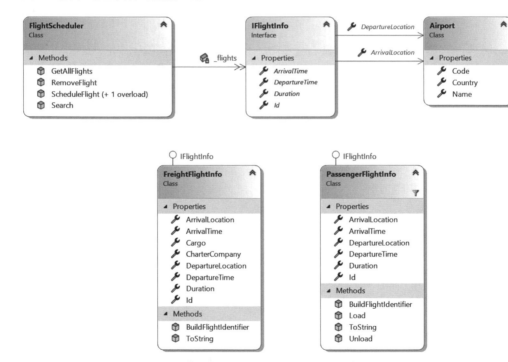

圖 5.1：雲霄航空公司「航班調度系統」中涉及的類別

目前的程式碼可以有效運作，甚至能夠巧妙地使用多型（polymorphism）來追蹤各種不同的航班。儘管如此，還是有進一步改善的可能性。在本章中，我們將有針對性地（有系統地）進行這些改進，同時展示在使用「物件導向程式設計」時，進行重構的可能性有多麼廣泛且多樣化。

5.3 透過重構來組織類別

解決方案常常會遇到組織上的挑戰（organizational challenge），例如「檔案命名錯誤」或是「型別存在於錯誤的檔案或命名空間中」。

這些問題看似很小，卻會讓開發者更難找到他們正在尋找的程式碼——尤其是在剛加入專案的時候。

讓我們來看看一些有助於開發者更輕鬆巡覽程式碼的重構方法吧。

5.3.1 將類別移至個別檔案

我經常看到，團隊常犯的一個錯誤就是把多種型別放在「同一個檔案」中。通常，一個檔案在開始時只有一個類別或介面，然後開發者決定加入一個相關的型別。當新型別建立時，（開發者）並沒有把它放入它自己的檔案中，而是加入到現有的檔案中。這種情況一旦發生在幾個小型類別上，就會像滾雪球般越滾越大，隨著時間過去，情況往往會越來越嚴重，開發者會持續將新型別加入到這個檔案中。

> **型別**
>
> 如果你不熟悉 .NET 世界中「型別」（type）這個詞彙的使用，你只需要記得，型別是一個通用詞彙，指的是**通用型別系統（common type system，CTS）** 支援的任何事物。基本上，如果你可以用它來宣告一個變數，那麼它很可能就是一種型別。一些型別的範例包括類別（class）、介面（interface）、結構（struct）、列舉（enum），以及各種記錄型別（record type）的變體。

航班調度系統中的 `IFlightInfo.cs` 檔案定義了幾種不同的型別：

```
public interface IFlightInfo {
   // 細節省略 ....
}
public class PassengerFlightInfo : IFlightInfo {
   // 細節省略 ...
}
public class FreightFlightInfo : IFlightInfo {
   // 細節省略 ...
}
```

雖然這個範例看起來不算太糟，但一個檔案中有多種型別，確實會引起一些問題：

1. 正在尋找特定型別的新人開發者，如果不使用搜尋功能，他們往往難以找到包含該型別的檔案。
2. 像 git 這樣的版本控制系統會追蹤每個檔案的變更。當團隊必須合併（merge）程式碼，甚至必須確定「在任何指定的軟體發佈中發生了什麼改變」時，這可能會增加混淆。

解決這個問題的辦法是把每個型別移至其專用的檔案（dedicated file）中。要做到這一點，可以透過移動到一個型別上的 **Quick Actions** 選單，這個型別的名稱「與檔案名稱不相符」[10]。接著，選擇 **Move type to [new file name].cs** 選項，如圖 5.2 所示：

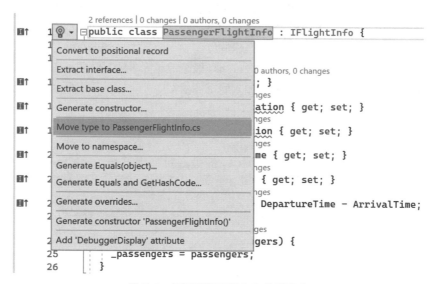

圖 5.2：把型別移至其自身的檔案中

選擇這個選項，會從原始檔案中移除該型別，並建立一個新檔案，只包含你所選擇的型別。

針對所有名稱「與檔案名稱不相符」的型別，你需要在 Visual Studio 裡面重複執行這個步驟。ReSharper 和 Rider 工具提供的額外重構工具之一，可讓你對檔案、資料夾或

---

10 審校註：這裡提到「與檔案名稱不相符」，舉例來說，在圖 5.2 中，「`PassengerFlightInfo` 類別」和「它原本所在的 `IFlightInfo.cs` 檔案名稱」不相符。

解決方案中的所有型別執行這種重構。如果你遇到一個檔案,其中包含數百種型別,這就特別方便了。

5.3.2 重新命名檔案和類別

有時候,你會發現「檔案」和「其中所包含的型別」並不相符的情況。這通常發生在開發者建立了一個新類別,然後決定重新命名它,而且是在不使用「Visual Studio 內建的重新命名重構功能」的情況下這樣做。

`AirportInfo.cs` 檔案及其 `Airport` 類別就是這樣一個範例:

```
namespace Packt.CloudySkiesAir.Chapter5.AirTravel;
public class Airport {
  public string Country { get; set; }
  public string Code { get; set; }
  public string Name { get; set; }
}
```

一般來說,解決這個問題的辦法是重新命名「檔案」,使其與「型別」的名稱相符(雖然偶爾你可能會發現「檔案的名稱是正確的」),此外,「類別」也應該重新命名,使其與「檔案」的名稱相符。

不論選擇哪種選項,請打開目標型別上的 **Quick Actions** 選單,然後選擇 **Rename file** 或 **Rename type**,以確保「檔案」和「型別」名稱相符。請見下圖:

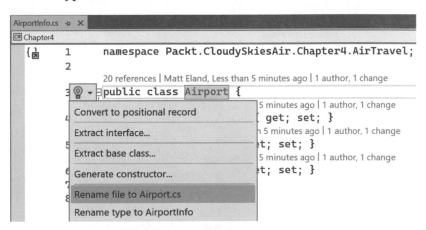

圖 5.3:Rename file 或 Rename type 的選項

我選擇將「檔案」重新命名為 Airport.cs，因為任一選項都將確保「檔案」和「型別」具有相同的名稱。這種命名的一致性雖然是微小的改進，但它有助於其他開發者更輕鬆地巡覽你的專案。

5.3.3 更改命名空間

.NET 使用**命名空間（namespace）**來將「型別」組織成階層式結構（hierarchical structure）。根據慣例，這些命名空間應該與**方案總管（Solution Explorer）**中專案內的資料夾相對應。

專案開始時都會有一個命名空間（例如 Packt.CloudySkiesAir.Chapter5），且專案內每個巢狀的資料夾都會加入到這個命名空間。舉例來說，專案中的 Filters 資料夾，應該使用 Packt.CloudySkiesAir.Chapter5.Filters 命名空間。

如果類別沒有使用預期的命名空間，可能會引起混淆。

作為一個實際的範例，讓我們看一下 Chapter5 專案根目錄中的 Airport.cs 檔案，如圖 5.4 所示：

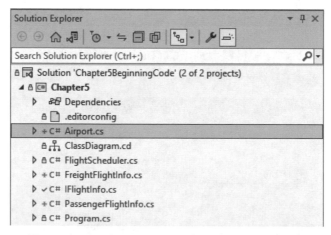

圖 5.4：一個專案，其中 Airport 類別直接巢狀在專案中

在這種情況下，你預期 `Airport` 類別應該存在於 `Packt.CloudySkiesAir.Chapter5` 命名空間中。然而，該檔案使用了不同的命名空間，如下面的程式碼所示：

```
namespace Packt.CloudySkiesAir.Chapter5.AirTravel;
public class Airport {
  public string Country { get; set; }
  public string Code { get; set; }
  public string Name { get; set; }
}
```

這種差異可以透過手動編輯命名空間宣告，或是使用 **Quick Actions** 重構下的 **Change namespace to match folder structure** 來解決，如圖 5.5 所示：

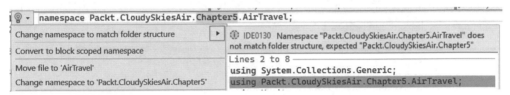

圖 5.5：更改命名空間，以配合資料夾結構

我個人建議使用 **Quick Actions** 重構工具，而非手動輸入新的命名空間名稱。這樣做可以減少打錯字的可能性。此外，重構工具會根據需要，在其他檔案中加入 using 陳述式，以支援命名空間的更改。

5.3.4 避免使用部分類別和 #region

在我們轉向重構和繼承之前，我想介紹在處理大型類別（large class）時，我在 C# 程式碼中看到的兩種相關的**反模式**（**anti-pattern**）。

當開發者擁有包含許多相關程式碼區塊的大型類別時，他們常會受到誘惑，想利用多種語言功能來使檔案組織更為簡單。

許多開發者會使用 #region 預處理器指令（preprocessor directive），來建立可以展開（expand）和摺疊（collapse）的程式碼區域。

舉例來說，你可以使用像是 #region Stuff I don't want to look at right now 這樣的陳述式，同時搭配自己一行的 #endregion 陳述式。這會在編輯器中建立一個可摺疊的程式碼區域（region of code），就像圖 5.6 中第 33 到 84 行的摺疊區域一樣：

```
28
        0 references | Matt Eland, 1 day ago | 1 author, 1 change
29    ⊟  public void RemoveFlight(IFlightInfo flight) {
30           _flights.Remove(flight);
31        }
32
33    ⊞  │Stuff I don't want to look at right now│
85
        2 references | ● 1/1 passing | Matt Eland, 1 day ago | 1 author, 1 change
86    ⊟  public IEnumerable<IFlightInfo> GetAllFlights() {
87           return _flights.AsReadOnly();
88        }
89    }
```

圖 5.6：摺疊的程式碼區域

依賴 #region 的做法被認為是組織程式碼時的一個壞習慣；這會導致極大的類別，而非將程式碼重構為更可維護的模式。

那麼，它為什麼存在呢？

導入 #region 指令的目的，是為了協助隱藏「舊版 .NET 應用程式」中常見的自動產生程式碼（auto-generated code）。這些程式碼是開發者不應該使用的，且經常建議開發者不要修改，以免破壞應用程式。

最終，.NET 導入了**部分類別（partial class）**來應對處理「先前使用 #region 的情況」。

部分類別是在「同一個專案」中的「多個檔案」內定義的類別。這將允許你擁有 FlightScheduler.ItemManagement.cs 檔案和 FlightScheduler.Search.cs 檔案，每個檔案都包含了大型類別的一部分。這讓你可以在「多個檔案」中定義一個大型類別：

```
public partial class FlightScheduler {
   // 細節省略 ...
}
```

就像 #region 指令一樣，部分類別的目的是支援自動產生程式碼。雖然我個人偏好部分類別多於 #region 指令，但當它們被用於減少「大型類別」所造成的困擾時，我認為兩者都是反模式。

一般來說,當你的類別大到需要考慮使用 #region 或部分類別時,你都已經違反了單一職責原則(single responsibility principle),而你應該將類別劃分成多個較小的、彼此明顯不同的類別。

我們將在「**第 8 章,使用 SOLID 避免程式碼反模式**」中討論單一職責原則和其他設計原則。

5.4 重構與繼承

我們介紹了一些重構的做法來幫助你整理程式碼,接下來,讓我們深入研究一下與「繼承」相關的重構。這個重構集合包括:覆寫方法、導入繼承,或是改變現有繼承關係(in-place inheritance relationship,即直接在原地修改或調整現有的繼承關係),以提升程式碼可維護性。

5.4.1 覆寫 ToString

因為 System.Object 上 ToString 的 virtual 定義,ToString 是任何 .NET 物件都保證擁有的四種方法之一。每當一個物件被轉換為字串時,都會使用這個方法,這對於記錄和偵錯來說特別方便。

有時候,覆寫 ToString 能以意想不到的方式簡化你的程式碼。

讓我們來看看 FreightFlightInfo.cs 中的 BuildFlightIdentifier 方法[11]。這個方法依賴於型別為 Airport 的 DepartureLocation 屬性和 ArrivalLocation 屬性,來產生一個字串。

FreightFlightInfo.cs

```csharp
public string BuildFlightIdentifier() =>
  $"{Id} {DepartureLocation.Code}-" +
  $"{ArrivalLocation.Code} carrying " +
  $"{Cargo} for {CharterCompany}";
```

---

11 審校註:如果讀者在專案中找不到 FreightFlightInfo.cs 檔案,請回到「5.3.1 將類別移至個別檔案」小節並完成所有型別的操作。

必須深入這些 `Location` 屬性才能找到它們的 `Code` 屬性，實在很煩人。

如果 `Airport` 覆寫（override）了 `ToString` 方法並回傳 `Airport` 程式碼，我們將能夠簡化程式碼的可讀性：

```csharp
public string BuildFlightIdentifier() =>
  $"{Id} {DepartureLocation}-{ArrivalLocation} " +
  $"carrying {Cargo} for {CharterCompany}";
```

要做到這一點，你可以選擇直接進入 `Airport.cs` 並手動加入覆寫，或者，透過使用內建的重構選項進行 **Generate overrides...** 重構（請見圖 5.7）：

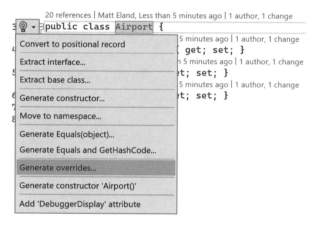

圖 5.7：在類別中產生 override

然後，你需要指定你想要覆寫的方法或屬性。如下圖所示，你繼承的類別中的任何抽象（abstract）或虛擬成員（virtual member）都將可用：

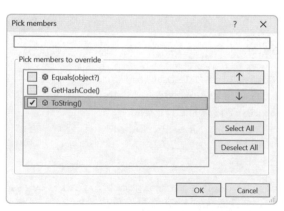

圖 5.8：選擇要 override 的成員

選擇 ToString() 並點擊 **OK** 會產生一個空白的方法（a stubbed-out method），可以快速替換為實際的實作。

在這個類別中，ToString 方法應該回傳 Airport 程式碼 [12]：

```
public class Airport {
  public string Country { get; set; }
  public string Code { get; set; }
  public string Name { get; set; }
  public override string? ToString() => Code;
}
```

有了這個 override，現有的程式碼仍然可以順利地使用 Code 屬性。然而，任何之前試圖將一個 Airport 物件寫入主控台（console）的程式碼，現在將看到它的程式碼，而非類別的命名空間和名稱。

> **Note**
> 在 .NET 中，ToString 的預設實作是回傳一個包含命名空間和型別名稱的字串。在這個案例中，會是 Packt.CloudySkiesAir.Chapter5. AirTravel.Airport。[13]

接下來，我們應該查看目前所有讀取 Code 屬性的地方，看看「依賴 ToString 覆寫」是否能讓程式碼更容易閱讀。

你可以在任何版本的 Visual Studio 2022 中進行此操作，只需右鍵點擊 Code 屬性宣告，然後選擇 **Find All References**，如圖 5.9 所示：

---

12 審校註：這段 ToString 覆寫程式碼還經過第二次「Use expression body for method 重構」（第 4 章第 095 頁）的操作。

13 審校註：如果你有進行「更改命名空間」操作，那麼這裡回傳的值應該不包含 AirTravel。

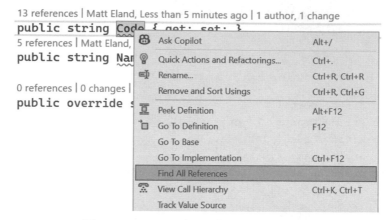

圖 5.9：Find All References 的環境選單選項

這將打開一個新的窗格（pane），該屬性的全部參考都會被醒目提示：

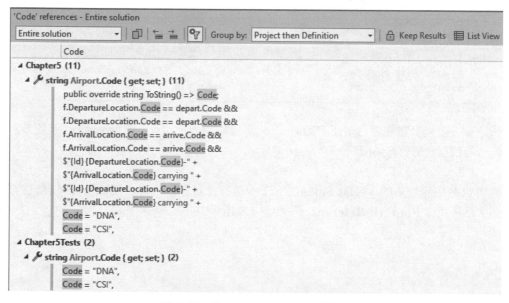

圖 5.10：Find All References 的結果

然後，你可以修改這些區域，在適當的地方使用 `ToString`，就像對 `PassengerFlightInfo` 進行的這種修改一樣：

```
public string BuildFlightIdentifier() =>
  $"{Id} {DepartureLocation}-{ArrivalLocation} " +
  $"carrying {_passengers} people";
```

在你的物件中覆寫 `ToString` 的另一個額外好處，是當檢視 Visual Studio 偵錯器時，類別的顯示會有所改善：

```
24 ┌      PassengerFlightInfo flight = new() {
25 │          ArrivalLocation = arr,
26 │          DepartureLocation = dep,
27 │          DepartureTime = DateTime.Now,
28 │          ArrivalTime = DateTime.Now.AddHours(4),
29 │          Id = "CS0004",
30 │      };
31 │
32 │      int passengers = 308;
33 │      flight.Load(passengers);
34 │
35 ⇨      Console.WriteLine(flight);
36                              ▶ ⬦ flight  {CS0004 DNA-CSI carrying 308 people} ⊡
```

圖 5.11：在偵錯工具中顯示 ToString 覆寫

我們將在「**第 10 章，防禦性程式設計技巧**」中更深入地探討偵錯。

5.4.2 產生 equality 方法

在 C# 中，參考型別（如類別）的相等，是透過**參考相等（reference equality）**來完成的——判斷兩個物件是否位於**堆疊（heap）**中的同一個位置。

有時候，比較兩個物件上的不同屬性，看看它們的值是否相等，這樣的做法更加方便，即使這兩個物件代表堆疊上的兩個不同位置。

以下的程式碼來自 `FlightScheduler` 類別，展示了其 `Search` 方法如何檢查你所搜尋的機場是否具有相同的 Airport `Code` 和 `Country`。請注意，在確定兩個機場是否相等時，重複的邏輯：

```
if (depart != null) {
  results = results.Where(f =>
    f.DepartureLocation.Code == depart.Code &&
    f.DepartureLocation.Country == depart.Country
  );
}
if (arrive != null) {
  results = results.Where(f =>
    f.ArrivalLocation.Code == arrive.Code &&
    f.ArrivalLocation.Country == arrive.Country
```

```
    );
}
```

使用我們自己自訂的實作方式來覆寫相等成員（equality member），可以簡化這段程式碼。

相等成員

.NET 提供兩種用來確定相等的方法：`Equals` 和 `GetHashCode`。`Equals` 方法用來確定兩個物件是否相等，而 `GetHashCode` 則用來確定，在**雜湊演算法**中（hashing algorithm，例如在 `Dictionary` 和 `HashSet` 中使用的演算法），一個物件會被分配到哪個主要的值區（bucket）內。

你絕對不應只覆寫這兩種方法中的一種；每當你覆寫 `Equals` 時，你也需要覆寫 `GetHashCode`。此外，你需要確保使用一個良好的 `GetHashCode` 實作，能夠均勻且一致地將「類別中的物件」分配到「不同的雜湊值」中。

.NET 也提供了一個 `IEquatable<T>` 介面，你可以實作它來進行強型別（strongly typed）的相等比較，這可以提高效能。一般來說，在覆寫相等成員時，會建議實作 `IEquatable<T>`，但本書沒有詳細介紹。更多資訊，請參考**「延伸閱讀」小節**。

相等和雜湊碼很快就會變得複雜，但幸好 Visual Studio 有一些很好的工具，可以用來產生相等成員。只需選擇你的類別，然後從 **Quick Actions** 選單中選擇 **Generate Equals and GetHashCode...**，如圖 5.12 所示：

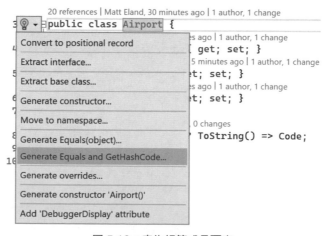

圖 5.12：產生相等成員覆寫

一旦你選擇了這個，Visual Studio 會詢問你，哪些成員應該參與到相等和雜湊碼檢查中，如圖 5.13 所示：

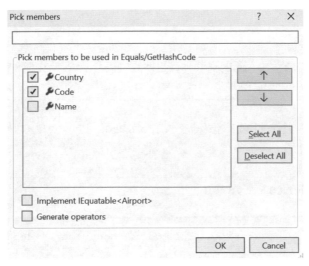

圖 5.13：選擇相等成員

選擇必須相等（must be equal）的成員，然後點擊 **OK** 來產生你的覆寫：

Airport.cs

```
public class Airport {
  public string Country { get; set; }
  public string Code { get; set; }
  public string Name { get; set; }
  public override bool Equals(object? obj) {
    return obj is Airport airport &&
           Country == airport.Country &&
           Code == airport.Code;
  }
  public override int GetHashCode() {
    return HashCode.Combine(Country, Code);
  }
  public override string? ToString() => Code;
}
```

在這裡，Visual Studio 產生了一個模式，與 Equals 實作相符，用以比較相關的屬性。此外，GetHashCode 實作使用了較新的 HashCode.Combine 方法，可安全地簡化產生雜湊碼的過程。

> **更新相等成員**
>
> 如果你曾向類別加入新的屬性，且這些屬性應進行相等檢查，請務必更新 Equals 和 GetHashCode 來包含這些屬性。

設定了自訂相等成員後，先前需要檢查 Airport Code 和 Country 的程式碼，就可以簡化為使用相等運算子（==）來代替：

FlightScheduler.cs – Search

```
if (depart != null) {
  results=results.Where(f=> f.DepartureLocation == depart);
}
if (arrive != null) {
  results=results.Where(f=> f.ArrivalLocation == arrive);
}
```

在堆疊中有許多相似的物件，且它們包含相同的值時，「覆寫相等成員」會是一項很方便的工具。當你在使用 **Web 服務（web service）** 或其他需要進行**反序列化（deserialization）**的地方工作時，這種情況可能會發生。

> **相等與 record**
>
> 你未必需要覆寫相等成員才能得到基於數值的相等（value-based equality）。在**「第 10 章，防禦性程式設計技巧」**中，我們將探索「策略性使用 record 關鍵字」來控制相等。實際上，每當我考慮是否要覆寫相等成員時，我通常會決定將我的類別設定為 record。

5.4.3 提取基底類別

有時候，你會遇到在類別之間存在高度重複的案例。這些類別在概念上是相關的，不僅共享相似的成員簽章，而且還有相同的成員實作。

在這些情況下，導入一個定義共享程式碼的基底類別（base class）往往是有意義的。然後，透過**繼承**（**inheritance**），我們可以從系統的多個類別中移除共享程式碼，並在一個集中的地方進行維護。

在我們的航班調度範例中（請見圖 5.14），客運（passenger flight）和貨運（freight flight）航班類別有幾個共享屬性：

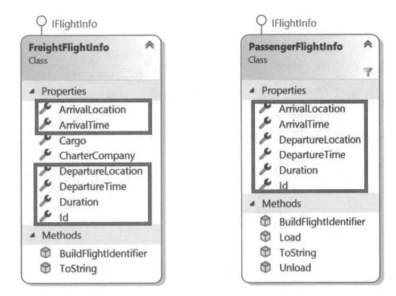

圖 5.14：貨運航班與客運航班之間的共享成員

為了解決這個問題，請移動到這兩個類別之一，並從 **Quick Actions** 選單中選擇 **Extract base class...**。

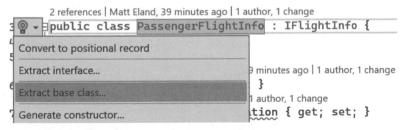

圖 5.15：Extract base class...（提取基底類別）

接下來，請命名新類別，並選擇你想要移入的成員，如圖 5.16 所示。你還可以決定是否要將任何這些成員宣告為抽象，但請注意，這將使你的類別也被標記為抽象。

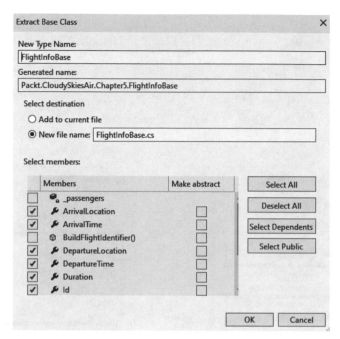

圖 5.16：設定新的基底類別

點擊 **OK** 之後，將建立新類別：

FlightInfoBase.cs

```
public class FlightInfoBase {
  public Airport ArrivalLocation { get; set; }
  public DateTime ArrivalTime { get; set; }
  public Airport DepartureLocation { get; set; }
  public DateTime DepartureTime { get; set; }
  public TimeSpan Duration => DepartureTime - ArrivalTime;
  public string Id { get; set; }
}
```

你一開始使用的那個類別，現在已繼承自這個新類別，而你所選擇的非抽象成員已經從
檔案中刪除：

PassengerFlightInfo.cs

```
public class PassengerFlightInfo : FlightInfoBase, IFlightInfo {
  private int _passengers;
```

```
public void Load(int passengers) => _passengers = passengers;
public void Unload() => _passengers = 0;
public string BuildFlightIdentifier() =>
  $"{Id} {DepartureLocation}-{ArrivalLocation} carrying"
  + $" {_passengers} people";
public override string ToString() => BuildFlightIdentifier();
}
```

提取基底類別對於「促進程式碼重複使用」非常有幫助,但這只是重構工作的一半;提取基底類別並未修改你的其他類別。

如果你希望相關的航班類別也繼承自新類別,你必須手動進行這項更改,方法是指定基底類別並移除任何已被「提升」(pulled up)到基底類別的成員:

FreightFlightInfo.cs

```
public class FreightFlightInfo : FlightInfoBase, IFlightInfo {
  public string CharterCompany { get; set; }
  public string Cargo { get; set; }
  public string BuildFlightIdentifier() =>
    $"{Id} {DepartureLocation}-{ArrivalLocation} " +
    $"carrying {Cargo} for {CharterCompany}";
  public override string ToString() => BuildFlightIdentifier();
}
```

這樣的結果,是我們的兩個航班類別現在都專注於處理自己的獨有之處。此外,如果需要為每個航班加入新的邏輯,現在可以將它新增至基底類別中,所有繼承此類別的其他類別都會收到這項新增的邏輯。

5.4.4 將介面實作移至繼承樹的上層

你可能已經在最後兩段程式碼清單中注意到一個怪異的現象,那就是儘管 FreightFlightInfo 和 PassengerFlightInfo 現在都繼承自 FlightInfoBase,但它們都各自實作了 IFlightInfo 介面,如圖 5.17 所示:

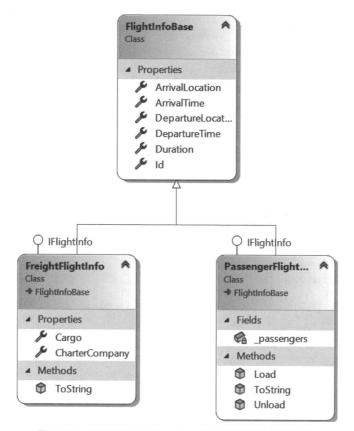

圖 5.17：分別實作了 IFlightInfo 的客運航班與貨運航班

當每個繼承自基底類別的類別都實作了一個介面時，通常有很大的可能性，可以將介面實作提升至基底類別本身。

在這個案例中，FlightInfoBase 擁有 IFlightInfo 介面定義的所有必要成員。因此實作該介面是有道理的，如下所示：

FlightInfoBase.cs

```
public class FlightInfoBase : IFlightInfo {
    public Airport ArrivalLocation { get; set; }
    public DateTime ArrivalTime { get; set; }
    public Airport DepartureLocation { get; set; }
    public DateTime DepartureTime { get; set; }
```

```
    public TimeSpan Duration => DepartureTime - ArrivalTime;
    public string Id { get; set; }
}
```

變更完成後，我們就可以從 PassengerFlightInfo 和 FreightFlightInfo 中移除 IFlightInfo 的實作。這樣一來，既簡化了類別定義，又能繼承介面實作，如圖 5.18 所示：

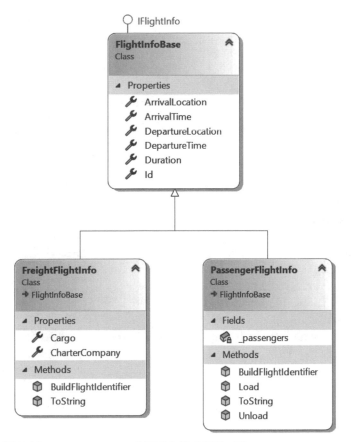

圖 5.18：IFlightInfo 介面實作被「提升」至 FlightInfoBase

透過將介面提升至基底類別，我們現在可以保證，任何繼承自該類別的類別也將實作 IFlightInfo 介面。

5.5 使用抽象控制繼承

既然介紹了一些關於繼承的重構模式，讓我們來看看，如何使用**抽象類別**（**abstract class**）和其他 C# 功能來限制我們的類別，並確保它們被適當地使用。

5.5.1 使用抽象傳達意圖

我們現有設計的一個特點是，只需撰寫以下程式碼，就可以執行個體化一個新的 FlightInfoBase 執行個體：

```
FlightInfoBase flight = new FlightInfoBase();
```

雖然對你來說可能並不合理——因為 FlightInfoBase 類別並未被標記為抽象，所以不需要明確指定它是客運航班還是貨運航班——這表示任何人都可以執行個體化這個類別。

要將一個類別標記為抽象，請在其簽章中加入 abstract 關鍵字：

FlightInfoBase.cs

```
public abstract class FlightInfoBase : IFlightInfo {
  public Airport ArrivalLocation { get; set; }
  public DateTime ArrivalTime { get; set; }
  public Airport DepartureLocation { get; set; }
  public DateTime DepartureTime { get; set; }
  public TimeSpan Duration => DepartureTime - ArrivalTime;
  public string Id { get; set; }
}
```

當你不打算讓任何人執行個體化類別時，將類別標記為抽象的做法，可以達成幾件事：

- 它表明這個類別並不打算被執行個體化
- 編譯器現在會阻止其他人執行個體化你的抽象類別
- 如我們接下來將看到的，它允許你在類別中加入抽象成員

5.5.2 介紹抽象成員

現在 FlightInfoBase 已經是抽象的了，它為重構開啟了新的可能性。

舉例來說，FreightFlightInfo 和 PassengerFlightInfo 都有 BuildFlightIdentifier 方法和 ToString 覆寫。

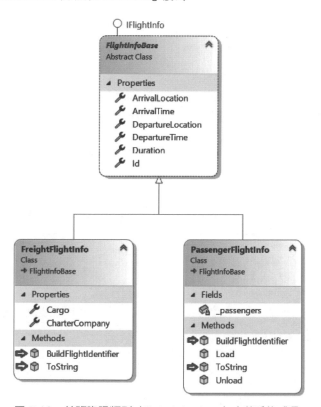

圖 5.19：航班資訊類別（flight info class）中的重複成員

儘管 BuildFlightIdentifier 方法的實作細節有所不同，但 ToString 會覆寫 BuildFlightIdentifier 結果的回傳。

我們可以利用這些共通性，透過使用 **Pull [Member name] up...** 將兩種方法都提升至基底類別，如圖 5.20 所示：

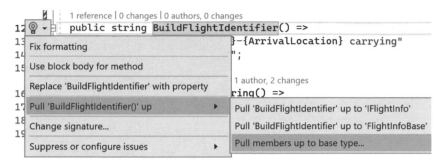

圖 5.20：Pull members up to base type...（將成員提升至基礎型別）

接下來，選擇你希望提升至「父類別」的成員，而針對那些「你希望提升其定義，而非提升其實作」的任何成員，記得要勾選 **Mark abstract** 核取方塊。

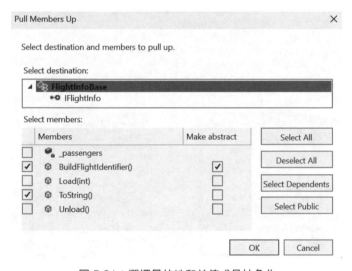

圖 5.21：選擇目的地和並使成員抽象化

這樣做的結果是 FlightInfoBase 現在具有 ToString 覆寫，以及 BuildFlightIdentifier 的抽象定義：

FlightInfoBase.cs

```
public abstract class FlightInfoBase : IFlightInfo {
    // 其他成員省略 ...
    public abstract string BuildFlightIdentifier();
    public override string ToString() => BuildFlightIdentifier();
}
```

有了 `BuildFlightIdentifier` 抽象化，我們原來的方法呼叫仍然存在，但現在它被標記為 override：

PassengerFlightInfo.cs

```
public class PassengerFlightInfo : FlightInfoBase {
  // 其他成員省略 ...
  public override string BuildFlightIdentifier() =>
    $"{Id} {DepartureLocation}-{ArrivalLocation} carrying"
    + $" {_passengers} people";
}
```

不幸的是，**Pull Members Up** 重構並不會修改繼承自同一個基底類別的其他類別，所以你現在必須在其他航班類別中手動加入覆寫：

```
public class FreightFlightInfo : FlightInfoBase {
  // 其他成員省略 ...
  public override string BuildFlightIdentifier() =>
    $"{Id} {DepartureLocation}-{ArrivalLocation} " +
    $"carrying {Cargo} for {CharterCompany}";
}
```

進行這項重構簡化了我們的程式碼：各個航班類別不再需要覆寫 ToString。更重要的是，如果我們加入了一種新的航班類型，編譯器將強制它透過 `BuildFlightIdentifier` 覆寫來提供一個有效的航班識別碼（flight identifier）。

密封方法和類別

在討論抽象（abstract）、虛擬（virtual）和覆寫（override）方法的同時，我們也應該提及**密封（sealed）**方法。sealed 關鍵字可以應用於一個類別或任何覆寫方法，其語法與 abstract 語法相似。sealed 關鍵字有幾乎相反的效果。當一個類別被標記為 sealed 時，它就不能被繼承。當一個方法被標記為 sealed 時，該方法在繼承的類別中將無法被進一步覆寫。sealed 關鍵字的兩種使用都是為了保護一個類別做的事情不受外部修改。此外，將成員標記為 sealed 也會有一些效能上的優勢。

5.5.3 將抽象方法轉換為虛擬方法

有時候，你會將一種方法標記為抽象方法，但後來才意識到這種方法的許多覆寫都有相似的實作。當這種情況發生時，將方法從抽象方法轉換為虛擬方法是合理的做法，這樣可以提供一個基礎實作（base implementation），其他人可選擇性地進行覆寫。

我們的 FlightInfoBase 類別將 BuildFlightIdentifier 定義為抽象：

```
public abstract string BuildFlightIdentifier();
```

這意味著，這種方法的每一種實作方式都應與其他方式不同。然而，讓我們實際看一下這種方法的實作：

- **PassengerFlightInfo.cs**

```
public override string BuildFlightIdentifier() =>
    $"{Id} {DepartureLocation}-{ArrivalLocation} carrying " +
    $"{_passengers} people";
```

- **FreightFlightInfo.cs**

```
public override string BuildFlightIdentifier() =>
    $"{Id} {DepartureLocation}-{ArrivalLocation} carrying " +
    $"{Cargo} for {CharterCompany}";
```

雖然這兩種方法的字串都已建立，但它們都是以航班識別碼（航班編號）、出發機場和抵達機場作為開頭。

如果我們想要改變所有航班顯示這些基本資訊的方式，就需要改變所有繼承自 FlightInfoBase 的類別。

反之，我們可以修改 FlightInfoBase，提供一個包含這些共享資訊的良好起點：

```
public virtual string BuildFlightIdentifier() =>
    $"{Id} {DepartureLocation}-{ArrivalLocation}";
```

隨著這次變動，發生了兩件事：

- 新的航班類別不再需要覆寫 BuildFlightIdentifier
- 現有的覆寫可以呼叫 base.BuildFlightIdentifier() 來獲得基本航班資訊的通用格式

在我們的案例中，繼續覆寫該方法是有道理的，但我們現在可以改變程式碼，以利用基底層級的通用格式化：

- **PassengerFlightInfo.cs**

```
public override string BuildFlightIdentifier() =>
    base.BuildFlightIdentifier() +
    $" carrying {_passengers} people";
```

- **FreightFlightInfo.cs**

```
public override string BuildFlightIdentifier() =>
    base.BuildFlightIdentifier() +
    $" carrying {Cargo} for {CharterCompany}";
```

將我們的抽象類別與虛擬方法相結合，讓我們可以將航班格式化邏輯（flight formatting logic）保持在一個集中的地方，同時仍然保有擴充類別和修改其行為的自由。

5.6 為更好的封裝進行重構

物件導向程式設計的另一個核心原則是**封裝（encapsulation）**。有了封裝，你就能控制「類別」中的資料，並確保無論是「立即使用」還是「隨著程式碼變得越來越多」，其他人都能以合理的方式處理資料。

接下來的重構將著重處理這些問題：構成「類別」的各種資料組成，以及作為「參數」傳遞給方法的資料。

5.6.1 封裝欄位

最簡單的封裝重構讓你可以將一個欄位（field）的所有用途包裝成一個屬性（property）。

在以下的程式碼範例中，PassengerFlightInfo 類別有一個 _passengers 欄位，用於儲存機上乘客的數量，且這個欄位在整個類別中被用於指定乘客數量：

```
public class PassengerFlightInfo : FlightInfoBase {
  private int _passengers;
  public void Load(int passengers) => _passengers = passengers;
  public void Unload() => _passengers = 0;
  public override string BuildFlightIdentifier() =>
    base.BuildFlightIdentifier() +
    $" carrying {_passengers} people";
}
```

這段程式碼並不差，我認為在生產應用程式（production application）中使用這種邏輯是可以的。然而，它確實存在一些潛在缺點：

- 類別以外的任何東西都無法讀取航班上的乘客數量。
- 有好幾個地方修改了 _passengers 這個欄位。如果我們想要加入驗證（validation），或在每次值變化時做點什麼，我們將需要修改好幾個不同的方法。

將 _passengers 欄位的所有使用情況包裝（wrap）成一個屬性，可以幫助我們集中執行驗證，並且為類別外部的事物提供一個可以讀取的屬性。

你可以在 **Quick Actions** 選單中使用 **Encapsulate field** 重構，快速將現有欄位包裝到屬性中：

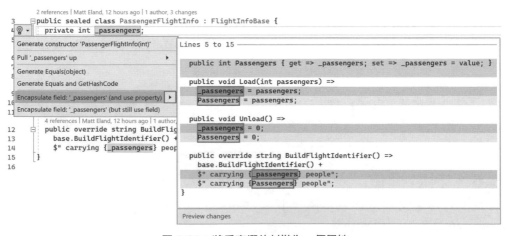

圖 5.22：將乘客欄位封裝為一個屬性

這樣做將加入一個屬性，你的類別可以使用它，在一個集中位置讀取和修改值：

```
public sealed class PassengerFlightInfo : FlightInfoBase {
  private int _passengers;
  public int Passengers {
    get => _passengers;
    set => _passengers = value;
  }
  public void Load(int passengers) => Passengers = passengers;
  public void Unload() => Passengers = 0;
  public override string BuildFlightIdentifier() =>
    base.BuildFlightIdentifier() +
    $" carrying {Passengers} people";
}
```

請注意，預設情況下，這項重構工作會將 setter 設為公開，這將允許類別以外的程式碼修改 passengers 的值。如果你不希望這樣，可以將該屬性設定為 private 或 protected。

5.6.2 將參數包裝成一個類別

隨著軟體系統成長，隨之而來的是越來越多的功能，以及支援這些功能所需的程式碼。這可能會導致原本簡單的方法變得複雜，甚至需要處理更多資訊。

在一個專案的初期，一種方法可能只需要三個參數，但在經過大量開發後，該方法可能突然需要七個或八個參數才能正常運作。這並不罕見。

FlightScheduler 的搜尋方法就是一個範例，因為有許多因素可能影響航班搜尋：

FlightScheduler.cs

```
public IEnumerable<IFlightInfo> Search(
  Airport? depart, Airport? arrive,
  DateTime? minDepartTime, DateTime? maxDepartTime,
  DateTime? minArriveTime, DateTime? maxArriveTime,
  TimeSpan? minLength, TimeSpan? maxLength) {
```

這個方法目前接受八種不同的資訊，這使得「對該方法的呼叫」非常難以閱讀：

```
IEnumerable<IflightInfo> flights = scheduler.Search(cmh,
    dfw, new DateTime(2024,3,1), new DateTime(2024,3,5),
    new DateTime(2024,3,10), new DateTime(2024,3,13),
    TimeSpan.FromHours(2.5), TimeSpan.FromHours(4.5));
```

雖然我刻意將這個範例製作得有點難以閱讀，但根據我的經驗，真實世界中確實存在複雜的方法簽章。這些複雜的方法可能會因為「在閱讀長長的參數清單時，你搞混了要將哪個值傳遞給哪個參數」而導致微妙的錯誤。

觀察這段程式碼，我們很容易想像，有人可能希望就航班進行新的搜尋，包括低價和高價、機上飲料服務、免費 Wi-Fi，以及班機機型等等。這些新的搜尋功能（new search feature）將進一步擴大「方法定義」和「每個方法的呼叫者」。

解決這個問題的一種常見解決方案是將相關的資訊封裝到一個新類別中。在我們的案例中，我們可以定義一個新的 FlightSearch 類別來包裝所有與「搜尋一個航班」相關的事物：

FlightSearch.cs

```
public class FlightSearch {
    public Airport? Depart { get; set; }
    public Airport? Arrive { get; set; }
    public DateTime? MinArrive { get; set; }
    public DateTime? MaxArrive { get; set; }
    public DateTime? MinDepart { get; set; }
    public DateTime? MaxDepart { get; set; }
    public TimeSpan? MinLength { get; set; }
    public TimeSpan? MaxLength { get; set; }
}
```

這個新類別讓我們能夠在一個集中的地方追蹤搜尋的資訊，並明顯改進搜尋方法的簽章：

FlightScheduler.cs

```
public IEnumerable<IFlightInfo> Search(FlightSearch s) {
    IEnumerable<IFlightInfo> results = _flights;
    if (s.Depart != null) {
```

```
    results = results.Where(f => f.DepartureLocation == s.Depart);
  }
  // 為簡潔起見，省略了其他過濾器程式 ...
  return results;
}
```

加入 FlightSearch 類別後，方法簽章從原本的八個參數縮減到僅剩一個。此外，如果未來需要加入新的搜尋邏輯，就可以將這些資訊加入到 FlightSearch 物件當中，而無需進一步修改 Search 方法的簽章。

不幸的是，更改搜尋方法的簽章會破壞「對該方法的呼叫」，直到它們被更新為使用「新的搜尋物件」。為了解決這個問題，你有幾個選擇：

* 將所有使用 Search 方法的地方都更新為傳遞 FlightSearch 物件
* 建立一個 Search 方法的臨時多載（temporary overload），它會將一個 FlightSearch 物件傳遞給新方法

第一個選項非常明顯，不需要進一步解釋或說明，所以讓我們來看看第二個選項。

在這裡，我們將建立一個 Search 方法的多載，它接受八個舊的參數，建立一個 FlightSearch 物件，並將其傳遞給新方法：

```
[Obsolete("Use the overload that takes a FlightSearch")]
public IEnumerable<IFlightInfo> Search(
  Airport? depart, Airport? arrive,
  DateTime? minDepartTime, DateTime? maxDepartTime,
  DateTime? minArriveTime, DateTime? maxArriveTime,
  TimeSpan? minLength, TimeSpan? maxLength) {
  FlightSearch searchParams = new() {
    Arrive = arrive,
    MinArrive = minArriveTime,
    MaxArrive = maxArriveTime,
    Depart = depart,
    MinDepart = minDepartTime,
    MaxDepart = maxDepartTime,
    MinLength = minLength,
    MaxLength = maxLength
  };
  return Search(searchParams);
}
```

請注意，我們將此方法標記為已過時（Obsolete）的。這將警告嘗試使用它的程式開發者，並告訴他們改用哪種方法（請見圖 5.23）。透過 Obsolete 屬性（attribute）標記事項，可以引導開發者使用較新版本。一般來說，一個方法會被標記為已過時，然後在稍後從專案中刪除。

圖 5.23：一個「已過時」的警告，告訴開發者應使用哪種方法代替

這樣做的結果是，透過導入一個類別，我們能夠簡化方法，並為「該方法所需要的、會隨著時間增加的資料」提供一個安全的地方。

導入類別來處理常見的參數集（common sets of parameters），這樣的做法可以大幅加快團隊的開發速度，尤其是當這些相同的物件在整個系統中被（頻繁地）傳遞時。

5.6.3 將屬性包裝成一個類別

有時候，你會發現一些類別具有一組相關的屬性。例如，FlightInfoBase 類別需要追蹤一架班機出發或抵達的「機場」，以及這個事件的「時間和日期」：

FlightInfoBase.cs

```
public abstract class FlightInfoBase : IFlightInfo {
  public Airport ArrivalLocation { get; set; }
  public DateTime ArrivalTime { get; set; }
  public Airport DepartureLocation { get; set; }
  public DateTime DepartureTime { get; set; }
  // 其他成員省略 ...
}
```

在這個案例中，與抵達和出發有關的資訊，需要它們的 Airport（機場）和相關的 DateTime（時間和日期）才有意義。將來，如果我們需要追蹤航廈、登機門或跑道，我們就需要為抵達和出發都新增屬性。

因為這些屬性集合是一起增長的,所以將它們包裝在「自己的 `AirportEvent` 類別」中是合理的:

```
public class AirportEvent {
  public Airport Location { get; set; }
  public DateTime Time { get; set; }
}
```

現在,如果需要擴大針對每個航段(leg,又譯航程段)追蹤的資訊,我們可以把這項資訊加入到此類別中,且抵達和出發雙方都可以使用這項資訊。

當然,為了讓這個完全運作,我們需要修改 `FlightInfoBase`,讓它使用新類別,而不是分別追蹤其屬性:

FlightInfoBase.cs

```
public abstract class FlightInfoBase : IFlightInfo {
  public AirportEvent Arrival { get; set; }
  public AirportEvent Departure { get; set; }
  public TimeSpan Duration => Departure.Time-Arrival.Time;
  public string Id { get; set; }
  public virtual string BuildFlightIdentifier() =>
    $"{Id} {Departure.Location}-{Arrival.Location}";
  public sealed override string ToString() => BuildFlightIdentifier();
}
```

然而,除非更新 `IFlightInfo` 介面來配合我們的新簽章,否則這個變更本身將不足以滿足需求:

IFlightInfo.cs

```
public interface IFlightInfo {
  string Id { get; }
  AirportEvent Arrival { get; set; }
  AirportEvent Departure { get; set; }
  TimeSpan Duration { get; }
}
```

有了這個變更，編譯器現在對我們的航班類別感到滿意了，但在 FlightScheduler 的 ScheduleFlight 方法中，現在出現了編譯器錯誤：

FlightScheduler.cs

```
PassengerFlightInfo flight = new() {
  Id = id,
  ArrivalLocation = arrive,
  ArrivalTime = arriveTime,
  DepartureLocation = depart,
  DepartureTime = departTime,
};
```

這個方法仍在嘗試設定舊的屬性，所以需要進行更新，以使用 AirportEvent 物件：

```
PassengerFlightInfo flight = new() {
  Id = id,
  Arrival = new AirportEvent {
    Location = arrive,
    Time = arriveTime,
  },
  Departure = new AirportEvent {
    Location = depart,
    Time = departTime,
  },
};
```

FlightScheduler 也因為使用舊屬性，而在搜尋方法中產生了一些編譯器錯誤：

```
if (s.Depart != null) {
  results = results.Where(f => f.DepartureLocation == s.Depart);
}
```

這些程式碼將需要參考新的屬性：

```
if (s.Depart != null) {
  results = results.Where(f => f.Departure.Location == s.Depart);
}
```

你可能已經注意到，對於這種「將屬性包裝到一個新物件中」的簡單更改，我們需要進行多次修改，只是為了讓程式碼能夠再次編譯。

在進行這樣的結構性變更時，這可能是正常的，但編譯器會在你重構的過程中支援你，確保程式碼在結構上是有意義的。事實上，如果沒有編譯器的幫助，找出「我在使用舊做法時可能忽略或遺漏的地方」，我可能就沒有勇氣進行上述這些變更。我會鼓勵你將編譯器視為重構之旅中的盟友。

5.6.4 偏好使用組合而非繼承

最後，讓我們探討一下「偏好使用組合而非繼承」（favor composition over inheritance）的指引，並以此結束對封裝的討論。這是我在職涯初期經常聽到的一句話，儘管我花了一段時間才理解其意義和影響。

透過「偏好使用組合而非繼承」，我們有意識地決定，類別應該「擁有某物」（have something），而非「成為某物」（being something）。如果一個類別擁有另一個物件，它就可以交出責任，而不是依賴繼承來使類別更加特殊，能夠處理特定的情境。

舉例來說，讓我們來看看航班調度系統。

雲霄航空公司決定要提供包機服務。包機航班（charter flight）是一種小型航班，既可以載運乘客，也可以載運貨物，費用由各家公司支付。在這種情況下，包機既不是客機（客運航班），也不是貨機（貨運航班），而實際上是兩者的結合。

使用「繼承」的直接實作，看起來會像這樣：

```csharp
public class CharterFlightInfo : FlightInfoBase {
  public string CharterCompany { get; set; }
  public string Cargo { get; set; }
  public int Passengers { get; set; }
  public override string BuildFlightIdentifier() =>
    base.BuildFlightIdentifier() +
    $" carrying {Cargo} for {CharterCompany}" +
    $" and {Passengers} passengers";
}
```

請注意，在這裡，單一類別中既有貨物（Cargo）也有乘客（Passengers）。

單獨來看，這並不算太糟，但如果我們想讓包機載運多件貨物，該怎麼辦？我們現在必須有一個集合（collection），這個集合中含有多件貨物（以字串形式表示）和它們所屬的包機公司（可能彼此不同）。

某件貨物或其顯示方式，若有任何想要自訂的地方，都需要對這個類別進行額外的自訂，或者建立一個單獨卻相關的類別，同樣繼承自 FlightInfoBase。不難想像，這個系統會衍生出一系列相關的類別，例如 BulkCargoFlightInfo（大量貨物航班）、ExpressFlightInfo（快捷航班）、MedicalFlightInfo（醫療品航班）、HazardousCargoFlightInfo（危險貨物航班）等等。

雖然「這種基於繼承的做法」是可行的，但使用**組合（composition）**將產生更容易維護的程式碼和較少的類別。

組合讓我們可以這樣說明：單一航班是由多個貨物項目（cargo item）組合而成的。貨物項目可以用一個簡單的 CargoItem 類別來定義：

```csharp
public class CargoItem {
  public string ItemType { get; set; }
  public int Quantity { get; set; }
  public override string ToString() => $"{Quantity} {ItemType}";
}
```

這種簡單的做法儲存了物品類型（item type）及其數量（quantity），並提供了這兩者的字串表示（string representation）。

然後，我們可以將其納入到 CharterFlightInfo 的另一個版本中：

```csharp
public class CharterFlightInfo : FlightInfoBase {
  public List<CargoItem> Cargo { get; } = new();
  public override string BuildFlightIdentifier() {
    StringBuilder sb = new(base.BuildFlightIdentifier());
    if (Cargo.Count != 0) {
      sb.Append(" carrying ");
      foreach (var cargo in Cargo) {
        sb.Append($"{cargo}, ");
      }
    }
    return sb.ToString();
  }
}
```

這種做法允許「包機航班」由「不同的貨物項目」組成。然後,每個貨物項目都會在 BuildFlightIdentifier 方法中顯示,而顯示的方式是使用該貨物項目自己的 ToString 方法。請見下圖:

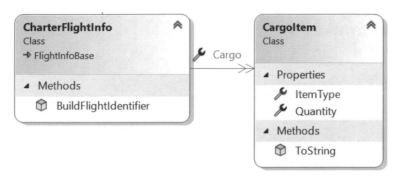

圖 5.24:CharterFlightInfo 由 CargoItem 組成

使用 CargoItem 組成我們的包機航班,為我們提供了額外的彈性。這種安排模式不僅允許包機航班擁有多個貨物項目,而且無需為不同的貨物裝載(cargo load)宣告不同的類別。

5.7 透過介面和多型來改善類別

我們即將結束本章關於物件導向重構的討論。然而,在收尾之前,讓我們討論一下,一些可以透過導入介面(interface)和多型(polymorphism)來進一步改善程式碼的地方。

5.7.1 提取介面

目前,我們的 CharterFlightInfo 類別儲存了一個代表貨物的 CargoItem 清單:

```
public class CharterFlightInfo : FlightInfoBase {
  public List<CargoItem> Cargo { get; } = new();
  // 其他成員省略 ...
}
```

包機航班所包含的每件貨物都必須是 CargoItem 或繼承自它的東西。舉例來說,如果我們要建立上一節討論的 HazardousCargoItem(危險貨物項目),並嘗試把它儲存在貨品集合當中,那麼它必須繼承自 CargoItem 才能編譯。

在許多系統中，如果人們想要自訂系統的行為，你可能不希望強迫他們去繼承你的類別。在這些地方，導入一個介面可能會很有幫助。

讓我們對 `CargoItem` 類別這樣做，方法是選擇該類別，並從 **Quick Actions** 選單中選擇 **Extract interface...**：

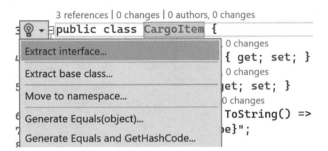

圖 5.25：Extract interface...（提取介面）

一旦完成操作，如圖 5.25 所示，你現在需要指定應包含在介面中的類別成員，以及介面應該如何命名：

圖 5.26：自訂提取出的介面

將你的介面命名為 `ICargoItem`，選擇 `ItemType` 和 `Quantity`，然後點擊 **OK**。這將在新檔案中產生一個新的 `ICargoItem` 介面：

```
public interface ICargoItem {
  string ItemType { get; set; }
  int Quantity { get; set; }
}
```

這也將修改 `CargoItem` 以實作此介面：

```
public class CargoItem : ICargoItem {
  public string ItemType { get; set; }
  public int Quantity { get; set; }
  public override string ToString() => $"{Quantity} {ItemType}";
}
```

請注意，預設情況下，提取介面會在屬性上導入 getter 和 setter。如果你不需要介面公開（expose）修改屬性的方法，你可以從介面的屬性定義中移除 `set`：

```
public interface ICargoItem {
  string ItemType { get; }
  int Quantity { get; }
}
```

移除 `set` 並不會阻止你在 `CargoItem` 的屬性上設定 setter，它只是表示「你不需要（not required）在屬性上設定 setter」。

有了新介面後，讓我們進去並修改 `CharterFlightInfo`，使其儲存 `ICargoItem` 而非 `CargoItem`：

```
public class CharterFlightInfo : FlightInfoBase {
  public List<ICargoItem> Cargo { get; } = new();
  // 其他成員省略 ...
}
```

這個變更讓我們能夠儲存「實作了該介面的任何東西」，並提高了「`CharterFlightInfo` 可以儲存什麼」的彈性。然而，這確實在程式碼中導入了另一個介面，這稍微增加了複雜性，從長遠來看可能會降低開發效率。

在導入介面時要小心。為了增加抽象化而存在的介面，最終在應用程式中可能會造成更多傷害。不過，由多個類別實作的介面，或者目的是賦予另一組開發者更多自由或彈性的介面，最終在軟體系統中可能會帶來很多好處。

我們將在「第 10 章」探討 SOLID 時，再詳細討論介面適當的位置。現在，讓我們繼續探討 C# 介面中的一個較新的功能。

5.7.2 提供預設介面實作

由於我們正在探索介面，讓我們來看看**預設介面實作**（**default interface implementation**）如何簡化實作介面的體驗。

預設介面實作允許你在介面內提供預設實作。當某個類別選擇實作這個介面時，它不必強制提供「具有預設實作的方法」的實作。

讓我們在 ICargoItem 中加入一個帶有預設 getter 的 ManifestText 屬性，以及一個帶有預設實作的 LogManifest 方法，來看看這意味著什麼：

```
public interface ICargoItem {
  string ItemType { get; }
  int Quantity { get; }
  string ManifestText => $"{ItemType} {Quantity}";
  void LogManifest() {
    Console.WriteLine(ManifestText);
  }
}
```

一般來說，透過把這些新成員加入到介面中，我們可能會破壞任何已實作該介面的元素，例如 CargoItem 類別，除非它具有這些成員。然而，由於我們為這兩個屬性都提供了預設實作，CargoItem 不再需要提供實作。反之，它有效地繼承了這些預設實作。

我們仍然可以提供這些新成員的一個版本。如果我們這樣做了，那個版本將被用來代替預設實作：

CargoItem.cs

```
public class CargoItem : ICargoItem {
  public string ItemType { get; set; }
  public int Quantity { get; set; }
  public void LogManifest() {
    Console.WriteLine($"Customized: {ToString()}");
  }
}
```

```
public override string ToString() =>
    $"{Quantity} {ItemType}";
}
```

我不太喜歡預設介面實作，因為它們讓「介面」與提供特定成員「合約」（contract）這兩個概念變得混淆。

然而，我必須承認，在一個介面中新增一個簡單成員時，有時候「新增一個預設實作」確實是合理的，這樣就不需要更改介面的現有實作。這可以避免你不得不在解決方案的各個地方，為「介面的多個不同實作」新增「相同的程式碼」。此外，預設介面實作減少了「想要實作該介面的類別」所需的工作量，因為它已經提供了一個預設實作。

5.7.3 介紹多型

每當你使用介面時，都是在應用程式中有意識地支援**多型（polymorphism）**。這是一種根據不同物件的「相似性」而非「差異性」來處理它們的能力。

前面介紹的 ICargoItem 方法，就是多型的一個範例。包機航班不會關心貨物的類型，只要貨物實作了介面。這意味著，我們可以將「各種不同類型的貨物」裝載到包機上，而類別可以很好地處理它們。

本章的程式碼還有另一個地方可以從多型中獲益良多，那就是 FlightScheduler 的搜尋方法：

```
public IEnumerable<IFlightInfo> Search(FlightSearch s) {
    IEnumerable<IFlightInfo> results = _flights;
    if (s.Depart != null) {
        results = results.Where(f => f.Departure.Location == s.Depart);
    }
    // 省略許多過濾器 ...
    if (s.MaxLength != null) {
        results = results.Where(f => f.Duration <= s.MaxLength);
    }
    return results;
}
```

這個方法有一些非常重複的程式碼（大部分已省略），用來檢查「搜尋物件」是否指定了一個屬性。如果指定了屬性，就會對潛在的結果進行過濾，僅包含與該過濾條件相符的內容。

這個搜尋方法使用這種方式，根據以下的內容進行過濾：

- 出發和抵達地點
- 最早／最晚出發時間
- 最早／最晚抵達時間
- 最短／最長航班時間

不難想像，我們還可以進行新的過濾，例如航班價格、航班是否提供飲料服務，甚至是班機機型。

另一種做法是接受一組過濾器物件（filter object）。這些過濾器物件將透過一個共用的 FlightFilterBase 類別和一個 ShouldInclude 方法，來決定是否應將每個航班包括在結果中：

```
public abstract class FlightFilterBase {
  public abstract bool ShouldInclude(IFlightInfo flight);
}
```

有了這個變更，我們就可以修改搜尋功能，使其在所有過濾器中進行循環（loop over），並且只包括「通過所有提供的過濾條件」的結果：

```
List<IFlightInfo> Search(List<FlightFilterBase> rules) =>
  _flights.Where(f => rules.All(r => r.ShouldInclude(f))).ToList();
```

透過多型，我們的搜尋方法從超過 40 行程式碼縮減到只有 3 行程式碼。

> **另一個實作方案**
> 使用「介面」來代替「抽象基底類別」也能正常運作。

遵循這種設計，我們可以建立一系列繼承自 FlightFilterBase 的類別，以提供特定的過濾功能：

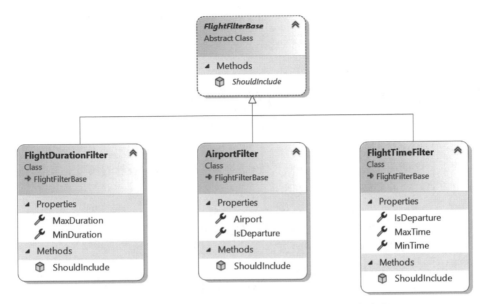

圖 5.27：獨特的過濾器類別有助於簡化我們的搜尋程式碼

我們現在有了專門的過濾器，可以過濾出「不符合特定條件的航班」。例如，
AirportFilter 會過濾掉「未指定機場的航班」：

```
public class AirportFilter : FlightFilterBase {
  public bool IsDeparture { get; set; }
  public Airport Airport { get; set; }
  public override bool ShouldInclude(IFlightInfo flight) {
    if (IsDeparture) {
      return flight.Departure.Location == Airport;
    }
    return flight.Arrival.Location == Airport;
  }
}
```

每個獨立的過濾器類別都很小，容易理解、維護和測試。

此外，如果未來想要新增一種過濾航班的方式，我們只需新增一個繼承自
FlightFilterBase 的類別即可。不需要修改 Search 方法來支援這種變更，因為這個
方法只需要一組包含多個獨立過濾器的集合。Search 方法不需要知道涉及哪些過濾條
件——它只需要呼叫 ShouldInclude 方法並解讀其結果。

我發現多型解決方案中充滿美感，多年來，我一直在尋找更多機會運用「繼承」或「介面」來充分利用多型，而我的程式設計風格也隨之改變。

5.8 檢查並測試我們重構後的程式碼

進行了這些變更之後，讓我們後退一步，看看結果。

我們使用一個航班搜尋系統作為範例，並利用「物件導向程式設計的技術」來提升其彈性和可維護性，我們做了以下的事情：

- 將程式碼重新組織到適當的檔案和命名空間中
- 導入一個基底類別，並改進航班資訊中程式碼的重複使用
- 透過將大量參數移至新類別來控制它們
- 導入另一個新類別來管理有關機場事件（AirportEvent）的通用資訊，包括機場元件和時間元件在內
- 新增一個包機航班類別，它的貨物追蹤系統非常有彈性
- 介紹一種多型的方式來搜尋航班，隨著時間過去，這更有彈性且容易維護

> **重構的程式碼**
>
> 讀 者 可 以 在 https://github.com/PacktPublishing/Refactoring-with-CSharp 中 找 到 本 章 最 終 重 構 的 程 式 碼， 在 Chapter05\Ch5FinalCode 資料夾內 [14]。

如往常一樣，重構絕對不應該在不測試程式碼的情況下進行，以確保在重構過程中沒有導入新的缺陷。在執行解決方案中提供的測試之後（請見圖 5.28），會顯示所有的測試均已通過，在我們進入 **Part 2** 並更深入地探討測試之前，這就足夠了。

---

14 審校註：原文最終程式碼是寫放在 Chapter05/Ch5RefactoredCode 資料夾，但 GitHub 原始碼只有 Chapter05\Ch5FinalCode 資料夾。中文版依 GitHub 專案位置修正。

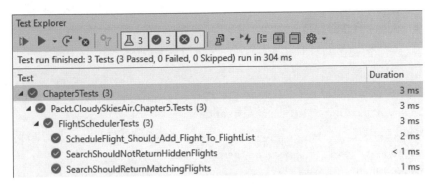

圖 5.28：Test Explorer 顯示所有測試均已通過

5.9 小結

在本章中，我們探討了物件導向程式設計的技術，例如繼承、封裝和多型，可以用來重構程式碼，以達到更容易維護的形式。

重構或許是一項複雜的工作，然而，許多物件導向程式設計的基本概念可以結合起來，建立優雅、靈活且容易維護的解決方案。

本書的 **Part 1** 到此結束。在 **Part 2** 中，我們將探討「測試」如何為你提供「安全地重構程式碼」所需的安全與自由，並滿懷信心地前進，確信你的變更已經改進了應用程式，而沒有破壞任何東西。

5.10 問題

1. 你的程式碼是否遵循結構良好且一致的命名空間階層（namespace hierarchy），每個命名空間中的類別不宜過多或過少？
2. 你的程式碼中是否有任何部分，可能因使用「繼承」來促進程式碼重複使用而得到改善？
3. 你能想到程式碼中有哪些重複規則或其他結構，它們可能從「多型」中受益？

5.11 延伸閱讀

如果讀者想要了解更多關於本章討論的資訊，可以參考以下資源：

- 在 C# 中的繼承：`https://learn.microsoft.com/en-us/dotnet/csharp/fundamentals/tutorials/inheritance`
- sealed 修飾詞：`https://learn.microsoft.com/en-us/dotnet/csharp/language-reference/keywords/sealed`
- IEquatable<T>：`https://learn.microsoft.com/en-us/dotnet/api/system.iequatable-1`

Part 2
安全地重構

在 **Part 2** 中，我們將介紹一些程式設計技術，例如單元測試，它們有助於確保重構工作不會導致意外的變化。

前三章主要關注各種測試框架和標準測試實踐，我們也會討論程式設計最佳實踐和撰寫 SOLID 程式碼。

後兩章則關注更進階的測試策略，以及 C# 語言如何協助你偵測並防止錯誤影響使用者。

Part 2 包含了以下內容：

- 第 6 章：單元測試
- 第 7 章：測試驅動開發
- 第 8 章：使用 SOLID 避免程式碼反模式
- 第 9 章：進階單元測試
- 第 10 章：防禦性程式設計技巧

6

單元測試

在 **Part 1** 中，我們介紹了重構的過程以及一些較常見的重構技巧。現在，該是暫時後退一步，回想一下重構的定義：

重構是在不改變程式碼行為的情況下，改變其形狀或形式的過程。

換句話說，我們可以盡力將程式碼製作得整潔且容易維護，但如果這些變更導入了錯誤，那就不是重構，因為重構是在「不改變程式碼行為」的情況下改變程式碼的形式。為了在不導入錯誤的情況下改進程式碼，我們需要一個安全網：**單元測試（unit testing）**。

在本章中，我們將探索單元測試並學到下列這些主題：

- 理解測試和單元測試
- 使用 xUnit 測試程式碼
- 重構單元測試
- 探索其他測試框架
- 採取測試心態

6.1 技術需求

讀者可以在本書的 GitHub 找到本章的起始程式碼：`https://github.com/`
`PacktPublishing/Refactoring-with-CSharp`， 在 `Chapter06/Ch6BeginningCode`
資料夾中。

6.2 理解測試和單元測試

每當我在管理或指導其他開發者，而他們想對系統進行變更時，我會問他們一個問題：
『你如何確定你的變更不會破壞事物？』

這個簡單的問題可能會出奇地難以回答，但我聽過的所有回答都可總結為一個概念：測
試。

我將**測試**定義為「驗證軟體功能」，同時「檢測程式行為」，確保沒有任何「不想要的
變化」（unwanted change）的過程。

這種測試可以由人類進行，如開發者或品質保證分析師，也可以由軟體進行，具體取決
於所涉及的測試類型。

6.2.1 測試的類型與測試金字塔

測試是一個涵蓋許多不同類型活動的廣泛領域，包括以下內容：

- **手動測試**（manual testing）：一個人手動執行某些活動並驗證結果。
- **探索性測試**（exploratory testing）：一個手動測試的子集，專注於探索系統對
  事物的反應，並以此找到新型態的錯誤。
- **單元測試**（unit test）：對「軟體系統中的小部分」進行獨立測試。
- **元件測試**（component test）：對「系統的更大元件」進行測試。
- **整合測試**（integration test）：涉及兩個一起測試的元件，例如 API 和資料庫。
- **端到端測試**（end-to-end test）：對「系統的整個路徑」進行測試。這通常涉及
  多組元件按順序進行互動。

這些活動中的大部分都是自動化測試（automated test），其中「電腦程式碼」與「系
統」互動以驗證其行為。我們將在本章尾聲進一步討論哪些因素構成了良好的測試。

自動化測試確實存在一些缺點。首先，自動化測試需要花費時間來建立。一般來說，必須由人類撰寫程式碼，或使用某種工具來撰寫指令碼（script）。其次，這些測試通常需要隨著軟體系統的變更而進行持續的維護，以保持其相關性。最後，這些測試可能給人一種虛假的安全感。舉例來說，假設一位開發者撰寫了一個測試，用於巡覽至「預訂航班」網頁，並驗證是否顯示有空位（open seat）。即使網頁上存在明顯的錯誤和不對齊（misalignment），這個測試也可能通過，因為測試只被撰寫來檢查網頁的一小部分。

另一方面，人類測試員具備智慧。他們擁有自由意志和創新精神，可以對軟體做出客觀的判斷，這是機器無法做到的。他們可以找出沒有人想到要為之撰寫測試的問題，並且能對產品功能提出寶貴的回饋。然而，人類通常比自動化測試慢上許多，一旦功能準備好進行測試，品質保證分析師可能需要一些時間來測試它。

自動化測試和手動測試各有優缺點。兩者並沒有優劣之分；反之，將它們結合起來，才能對軟體專案中的品質問題（quality issue）提供有效的解決方案。

在軟體品質中，一個頗受歡迎的概念是**測試金字塔（testing pyramid）**。測試金字塔顯示了一個組織可能執行的各種類型的測試。此外，如圖 6.1 所示，金字塔每一段的寬度表示該類型測試的數量：

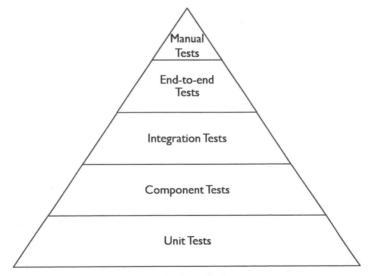

圖 6.1：測試金字塔的一個範例

在這種測試金字塔中，基底的測試項目應該最多，而金字塔頂端的測試項目應該最少。幾乎每張測試金字塔圖中，所列出的具體測試類型皆不盡相同，但它們都認同最常見的測試形式應該是單元測試，而最少見的應該是手動測試。

許多組織在軟體開發的成熟度尚處於早期階段時，就做錯了這一點。當這種情況發生時，他們會有很多手動測試，少量的單元測試，並且通常沒有端到端測試、整合測試或元件測試。因此，金字塔看起來有點像圖 6.2：

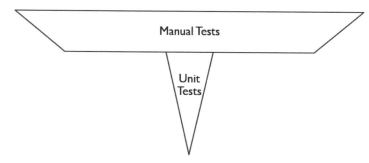

圖 6.2：測試金字塔，包含大量的手動測試，少量的單元測試，且沒有其他測試

這個金字塔看起來應該很荒謬，因為「很少的自動化測試」幾乎總是會導致過程緩慢、發佈延遲，並且讓軟體錯誤進入生產（production）環境！

系統越大，手動測試的可行性就越低，且手動發現錯誤所需的時間也會更長。

解決這個問題的方法是**自動化測試（automated testing）**，特別是自動化單元測試。

6.2.2 單元測試

單元測試（unit test）本身是程式碼中的小型方法，用於測試「系統中的其他方法」，以驗證這些方法在特定情境下是否正確執行。

更簡潔地說，單元測試是用來測試「其他程式碼」的程式碼。

> **已經熟悉測試了嗎？**
>
> 如果你有定期使用單元測試，那麼你肯定相當熟悉單元測試了。如果情況確實如此，你可能會想快速瀏覽本章的剩餘部分，然後繼續學習下一章。

為了說明單元測試的概念，讓我們來看看一個簡單的方法，它可以產生一個航班狀態訊息（flight status message）：

```
public class Flight {
  public string BuildMessage(string id, string status){
    return $"Flight {id} is {status}";
  }
}
```

雖然這種方法非常簡單，但讓我們思考一下，需要採取哪些步驟來驗證它的正確性：

1. 執行個體化 Flight 類別，並將該物件儲存於一個變數。
2. 宣告一對字串變數，代表 id 和 status。
3. 在航班物件上叫用（invoke）BuildMessage 方法，該物件來自「步驟1」。
4. 將「步驟3」的結果儲存於新的字串變數。
5. 驗證我們剛剛儲存的字串與我們預期的相符。

這基本上就是單元測試會做的事情。它會執行個體化你的類別，安排所需的變數，對單元測試試圖驗證的方法進行操作，最終確保該方法的結果與我們期望的一致。我們稱此模式為 **Arrange/Act/Assert（安排 / 操作 / 驗證）**模式，我們將在本章後面進一步討論它。

為了幫助說明這個概念，這裡有一個針對 BuildMessage 方法的範例測試：

```
public class FlightTests {
  [Fact]
  public void GeneratedMessageShouldBeCorrect() {
    // Arrange
    Flight flight = new();
    string id = "CSA1234";
    string status = "On Time";

    // Act
    string message = flight.BuildMessage(id, status);

    // Assert
    Assert.Equal("Flight CSA1234 is On Time", message);
  }
}
```

不必擔心這裡的特定語法,因為我們將在稍後探討這個問題。目前,你只需要理解 GeneratedMessageShouldBeCorrect 方法是單元測試的一個範例,它測試一小部分的程式碼,並以此確認特定的功能是否正確。

具體來說,這個方法驗證了 Flight 類別的 BuildMessage 方法,確保它根據接收到的 id 和 status 參數進行運算,並回傳一個準確的狀態訊息。

這個測試可以快速地與方案中的所有其他測試一起執行,如果 BuildMessage 方法按預期工作,則通過;如果 BuildMessage 的結果發生變化,則失敗。如圖 6.3 所示:

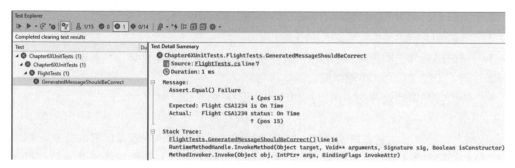

圖 6.3:單元測試失敗

這樣的測試失敗是有幫助的,因為它們能夠突顯出「錯誤」,否則的話,在沒有「失敗的測試」警示潛在問題的情況下,開發者可能會將「錯誤」釋放到生產環境中。

在下一節中,我們將介紹最受歡迎的單元測試框架:**xUnit**,並更深入地探討單元測試。

6.3 使用 xUnit 測試程式碼

xUnit.net,經常被稱為 xUnit,目前是 .NET 中最受歡迎的單元測試函式庫,其次是 **NUnit** 和 **MSTest**。這三個函式庫都提供了屬性(attribute),你可以使用它們來識別(identify)你的測試程式碼,我們很快就會看到。使用這些屬性,測試執行器(a test runner,例如 Visual Studio 的 **Test Explorer**)就能夠將你的方法識別為單元測試,並執行它們 [15]。

---

15 審校註:其他第三方套件(如 JetBrains ReSharper 等等)也有提供測試執行器。

本章的程式碼從之前章節中的大部分類別開始，組織在 `Chapter6` 專案的各種命名空間中，該專案位於 `Chapter6BeginningCode` 方案內。

方案與專案

在 .NET 中，一個**專案（project）**代表一個明確的 .NET 程式碼元件，用於實作某些目的。不同的專案有不同的類型，從桌面應用程式到網頁伺服器，再到類別庫和測試專案。另一方面，**方案（solution）**將所有這些專案彙整在一起，成為一個互相關聯的專案集合。

在本章的剩餘部分，我們將為前幾章的一些類別撰寫測試。由於 xUnit 目前是最流行的測試函式庫，因此，讓我們先從將「新的 xUnit 測試專案」加入方案總管（solution explorer）開始。

6.3.1 建立一個 xUnit 測試專案

要將新專案加入到方案總管當中，請在 **Solution Explorer** 的頂端（搜尋欄下方）右鍵點擊方案總管的名稱，然後選擇 **Add**，接著選擇 **New Project...**。

接下來，搜尋 xUnit 並選擇帶有 C# 標籤的 **xUnit Test Project** 結果，如圖 6.4 所示。請注意，這個測試專案也有使用其他語言的版本，例如 VB 或 F#：

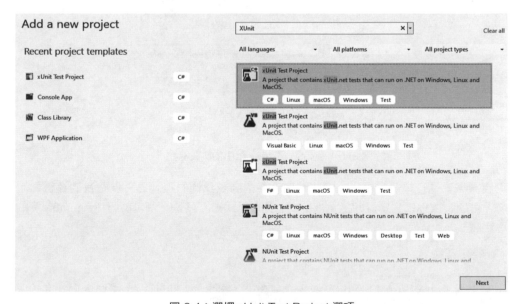

圖 6.4：選擇 xUnit Test Project 選項

點擊 **Next**，然後替你的測試專案取一個有意義的名稱，例如 `Chapter6XUnitTests`，再次點擊 **Next**。

隨後，你需要選擇要使用的 .NET 版本。由於本書的程式碼使用 **.NET 8**，因此你可以選擇該選項並點擊 **Create**。

這應該會在你的編輯器中開啟一個包含一些基本測試程式碼的新檔案：

UnitTest1.cs

```
namespace Chapter6XUnitTests {
  public class UnitTest1 {
    [Fact]
      public void Test1() {
      }
  }
}
```

此外，一個新專案已被加入到你的方案總管中，現在可以在 **Solution Explorer** 中看到，如圖 6.5 所示：

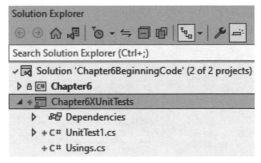

圖 6.5：Solution Explorer 中的測試專案 [16]

我們還需要進行幾個步驟，才能在其他專案中測試我們的程式碼。但在我們這樣做之前，可能會讓你感到驚訝的是，xUnit 建立的程式碼已經是一個可執行（runnable）的單元測試。

---

16 審校註：由於 Visual Studio 新版本規則改變，圖中的 Usings.cs 如果讀者動手實作，
　現在預設產生的名稱為 GlobalUsings.cs。

點擊 Visual Studio 頂端的 **Test** 選單，然後選擇 **Run All Tests**。**Test Explorer** 現在應該會顯示你的 Test1 單元測試，一旦測試執行，它將變成一個綠色的勾號，如圖 6.6 所示：

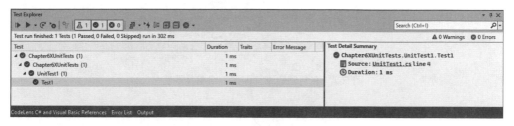

圖 6.6：Test Explorer，將測試展開到可以看見 Test1

故障排除

如果你在執行測試後沒有看到 **Test Explorer**，請點擊 **View** 選單，然後選擇 **Test Explorer**。在選擇執行測試之前，你可能還需要建置（build）你的方案。

請注意，我們現在的測試並不算是一個真正的測試，我們還沒有介紹程式碼或它的運作方式。我們會在不久之後進行，但首先，讓我們完成設定測試的最後一步，並將測試專案連接到我們的 Chapter6 專案。

6.3.2 將 xUnit 測試專案連接到你的主專案

在 .NET 中，專案可以依賴於其他專案中的程式碼。這允許你在一個專案中定義一個類別，並在另一個專案中使用該類別。這是我們需要做的事情，以便從「單元測試專案」中測試「程式碼」。因此，我們需要設定一個從「測試專案」到「Chapter6 專案」的專案依賴關係（project dependency）。

在 **Solution Explorer** 中的測試專案內，右鍵點擊 **Dependencies** 節點並選擇 **Add Project Reference...**，如圖 6.7 所示：

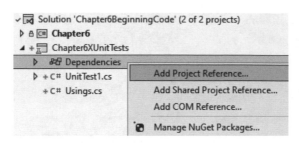

圖 6.7：在我們的測試專案中新增專案參考

之後，點擊 Chapter6 旁邊的核取方塊（又譯勾選框），然後點擊 **OK**。這將在你的測試專案中加入一個對 Chapter6 專案的參考，如此一來，測試專案現在就可以參考在其他專案中定義的類別。

所有這些都準備就緒後，我們可以開始撰寫第一個真正的測試了。

6.3.3 撰寫你的第一個單元測試

我們的第一個測試將測試在「**第 2 章**」中建立的 BaggageCalculator 類別。

BaggageCalculator 有一個 CalculatePrice 方法，其方法簽名如下：

```
public decimal CalculatePrice(
    int bags, int carryOn, int passengers, bool isHoliday)
```

我們也知道此方法的以下規則：

- 所有隨身行李每件收費 30 元
- 乘客第一件託運行李收費 40 元
- 之後每一件託運行李收費 50 元
- 若旅遊日期適逢假期或國定假日，將適用 10% 的額外收費

我們無法在單一測試中測試所有這些邏輯，我們也不應該試圖這樣做。單元測試應該小巧而精美，並與特定的邏輯片段相關。如果一個測試失敗了，該失敗應告訴你系統中的哪裡出錯。如果單元測試試圖做太多事情，就會變得更難以理解，而失敗能提供的錯誤訊息也變少了。

讓我們從重新命名 UnitTest1 類別開始，使用「**第 2 章**」介紹的「重新命名重構」。測試通常以它們測試的「類別」命名。既然我們的類別測試的是 BaggageCalculator，讓我們將其重新命名為 BaggageCalculatorTests 吧。

接下來，我們將重新命名 Test1 方法，並以此反映我們試圖驗證的內容。這個測試的名稱會在測試失敗時顯示出來。所以，我的一般原則是，如果我收到一個測試失敗的通知，其名稱本身就應該告訴我出了什麼問題。

在我們的情況中，我們正在試圖驗證「隨身行李的價格」是否正確。因此，讓我們將 Test1 重新命名為像 CarryOnBaggageIsPricedCorrectly 這樣的名稱。

我們的程式碼現在如下所示：

```
namespace Chapter6XUnitTests {
  public class BaggageCalculatorTests {
    [Fact]
    public void CarryOnBaggageIsPricedCorrectly() {
    }
  }
}
```

在我們繼續撰寫測試程式碼之前，我們先來強調幾個關鍵事項：

- 首先，我們的方法有一個 Fact 屬性被應用在它身上。這樣 xUnit 可以告訴測試執行器「我們的測試」，並有效地將測試註冊為「可能執行的項目」。
- 接著，CarryOnBaggageIsPricedCorrectly（行李託運費用已正確定價）回傳 void，並且不接受任何參數。使用 Fact 屬性的測試方法不能接受參數，而且必須回傳 void 或者 Task（用於非同步測試）。我們將在本章後面討論 Theory 和 InlineData，因為它們允許你將參數傳入單元測試。
- 最後，該類別和方法都是 public 的。兩者必須為 public，以便單元測試在測試執行器中顯示。

現在，我們已經探討了一些單元測試的基本運作原理，讓我們按照 Arrange/Act/Assert 模式來建置我們的測試吧。

6.3.4 使用 Arrange/Act/Assert 來組織測試

Arrange/Act/Assert 模式是撰寫測試時使用的結構化模式（structural pattern）。遵循 Arrange/Act/Assert 時，你需要進行以下步驟：

1. **Arrange（安排）**：藉由宣告變數來安排測試所需的事物。
2. **Act（操作或行動）**：操作你要測試的特定事物（或是針對你要測試的特定內容採取行動）。
3. **Assert（驗證）**：驗證你的操作（行動）是否產生了期望的結果。

我們先來整理程式碼。由於我們正在對 BaggageCalculator 類別的 CalculatePrice 方法進行測試，我們需要執行個體化「一個行李費用計算器」的執行個體。

我們也知道，需要傳入託運行李（checked baggage）和隨身行李（carry-on baggage）的數量，還有乘客的人數，以及旅遊日期是否屬於假日旅遊。這些值應該是我們認為最相關或最有代表性的測試值，所以這些完全是由我們自行決定的。

在我們的 Arrange 部分填寫變數宣告，會導致以下的程式碼：

```
[Fact]
public void CarryOnBaggageIsPricedCorrectly() {
    // Arrange
    BaggageCalculator calculator = new();
    int carryOnBags = 2;
    int checkedBags = 0;
    int passengers = 1;
    bool isHoliday = false;
```

在這裡，我們正在設定執行 Act 階段需要的所有東西。同時，請注意我加入了一個 // Arrange 註解，把相關的程式碼組織在一起。我和我認識的許多其他開發者都會在測試程式碼中這樣做，以此幫助組織測試。

現在，我們已將變數放在適當的位置，我們可以對正在測試的程式碼進行操作：CalculatePrice 方法。要做到這一點，我們必須呼叫該方法並儲存它回傳的十進位值：

```
// Act
decimal result = calculator.CalculatePrice(
    checkedBags, carryOnBags, passengers, isHoliday);
```

與 Arrange 部分不同，Act 部分非常簡短，通常只有一行長度。這是因為 Act 部分的重點是「你試圖測試的事物」。我們在先前執行個體化的 `calculator` 物件上，呼叫「我們正在測試的方法」，並傳遞給它「完成工作所需的參數」。

待測系統

在我們的範例中，`calculator` 變數儲存了我們正在測試的類別執行個體。這常被稱為**待測系統（System Under Test，SUT）**。有些團隊會使用 `sut` 變數名稱來表示他們即將進行測試的物件。

這裡有一件酷炫的事情：從測試的角度來看，我們並不在乎它如何完成工作。我們只關心：我們給予方法「一組輸入」，並期望得到「特定的輸出」。

透過驗證（assert）一項或多項事物的真實性，我們在 Assert 部分驗證（verify）這種行為。如果這些事物被證明不是真實的，我們的測試將失敗。如果它們全部被證明是真實的，那麼測試將通過。

驗證（assertion）通常使用 `Assert` 類別來驗證「值」是否符合「預期的值」。在我們的案例中，場景是有 2 件隨身行李，沒有其他行李。以每件隨身行李 30 美元來計算，應該為 60 美元，所以我們的測試程式碼如下所示：

```
// Assert
Assert.Equal(60m, result);
```

`Equal` 方法的第一個參數是預期值（expected value）。這就是「你期待的結果」應該是什麼。你不應該在程式碼中計算這個值；否則，你可能會在一開始，就在測試程式碼中「重複」相同的潛在錯誤邏輯！

第二個參數是實際值（actual value），通常是在 Act 部分呼叫你的方法後「得到的結果」。

多數時候，不熟悉測試的開發者常常會認為第一個參數應該是實際值，而第二個值應該是預期值。然而，這是錯誤的，會導致測試失敗，因為值被對調了（交換了，swapped），造成混淆。

舉例來說，如果結果是 50，而我們正如之前所做的，用 Assert.Equal(60m, result); 來確認它，你將會看到如下的失敗情況：

```
Assert.Equal() Failure
Expected: 60
Actual:   50
```

這對開發者很有幫助，可以告知他們出了什麼問題。

如果你混淆了這兩個參數並寫下了 Assert.Equal(result, 60m); ，你將會得到這個更令人困惑的訊息：

```
Assert.Equal() Failure
Expected: 50
Actual:   60
```

這個錯誤在過去曾使我混亂且失去很多頭髮。幫自己一個忙，記住第一個參數始終是「你期待的結果」的值 [17]。

在「**第 9 章，進階單元測試**」，我們將介紹「使用 **Shouldly** 和 **FluentAssertions** 函式庫來撰寫驗證」的更整潔做法。現在請記住，期望值放在前面，實際值放在後面。

其他驗證方法

Assert 類別不只有 Assert.Equal 這個方法。你也可以用 Assert.True 和 Assert.False 來驗證布林條件是 true 還是 false。Assert.Null 和 Assert.NotNull 則可以幫助驗證某物是否為 Null 值。Assert.Contains 和 Assert.DoesNotContain 可以驗證集合中某個元素的存在與否。這只是透過 Assert 類別可以使用的一些方法。對於這些方法，當驗證導致測試失敗時，你也可以提供自訂的失敗訊息。

現在我們已經加入了第一個單元測試，讓我們具體談談什麼會使一個測試通過，什麼會使一個測試失敗。

---

17 審校註：實務上，我們會透過變數名稱來改善這個小節碰到的問題。我們會在 Arrange 步驟宣告一個 expected 的變數內容，例如 decimal expected = 60m; ，代表你預期的結果。在 Act 步驟會把 result 變數改宣告為 actual 變數名稱，代表你實際取得的結果，這樣最後 Assert 步驟就能看到 Assert.Equal(expected, actual); ，這樣很明確的驗證程式碼。

6.3.5 理解測試和例外

每個執行的單元測試都將通過——除非它遇到使其失敗的情況。

那種失敗可能是 Assert 陳述式與預期值不相符，或者，可能是你的程式或測試拋出了例外（exception）卻沒有捕獲它。

當你研究 Assert 方法如何實作時，你會看到它們在條件不滿足時都會拋出例外。當這些例外被拋出時，測試執行器會捕獲它們並使測試失敗，適當地顯示失敗資訊（failure message）和堆疊追蹤（stack trace）。

這就是為什麼即使沒有任何 Assert（驗證）陳述式，空的測試也會通過，以及為什麼你通常不會在單元測試中撰寫 try/catch 區塊，除非你明確地嘗試驗證「某種形式的例外處理邏輯」。

理解了測試失敗的原因，讓我們來撰寫第二個測試。

6.3.6 額外的測試方法

就像類別內部可以有多個方法一樣，測試類別內部也可以有多個測試方法。這是因為單元測試本質上只是程式碼而已。單元測試存在於普通的類別中，只是它們存在於一種特殊的專案類型，且每個單元測試方法在方法宣告之前都會加上 [Fact] 屬性。

讓我們透過為下一個情境加入一個測試來說明這一點。下一個情境是：第一件託運行李的費用是 40 元。這個測試可能是這樣的：

```
[Fact]
public void FirstCheckedBagShouldCostExpectedAmount() {
  // Arrange
  BaggageCalculator calculator = new();
  int carryOnBags = 0;
  int checkedBags = 1;
  int passengers = 1;
  bool isHoliday = false;
  // Act
  decimal result = calculator.CalculatePrice(
    checkedBags,carryOnBags, passengers, isHoliday);
  // Assert
```

```
    Assert.Equal(40m, result);
}
```

這次的測試和以前的測試有很多相似之處，但關鍵的差異在於，隨身行李和託運行李的數量已經改變，以配合我們正在測試的新情境，且預期的總額現在是 40 元而不是 60 元。

你撰寫的每個測試都應該不同。然而，如果你開始注意到測試之間有很多的共通之處，那麼可能是時候對你的單元測試進行重構了。

6.4 重構單元測試

單元測試是一種程式碼，就像其他類型的程式碼一樣，若缺乏適當的尊重與主動重構，它們的品質可能會隨著時間下降。

因此，當你看到程式碼異味，例如在大多數測試中出現的重複程式碼時，這是一個跡象，表示你的測試需要進行重構。

在這一節中，我們將探討幾種重構測試程式碼的方式。

6.4.1 使用 Theory 和 InlineData 參數化測試

當我們思考兩種測試之間的相似之處時，它們的差異只基於傳入「我們正在測試的方法」中的值，以及我們期望得到的結果值。

回想一下我們的測試方法，這就是一個很明顯的情況：我們希望，如果能在一個測試方法中加入參數，就能代表多個單元測試，每一個都在測試不太一樣的東西，但使用相似的程式碼。

你可能還記得，使用 Fact 的單元測試不能有任何參數。然而，xUnit 提供了一個名為 Theory 的屬性（attribute），允許我們將「資料」作為「參數」傳入單元測試。

有多種不同的方式可以向這些參數提供「資料」，但最常見的方式是使用 InlineData 屬性，將「測試參數資料」與「方法」放在一起提供。

以下是一個使用 Theory 和 InlineData 的範例，使用「相同的測試程式碼」測試四種
不同的行李定價（baggage pricing）情境：

```
[Theory]
[InlineData(0, 0, 1, false, 0)]
[InlineData(2, 3, 2, false, 190)]
[InlineData(2, 1, 1, false, 100)]
[InlineData(2, 3, 2, true, 209)]
public void BaggageCalculatorCalculatesCorrectPrice(
  int carryOnBags, int checkedBags, int passengers,
  bool isHoliday, decimal expected) {
    // Arrange
    BaggageCalculator calculator = new();
    // Act
    decimal result = calculator.CalculatePrice(
      checkedBags, carryOnBags, passengers, isHoliday);
    // Assert
    Assert.Equal(expected, result);
}
```

雖然這只是一個方法，但每一行 InlineData 都代表一個獨特的單元測試，如圖 6.8 所
示，它會在測試執行器中顯示為一個「個別的測試」：

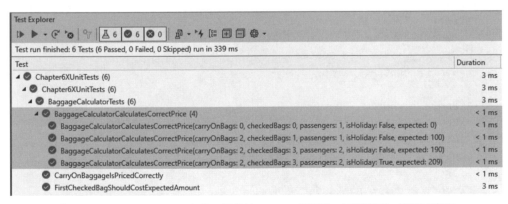

圖 6.8：在 Test Explorer 中「四個基於 Theory 的測試」被歸類到一個測試底下

雖然使用 Theory 而非 Fact，一開始可能會增加閱讀困難度，但在可維護性方面確實有
巨大優勢。首先，參數化測試有較少的程式碼重複。其次，如果日後需要更新測試，只
需更新「單一方法」即可，而無須像使用 Fact 來撰寫相同的測試那樣，更新多個分開
的方法。

6.4.2 使用建構函式和欄位初始化測試程式碼

Theory 並非改進測試程式碼的唯一方式。如果你發現，你的測試進行了很多可能會共享的工作，你可以導入「私有方法」來協助整理測試程式碼。

舉例來說，假設你想測試「第 5 章」的 FlightScheduler 類別，而且你打算首先測試這個情況：透過 ScheduleFlight 將航班加入到時間表（schedule）中，確保當呼叫 GetAllFlights 時，該航班會出現。

為了做到這一點，你已經建立了一個 FlightSchedulerTests 類別，並且正在進行 ScheduleFlightShouldAddFlight 單元測試。

當你開始撰寫測試時，你會注意到 ScheduleFlight 方法需要一個 IFlightInfo 執行個體，而這個執行個體又需要幾個 AirportEvent 物件。這些 AirportEvent 物件需要他們自己的 Airport 執行個體。

這些依賴關係導致你需要撰寫大量的 Arrange 程式碼，才能設定你的測試：

```
[Fact]
public void ScheduleFlightShouldAddFlight() {
  // Arrange
  Airport airport1 = new() {
    Code = "DNA",
    Country = "United States",
    Name = "Dotnet Airport"
  };
  Airport airport2 = new() {
    Code = "CSI",
    Country = "United Kingdom",
    Name = "C# International Airport"
  };
  FlightScheduler scheduler = new();
  PassengerFlightInfo flight = new() {
    Id = "CS2024",
    Status = FlightStatus.OnTime,
    Departure = new AirportEvent() {
      Location = airport1,
      Time = DateTime.Now,
    },
```

```
    Arrival = new AirportEvent() {
      Location = airport2,
      Time = DateTime.Now.AddHours(2)
    }
  };
```

大量的程式碼並不一定是壞事，但它確實分散了對「測試方法的其餘部分」的注意力，
而這部分負責執行 Arrange，並 Assert 航班是否已經加入：

```
  // Act
  scheduler.ScheduleFlight(flight);
  // Assert
  IEnumerable<IFlightInfo> result = scheduler.GetAllFlights();
  Assert.NotNull(result);
  Assert.Contains(flight, result);
}
```

雖然冗長的 Arrange 部分並不是世界末日，但其他測試可能需要建立自己的
PassengerFlightInfo、Airport 或 AirportEvent，這可能導致在測試之間出現非常
相似的程式碼。

為了提高 Arrange 方法的可讀性，我們可以導入兩個機場的欄位，並在建構函式中設
定它們：

```
  public class FlightSchedulerTests {
    private readonly Airport _airport1;
    private readonly Airport _airport2;
    public FlightSchedulerTests() {
      _airport1 = new() {
        Code = "DNA",
        Country = "United States",
        Name = "Dotnet Airport"
      };
      _airport2 = new() {
        Code = "CSI",
        Country = "United Kingdom",
        Name = "C# International Airport"
      };
    }
```

當 xUnit 執行你的測試程式碼時,它將為「FlightSchedulerTests 類別中的每個單元測試」執行個體化 FlightSchedulerTests 類別一次。這表示當「該類別中的任何測試」執行時,在建構函式或欄位初始化器(field initializer)中的任何邏輯都將執行。

這讓我們可以大幅簡化測試的 Arrange 部分:

```
// Arrange
FlightScheduler scheduler = new();
PassengerFlightInfo flight = new() {
  Id = "CS2024",
  Status = FlightStatus.OnTime,
  Departure = new AirportEvent() {
    Location = _airport1,
    Time = DateTime.Now
  },
  Arrival = new AirportEvent() {
    Location = _airport2,
    Time = DateTime.Now.AddHours(2)
  }
};
```

這個過程可以根據需要重複進行。舉例來說,如果你希望在測試之間重複使用相同的 PassengerFlightInfo,你可以加入一個 _flight 欄位,並在建構函式中初始化它。

重構的過程並不是為了最小化 Arrange 部分的大小,而是為了降低程式碼的重複性,同時讓其他開發者閱讀你的程式碼時,能看見測試的重要方面。

6.4.3 與方法共享測試程式碼

你可以使用另一種技巧來保持程式碼的專注度,那就是從測試程式碼中提取「可重複使用的方法」,以協助完成常見的 Arrange 任務。

舉例來說,如果你想要測試「從排程器中刪除一個航班」是否能正確地將該航班從排程器(scheduler)中移除,那麼你需要的測試,將大致與「我們剛剛介紹的測試」相似。

仔細想一想，這兩種測試並不太關心「要新增的航班」的具體情況——它們關心的是，當一個航班被排定時，它應該出現在航班清單中，而當一個航班被移除時，它就不應該再被列入。

為了達成這個目標，我們可以提取一個方法來建立我們的航班物件。這個方法可以接受一個航班識別碼，並回傳建立的航班，如下所示：

```
private PassengerFlightInfo CreateFlight(string id) => new() {
  Status = FlightStatus.OnTime,
  Id = id,
  Departure = new AirportEvent()
  {
    Location = _airport1,
    Time = DateTime.Now
  },
  Arrival = new AirportEvent()
  {
    Location = _airport2,
    Time = DateTime.Now.AddHours(2)
  }
};
```

我們之前的測試現在可以呼叫這個方法來建立它的航班：

```
[Fact]
public void ScheduleFlightShouldAddFlight() {
  // Arrange
  FlightScheduler scheduler = new();
  PassengerFlightInfo flight = CreateFlight("CS2024");
  // Act
  scheduler.ScheduleFlight(flight);
  // Assert
  IEnumerable<IFlightInfo> result = scheduler.GetAllFlights();
  Assert.NotNull(result);
  Assert.Contains(flight, result);
}
```

看到這個方法更加專注了嗎？你可以快速閱讀並理解測試的意圖，而不需要關注「建立航班」所需的所有機制。

> **測試 void 方法**
>
> 我常常遇到的一個問題是：『既然 void 方法不回傳任何東西，那該如何測試它們呢？』多數時候，當你撰寫測試時，你會測試一個方法的回傳值（return value），但針對 void 方法，你測試的是該方法的副作用（side effect）。這個 ScheduleFlight 測試就是一個「如何測試 void 方法」的範例。在我們的案例中，安排一個航班（scheduling a flight）的副作用應該是「當我們從排程器（scheduler）中獲取所有航班時，該航班應該隨後出現」。

現在，讓我們來看看航班移除測試（flight removal test），使用的方法和之前一樣：

```
[Fact]
public void RemoveShouldRemoveFlight() {
  // Arrange
  FlightScheduler scheduler = new();
  PassengerFlightInfo flight = CreateFlight("CS2024");
  scheduler.ScheduleFlight(flight);
  // Act
  scheduler.RemoveFlight(flight);
  // Assert
  IEnumerable<IFlightInfo> result = scheduler.GetAllFlights();
  Assert.NotNull(result);
  Assert.DoesNotContain(flight, result);
}
```

這個方法專注於「安排一個航班」的任務，然後移除它，接著確認該航班已不再出現在航班清單中。如果在新增和移除航班後，卻未能將其從航班清單中去除，那就是一個錯誤，會導致測試失敗。

> **在測試類別之間共享方法**
>
> 如果你發現，許多測試類別都能從同樣的「輔助方法」（helper method）中受益，例如 CreateFlight，你可能需要考慮把「這些輔助方法」移至測試專案中的一個靜態類別內。這種模式有時被稱為 **ObjectMother** 或 Builder 模式，在**「延伸閱讀」小節**有更多資訊。
>
> 或者，你可以導入一個基底測試類別（base testing class），將共享的方法移至該類別中，然後讓「你的測試」繼承該類別。「測試類別」和「測試專案」就像普通的程式碼一樣，我們在 **Part 1** 中使用的許多重構技巧，也有助於改善你的測試。

在討論「採取測試心態」並以此來結束本章之前，先讓我們簡短地看一下其他兩種常見的 C# 測試框架。

6.5 探索其他測試框架

除了 xUnit 之外，最受歡迎的測試框架（test framework）是 **NUnit** 和 **MSTest**。

這兩種框架的操作方式與 xUnit 非常相似，但在宣告單元測試的語法上有些許差異。

我曾有機會在專業與業餘的情況下，使用這三個主要的測試框架進行程式開發，我可以告訴你，這些差異主要是表面上的。話雖如此，你會發現某些框架可能擁有其他框架所沒有的特定功能。

6.5.1 使用 NUnit 進行測試

在這三種測試框架中，NUnit 的語法是我最喜歡的，因為它針對「不需要參數的單元測試」（等同於 xUnit 的 Fact）和「需要參數的單元測試」（等同於 xUnit 的 Theory）都使用了 Test 這個名稱[18]。

這是一個參數化測試（parameterized test），用於驗證 PassengerFlightInfo 上的 Load 方法：

```
public class PassengerFlightTests {
  [TestCase(6)]
  public void AddPassengerShouldAdd(int passengers) {
    // Arrange
    PassengerFlightInfo flight = new();
    // Act
    flight.Load(passengers);
    // Assert
    int actual = flight.Passengers;
    Assert.AreEqual(passengers, actual);
    Assert.That(actual, Is.EqualTo(passengers));
```

---

18 審校註：新增專案，搜尋 NUnit 並選擇帶有 C# 標籤的 **NUnit Test Project** 結果，其他步驟與「6.3.1 建立一個 xUnit 測試專案」小節和「6.3.2 將 xUnit 測試專案連接到你的主專案」小節相同。

```
    }
}
```

在 NUnit 中，`Test` 和 `TestCase` 取代了 `Theory` 和 `InlineData`。如果這個測試沒有參數化，`TestCase` 將變為 `Test`[19]。

這個測試的 Assert（驗證）部分有些不同。首先需要注意的是，NUnit 的驗證方法是 `Assert.AreEqual`，而不是 `Assert.Equal`。雖然這是一個細微的區別，但我發現這樣的程式碼讀起來稍微好一些。

在 `Assert.AreEqual` 這一行下面的是 `Assert.That`。這是 NUnit 較新的單元測試約束模型（constraint model）；它讀起來更加流暢，降低了在驗證中「搞混預期值和實際值等參數」的可能性。這兩種撰寫 NUnit 測試的方式都是有效的，都能正常運作。

還有最後一點需要注意：在 NUnit 中，測試類別中的所有測試都會共享同一個類別執行個體。這意味著，儲存在測試上的欄位或屬性的「值」，將被「該測試類別中的所有測試」共享。這與 xUnit 不同，xUnit 會為「每個執行的測試」建立「一個新的測試類別執行個體」。

說明了 NUnit 之後，讓我們來看看 MSTest。

6.5.2 使用 MSTest 進行測試

MSTest 的 正 式 名 稱 是 **Visual Studio Unit Testing Framework**（Visual Studio 單元測試框架），但在社群中，甚至在微軟的內部文件中，該框架已被廣泛地稱為 **MSTest**[20]。

---

19 審校註：如果讀者參考 GitHub 範例程式碼，會發現 GitHub 提供的範例同時套用了 [Test]、[TestCase] 屬性。保留或不保留都不影響測試的結果。一般如書上範例所說明，依是否有進行參數化測試，二者選其一即可。

20 審校註：新增專案，搜尋 MSTest 並選擇帶有 C# 標籤的 **MSTest Test Project** 結果，其他步驟與「6.3.1 建立一個 xUnit 測試專案」小節和「6.3.2 將 xUnit 測試專案連接到你的主專案」小節相同。

> **MSTest V2**
>
> 由於 MSTest 與 NUnit 和 xUnit 之間的功能並無對等，MSTest 近十年來的聲譽相當差。不過，微軟在 2016 年修訂了 MSTest，稱之為 **MSTest V2**，並對框架進行了許多改進，以至於現在它已經與競爭對手不相上下了。

就像 NUnit 一樣，MSTest 使用「單一的 TestMethod 屬性」來標記參數化和非參數化的單元測試。然而，與 NUnit 和 xUnit 都不同的是，MSTest 還需要在類別本身上面加入一個 TestClass 屬性（attribute），這是為了確保個別測試能夠被測試執行器發現。在使用 MSTest 撰寫測試時，需要注意這一點，因為這是可能導致你的測試「無法在測試執行器中顯示」的另一個因素。

讓我們來看看一個在 MSTest 中的參數化測試範例，這個測試驗證了「第 3 章」的 BoardingProcessor 類別的 Passenger 類別中的 FullName 屬性（property）：

```
[TestClass]
public class PassengerTests {
  [TestMethod]
  [DataRow("Calvin", "Allen", "Calvin Allen")]
  [DataRow("Matthew", "Groves", "Matthew Groves")]
  [DataRow("Sam", "Gomez", "Sam Gomez")]
  [DataRow("Brad", "Knowles", "Brad Knowles")]
  public void PassengerNameShouldBeCorrect(
    string first, string last, string expected) {
    // Arrange
    Passenger passenger = new() {
      FirstName = first,
      LastName = last,
    };
    // Act
    string fullName = passenger.FullName;
    // Assert
    Assert.AreEqual(expected, fullName);
  }
}
```

在這裡，這個參數化測試從 DataRow 中評估本書每一位檢閱者的名字，就像 xUnit 中的 InlineData 或是 NUnit 中的 TestCase 一樣。

雖然 MSTest 的語法不同，但它與其他測試框架之間有許多相似之處。

MSTest 與 NUnit 之間的主要差異是：包含了 TestClass 屬性，以及 TestMethod 和 DataRow 這兩者分別取代了 Test 和 TestCase。在這兩個框架之間，甚至連 Assert. AreEqual 方法的命名也是相同的。

總而言之，這三種測試框架非常相似，在你追求高品質軟體的目標中擔當重要的角色。我發現，我可以在這三個框架的任何一個當中有效率地工作。雖然我更喜歡 NUnit 的語法，但我在新專案中使用 xUnit，因為 xUnit 大致上已成為社群標準。

我的建議是選擇你最喜歡的語法的函式庫，並在你的專案中使用它，專注於撰寫良好的測試並採取測試心態（testing mindset）。

6.6 採取測試心態

讓我們退一步來討論，為什麼一本關於重構的書籍，會有一系列章節圍繞著「測試」這個主題。原因在於，需要重構的程式碼往往更加不穩定，而且在變動時更容易出錯。由於重構的藝術在於「改變軟體的形式而不改變其行為」，因此，在重構時導入錯誤是不理想的，也是不可接受的。

這就是測試的用處。測試讓你和團隊有信心去改善程式碼。你的遺留程式碼可能已經有測試，也可能沒有，所以在你進行任何測試工作之前，確保有「良好的測試」存在的責任和必要性就落在你身上。

這需要你採取一種測試心態。這組詞彙是指在開發過程「一開始」就考慮到測試，將其視為軟體開發和重構的重要組成部分，而不是事後的想法。

雖然我們會在下一章中詳細探討這個觀念，並討論**測試驅動開發（test-driven development，TDD）**，但讓我們先探討一些考慮因素（consideration），這些因素將幫助你在組織中成功實踐測試，並採取測試心態。

6.6.1 將測試納入你的工作流程

身為一位軟體工程師，測試應該是你日常生活的標準組成部分。

這表示無論你對系統進行任何改變，不管是增加新功能、修復錯誤，還是透過重構來償還技術債，你都應該考慮進行測試。

這需要轉變心態：從將測試視為「繁瑣或必須去做的事情」，轉變為將測試視為「對程式倉庫及整個組織具有內在價值的事物」。這是因為測試可以提供價值：測試扮演了「活文件」（living documentation）的角色，記錄了你的程式倉庫（codebase）；測試能夠提供一張「安全網」，預防某些類型的錯誤發生；測試能夠讓你和企業對你撰寫的程式碼「充滿信心」。

當然，你會遇到一些較難進行測試的軟體部分。這些可能是與使用者介面相關的程式碼，或者是與其他系統有高度依賴關係（strong dependency）的程式碼。

在本節後面以及「第 8 章」和「第 9 章」，我們會再深入探討依賴關係，但使用者介面的測試通常是用專門的工具和函式庫來完成的，並且根據你是在測試網頁、桌面還是行動應用程式而異。因此，使用者介面的測試超出了本書範疇。然而，隔離依賴關係（isolating dependency）通常是這個過程的一個重要部分。

6.6.2 隔離依賴關係

當我們討論隔離依賴關係時，這表示當我們測試一段程式碼時，測試它不應該改變其他任何事物。

舉例來說，當我們試圖驗證「安排一個航班」是否會將該航班加入到系統的航班清單時，我們並不希望每次執行單元測試時，系統都傳送一封含有航班確認（flight confirmation）的電子郵件！

這樣的範例可能會像這樣：

```
public class FlightScheduler {
    private readonly EmailClient _email = new();
    public void ScheduleFlight(Flight flight) {
        // 其他邏輯省略 ...
        _email.SendMessage($"Flight {flight.Id} confirmed");
    }
}
```

在這裡，FlightScheduler 有一個 EmailClient 類別，且每次航班被安排時，都會在客戶端（client）上呼叫 SendMessage。這是從 FlightScheduler 到 EmailClient 類別的高度依賴關係，並將導致測試這段程式碼時「傳送電子郵件」的不良副作用。

如同我們會立即討論的，像是「傳送電子郵件」或是「與檔案系統或資料庫互動」等副作用，在單元測試中常常是不受歡迎的。

雖然系統能夠做到這些事情是好的，但我們還是希望，能夠在不會產生「我們不喜歡的副作用」的情況下，獨立地測試程式碼單元（units of code）。我們可以利用一種名為**依賴注入（dependency injection）**的方法來解決這個問題，其中一個類別不再負責建立「它需要的依賴關係」，而是改由其他類別提供。

一個更容易測試的 FlightScheduler 版本，可能會像這樣：

```
public class FlightScheduler {
  private readonly IEmailClient _email;
  public FlightScheduler(IEmailClient email) {
    _email = email;
  }
  public void ScheduleFlight(Flight flight) {
    // 其他邏輯省略 ...
    _email.SendMessage($"Flight {flight.Id} confirmed");
  }
}
```

在這裡，「對 EmailClient 類別的依賴關係」透過「建構函式」被注入到 FlightScheduler 這個類別中，並且使用了一個新的 IEmailClient 介面，這樣我們就可以在測試中使用這個介面的不同實作。這種專為「測試」設計的版本不會帶來「傳送電子郵件」的負面副作用，因此更容易接受。

依賴注入及其相關術語，例如**控制反轉（inversion of control）**和**依賴反轉（dependency inversion）**等等，都是一些複雜的主題，需要一些時間來理解。因此，我們將在「**第 8 章，使用 SOLID 避免程式碼反模式**」中重新討論它們。此外，有經驗的測試員可能會呼籲說，像 Moq 或 NSubstitute 這樣的模擬框架（mocking framework）可以協助解決這些問題。我們將在「**第 7 章**」中介紹這些函式庫。

現在，讓我們繼續討論構成好的與壞的測試的其他因素。

6.6.3 評估好的與壞的測試

好的單元測試應該如下所示：

- **快速執行（Fast to run）**：如果測試需要花費數分鐘才能執行，開發者就不會執行它們。
- **可靠且可重複（Reliable and repeatable）**：測試不應該隨機失敗或通過，也不應該受到星期幾、時間或之前執行的其他測試影響而失敗。
- **彼此獨立（Independent from one another）**：一項測試絕不應該影響另一項測試的通過或失敗，而且測試也不需要按照特定的順序執行。
- **獨立（Isolated）**：它們應該獨立於依賴關係，例如資料庫、硬碟上的檔案、雲端資源或外部 API 等。這些不僅會減緩測試速度，而且如果我們正在測試這些互動，那麼這就是一個整合測試，而非單元測試。
- **易讀（Readable）**：測試應該作為「如何與你的類別互動」的範例。此外，如果測試失敗，理解失敗的原因應該很容易。
- **移動性（Portable）**：測試不需要大量的機器設定，且應該可以在任何開發者的機器或其他機器上執行，作為**持續整合 / 持續交付（continuous integration/ continuous delivery，CI/CD）**管線的一部分。

相比之下，壞的測試需要花費較長的時間才能執行；它是「不穩定」（flaky）的，會隨機地出現失敗的情況；它無法平行或無序地執行；對於它們正在測試什麼或為何進行測試，在理解上相當困難；此外，需要大量的手動設定才能可靠地執行。

一般來說，你應該優先考慮大量的小型單元測試，這些測試執行速度快，容易理解又可靠；你不應該過度野心勃勃地試圖一次測試太多東西，這會導致測試速度變慢，進而造成既不可靠又難以理解的測試失敗。

6.6.4 對程式碼涵蓋率的想法

我不能在不介紹**程式碼涵蓋率（code coverage）**的情況下談論單元測試。程式碼涵蓋率是指「在任何單元測試執行時」執行的程式碼行數（lines of code）。如果一個測試導致「程式碼的某一行」執行，那麼那一行會被認為是已涵蓋的（covered）；否則，就會被認為是沒有涵蓋的（not covered）。

有幾種工具可以計算程式碼涵蓋率，包括 Visual Studio Enterprise（企業版）和「**第 2 章**」簡單提到的 JetBrains ReSharper。如果你有 Visual Studio Enterprise，你可以透過選擇 **Test** 選單，然後選擇 **Analyze Code Coverage for All Tests** 來計算程式碼涵蓋率。這將顯示單元測試「已涵蓋」和「沒有涵蓋」哪些程式碼行數，如圖 6.9 所示：

Code Coverage Results

Admin_DEEP-THOUGHT 2023-07-23 16_15_3

Hierarchy	Covered (Blocks)	Not Covered (Blocks)	Covered (Lines)	Partially Covered (Lines)	Not Covered (Lines)
Admin_DEEP-THOUGHT 2023-07-23 16_15_36.coverage	185	510	151	0	260
chapter6.dll	117	510	70	0	260
{ } Packt.CloudySkiesAir.Chapter6.Flight.Boarding	8	108	5	0	59
{ } Packt.CloudySkiesAir.Chapter6.Flight	0	81	0	0	58
{ } Packt.CloudySkiesAir.Chapter6.Flight.Scheduling	24	137	19	0	51
{ } Packt.CloudySkiesAir.Chapter6.Flight.Scheduling.Search	0	103	0	0	49
{ } Packt.CloudySkiesAir.Chapter6.Flight.Scheduling.Flights	37	71	15	0	33
{ } Packt.CloudySkiesAir.Chapter6.Flight.Baggage	48	5	31	0	4
{ } Packt.CloudySkiesAir.Chapter6	0	2	0	0	3
{ } Packt.CloudySkiesAir.Chapter6.Helpers	0	3	0	0	3

圖 6.9：Visual Studio Enterprise 中的 Code Coverage Results 概覽

這些涵蓋結果將醒目提示「任何沒有被單元測試涵蓋的行數」，例如 `PassengerFlightInfo` 中 `Unload` 方法的程式碼，如圖 6.10 所示：

```
   6 references | Matt Eland, 5 days ago | 1 author, 1 change
3  public class PassengerFlightInfo : FlightInfoBase {
4    private int _passengers;
     4 references | 1/1 passing | Matt Eland, 5 days ago | 1 author, 1 change
5    public int Passengers {
6      get => _passengers;
7      private set => _passengers = value;
8    }
9
     1 reference | 1/1 passing | Matt Eland, 5 days ago | 1 author, 1 change
10   public void Load(int passengers) =>
11     Passengers = passengers;
12
     0 references | Matt Eland, 5 days ago | 1 author, 1 change
13   public void Unload() =>
14     Passengers = 0;
15
     5 references | Matt Eland, 5 days ago | 1 author, 1 change
16   public override string BuildFlightIdentifier() =>
17     base.BuildFlightIdentifier() +
18     $" carrying {Passengers} people";
19 }
```

圖 6.10：被涵蓋的程式碼行數以「藍色」（淺灰色）醒目提示，沒有進行測試的程式碼行數則以「紅色」（深灰色）醒目提示（第 14 行）

程式碼涵蓋率是那些可能引起爭議的話題之一。一方面,程式碼涵蓋率提供了一個指標(metric),顯示你的程式碼中「有多少」已被「任何測試」執行到。這提供了一種有意義的方式,來衡量「你的單元測試安全網」的範圍。

然而,程式碼涵蓋率可能具有欺騙性。僅僅執行一行程式碼,並不代表「該行的效果」已經由單元測試驗證。這可能會導致你對單元測試產生虛假的安全感。

此外,當組織優先處理可能提高程式碼涵蓋率的工作,或要求新工作需要有一定的程式碼涵蓋率時,這可能會導致測試專注於軟體系統中風險較低的方面。舉例來說,你是否需要撰寫一個單元測試,來驗證一個方法傳入 null 值時會拋出 `ArgumentNullException` 錯誤?還是你的時間在其他地方更能發揮作用呢?

在一般的情況下,你的程式碼涵蓋率指標可能顯示應用程式中「最關鍵的區域」已經被涵蓋了,然而,卻沒有任何測試來驗證「這些程式碼行數」能正確運作。

我個人的感覺是,程式碼涵蓋率是許多有用的評估指標之一,但不應該作為驅動「開發團隊行為」的主要工具。

「延伸閱讀」小節有更多關於程式碼涵蓋率以及如何開始計算它的資訊。

我們將在**「第 12 章,Visual Studio 中的程式碼分析」**中探討其他指標,但現在,讓我們用「對單元測試的一些反思」來結束本章。

6.7 小結

單元測試是一種強大的方法,可以驗證「重構程式碼」不會導入錯誤、記錄你的類別,並防止未來出現錯誤。

單元測試是用來測試「其他程式碼」的程式碼。在 .NET 中,專案的單元測試通常使用 xUnit、NUnit 或 MSTest 來執行。每種測試框架都會提供驗證(assertion),用於驗證(verify)程式碼行為是否正確,或者,如果實際值與期望值不相符,該測試就會失敗。

撰寫單元測試時，通常會按照 Arrange/Act/Assert 模式來結構化我們的測試，這個模式在 Arrange 步驟中設定被測試的物件，於 Act 步驟進行單一操作，並在 Assert 步驟中驗證操作結果的正確性。

在下一章中，我們將介紹測試驅動開發（TDD），並以此更深入探索測試方法。

6.8 問題

請回答以下問題，來測試你對本章的理解：

1. 你最喜歡哪種單元測試框架語法？
2. 你的應用程式中最複雜的部分是什麼？它們是否已經測試過？
3. 你將如何測試一個計算申請人信用評分（credit score）的方法？
4. 你如何測試 void 方法？
5. 你可以做些什麼來幫助保持測試程式碼的整潔和可讀性？

6.9 延伸閱讀

如果讀者想要了解更多關於本章討論的資訊，可以參考以下資源：

- 測試的種類：https://learn.microsoft.com/en-us/dotnet/core/testing/
- Visual Studio Test Explorer：https://learn.microsoft.com/en-us/visualstudio/test/run-unit-tests-with-test-explorer
- xUnit：https://xunit.net/
- NUnit：https://nunit.org/
- MSTest：https://learn.microsoft.com/en-us/dotnet/core/testing/unit-testing-with-mstest
- ObjectMother 模式：https://www.martinfowler.com/bliki/ObjectMother.html
- 程式碼涵蓋率：https://learn.microsoft.com/en-us/visualstudio/test/using-code-coverage-to-determine-how-much-code-is-being-tested

7

測試驅動開發（TDD）

讓我們繼續深入討論測試，透過理解測試驅動開發（TDD）來確保軟體流程的品質。

這是一本講述重構的書籍，而 TDD 的主要目的是為了未來的開發和錯誤修復，不過，TDD 在軟體品質方面，確實有一些關鍵課題值得我們學習，此外，Visual Studio 有提供一套用來支援 TDD 的工具，而這同一套工具，也可以在重構過程中提供極大幫助。

在本章中，你會學到下列這些主題：

- 什麼是 TDD ？
- 使用 Visual Studio 的 TDD
- 何時使用 TDD ？

7.1 技術需求

讀者可以在本書的 GitHub 找到本章的起始程式碼：https://github.com/PacktPublishing/Refactoring-with-CSharp， 在 Chapter07/Ch7BeginningCode 資料夾中。

7.2 什麼是 TDD ？

測試驅動開發（Test-Driven Development，TDD）是一種「先撰寫測試」的開發流程，也就是說，在為新功能撰寫程式碼或實作新修復之前，先撰寫你的測試。

在 TDD 的流程中，首先，你會為「試圖實作的功能」撰寫一個測試，或是為了重現「即將修復的錯誤」撰寫一個測試。你會以最理想的方式進行此操作，這甚至可能涉及到在測試開始時並不存在的「類別」或「方法」。

接下來，你需要做最少量的工作，使你的程式碼成功編譯。這並不是說它能完美執行，或者完成了它試圖執行的任務，事實上，你要從「一個紅色的失敗測試」（a red failing test）開始，這表示你的功能或修復並未奏效。

考慮到此時你尚未實作新功能或對程式碼做出修復，這是合理的。因此，該測試應該是一個失敗的測試。

接下來，你需要撰寫使測試「通過」所需的最少量程式碼。在這個步驟中，你要做的是滿足特定需求並解決相關問題。完成後，你的測試就會變成「一個綠色的通過測試」（a green passing test）。

在此之後，你要重構「為了實作功能或進行修復而加入的程式碼」，你也需要重構「測試程式碼」；同時，要繼續執行單元測試，確保你沒有破壞任何東西。

一旦你對「新的程式碼」和「你的測試狀態」感到滿意，你就可以查看正在處理的工作項目的下一個需求，並為此撰寫一個測試，然後重複這個流程，直到滿足所有需求。這個流程如圖 7.1 所示：

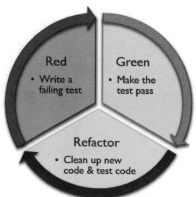

圖 7.1：TDD 循環

因為你從「一個紅色的失敗測試」開始，再到「一個綠色的通過測試」，接著對你的程式碼「進行重構」，再用「新的需求」重新開始，所以 TDD 有時也被稱為**紅 / 綠 / 重構（Red/Green/Refactor）**。

這個流程有幾個關鍵好處：

- 藉由「從測試開始」，你可以更有自信，確定「你的程式碼能解決問題」。
- 以這種方式撰寫的程式碼，保證會被「你的測試」涵蓋。
- 當你是從「其他人該如何呼叫你的程式碼」開始時，通常會產生其他人在稍後使用時更符合直覺的類別設計。

用一個實際的範例來說明這個流程及其結果，會更容易理解。所以，讓我們深入一些程式碼，並為雲霄航空公司實作一個新功能。

7.3 使用 Visual Studio 的 TDD

我們將從一個幾乎空白的主控台專案（console project）和一個支援 xUnit 的測試專案來開始這一章，這個測試專案已在「**第 6 章**」中展示，並且已與主專案連結。讀者可以在圖 7.2 中可以看到這個專案的結構：

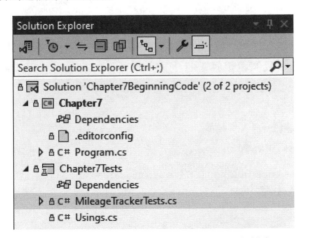

圖 7.2：Solution Explorer 只顯示少數幾個檔案

在本節的討論中，我們將加入一個新類別，來追蹤雲霄航空公司的飛行常客哩程數（frequent flyer miles）。

我們會按順序討論的需求是：

- 建立一個新的飛行常客帳戶（Frequent Flier Account）時，它應該以 100 英里的起始餘額開始。
- 你應該能夠將哩程數加入到飛行常客帳戶中。
- 只要不會導致餘額為負，你應該能夠將哩程數標記為已兌換（redeemed）。

雖然這些需求並不複雜，但它們應該可以作為簡要探索 TDD 的起點。

我們將從起始餘額（starting balance）的需求開始。

7.3.1 設定起始餘額

我們的第一個需求是，帳戶從一開始就已經註冊了 100 英里（100 miles）。

在 TDD 的指導方針下，我們應該從「一個失敗的測試」開始。幸好，我們已經有一個 `MilesTrackerTests.cs` 檔案，這提供了一個很好的起點。

不過，在 `Chapter7` 專案中，我們並沒有用來代表哩程追蹤器（mileage tracker）的類別，這在我們撰寫「第一個測試的 Arrange 部分」時造成了問題。

雖然會有一點點想要「作弊」，想要現在就來建立這個類別，但我們還是嚴格遵守 TDD 方法吧，按照「我們希望與類別互動的方式」來撰寫測試程式碼，即使我們知道這個類別尚不存在，且這樣做會立即導致一些編譯器錯誤。

這個測試可能會像這樣：

```
[Fact]
public void NewAccountShouldHaveStartingBalance() {
  // Arrange
  int expectedMiles = 100;
  // Act
  MileageTracker tracker = new();
  // Assert
  Assert.Equal(expectedMiles, tracker.Balance);
}
```

這個測試設定了一個預期的起始哩程變數（starting mileage variable），試圖執行個體化一個 `MileageTracker`（哩程追蹤器），然後驗證這個新的追蹤器上的 `Balance`（餘額）屬性應該是預期的數額。

這是一個簡單、簡潔又易讀的測試，但存在一些微小的問題：在我們的程式碼中，尚未有 `MileageTracker` 及其 `Balance` 屬性，這意味著我們的程式碼無法編譯。

7.3.1.1 產生類別

建立新類別和新屬性時，編譯器會出現這些問題，這是正常的，這也是使用 TDD 寫程式時可以預料的狀況。幸好，Visual Studio 提供了 **Quick Actions** 的重構功能。

在你的 Act 部分中選擇 `MileageTracker`，並打開 **Quick Actions** 選單。你會看到各種產生這個型別（generate this Type）的選項，如圖 7.2 所示：

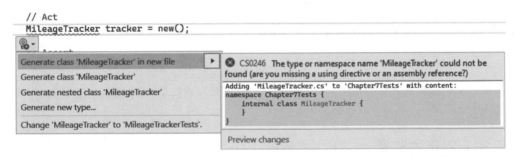

圖 7.3：Quick Actions 產生新型別

圖中顯示的這些選項都很好，但是其中大多數會在測試專案中建立新類別，這並不是我們要的。由於我們想要自訂（customize）新型別的建立，請選擇 **Generate new type...**。

這將開啟 **Generate Type** 對話框，讓你可以選擇新型別的類型、名稱和產生的位置。將 **Project** 更改為 Chapter7，並選擇 Create new file，如圖 7.4 所示：

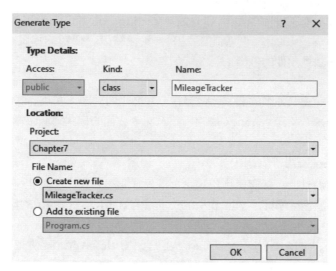

圖 7.4：在 Chapter7 專案中產生一個新類別

接下來，點擊 **OK**，Visual Studio 會產生這個類別，並將 `MileageTracker.cs` 檔案新增至主專案中。

這個類別目前很無聊，一無所有，但我們等一下就會在處理下一個編譯器錯誤時加入新的內容。

7.3.1.2 產生成員

回到我們的測試，Act 部分現在沒有問題，但是在 Assert 部分中「對 `Balance` 的參考」仍然出現了編譯器錯誤，如圖 7.5 所示：

```
0 references | 0 changes | 0 authors, 0 changes
public class MileageTrackerTests {
    [Fact]
    0 references | 0 changes | 0 authors, 0 changes
    public void NewAccountShouldHaveStartingBalance() {
        // Arrange
        int expectedMiles = 100;

        // Act
        MileageTracker tracker = new();

        // Assert
        Assert.Equal(expectedMiles, tracker.Balance);
    }
}
```

CS1061: 'MileageTracker' does not contain a definition for 'Balance' a first argument of type 'MileageTracker' could be found (are you miss

Show potential fixes (Ctrl+.)

圖 7.5：C# 編譯器指出 MileageTracker 擁有 Balance 屬性

值得慶幸的是，Visual Studio 提供了產生屬性的工具。現在，讓我們使用這些工具，這樣我們的程式碼至少可以編譯。

選擇 **Balance**，然後打開 **Quick Actions** 選單，接著選擇 **Generate property 'Balance'**，如圖 7.6 所示：

圖 7.6：產生一個新屬性

這樣做會定義 Balance。如果你按住 Ctrl 並點擊 Balance，它將引導你到 MileageTracker.cs，我們將看到該類別是如何定義的：

```
public class MileageTracker {
  public IEnumerable<object> Balance { get; set; }
}
```

在這裡，Visual Studio 必須猜測 Balance 的屬性型別（property type），但它的猜測完全錯誤。由於這可能會導致編譯器錯誤，因此請將 Balance 更改為 int：

```
public class MileageTracker {
  public int Balance { get; set; }
}
```

變更後，程式碼現在應該能夠編譯了，但在執行測試之前，讓我們再做一次變更。

還記得嗎，TDD 要求我們撰寫最少量程式碼，來實作我們試圖做的事情？從技術上來講，Visual Studio 違反了這個原則，因為它為我們的 Balance 屬性產生了一個 getter 和一個 setter。在這個測試中，我們只需要獲取 Balance，而不需要透過這個屬性設定它。所以，讓我們透過移除 setter 來保護這個 Balance：

```
public class MileageTracker {
  public int Balance { get; }
}
```

有了這點額外的封裝，我們的程式碼也能夠編譯，讓我們執行測試吧！當你這樣做時，你應該會看到測試失敗，並指出原本預期的 Balance 應為 100，但實際上為 0，如圖 7.7 所示：

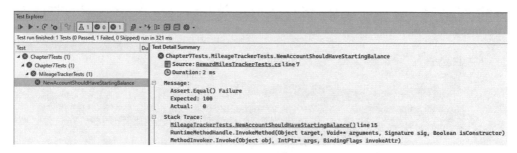

圖 7.7：我們的第一個失敗的測試

在 TDD 中，這正是我們想要的。我們只做了最少量的工作，讓一個理想的測試能夠編譯，但這個測試失敗了，因為我們尚未完全實作這個功能。

7.3.1.3 從紅色到綠色，再進行重構

我們現在就來實作這個功能。

儘管我們知道，MileageTracker 稍後可能需要一些額外的東西，但我們還是透過撰寫最少量程式碼來實作這個功能：

```
public class MileageTracker {
    public int Balance { get; } = 100;
}
```

這現在將「新的 MileageTracker 執行個體」的起始餘額「預設值」設定為 100，而這滿足了我們的需求，當我們重新執行測試時，將使測試變為綠色並通過。

有了一個綠色的通過測試，我們現在就可以尋找重構的機會。雖然我們的測試程式碼極為簡單，但 MileageTracker 中確實存在一個魔法數字。**魔法數字（magic number）是程式碼異味（code smell）**，代表著某種未經文件說明的商業或技術需求。

我們可以透過導入一個常數來修正它 [21]：

```
public class MileageTracker {
    private const int SignUpBonus = 100;
    public int Balance { get; } = SignUpBonus;
}
```

這段程式碼現在更容易讓其他人理解，消除了程式碼異味。

> **命名**
>
> 在軟體工程中，命名事物（naming things）是一項困難的工作。或許你為「這個類別」想到的名稱，或是為「我所導入的 SignUpBonus const」想到的名稱，會與「我所選擇的名稱」不同。這都沒有問題。最重要的是，一個名稱能夠向其他開發者傳達意圖（communicates intent），且不會與系統中的其他東西混淆。雖然對於我的 const 來說，使用 StartingBalance 作為名稱也是可行的，但我選擇了 SignUpBonus，因為我認為這更清楚地記錄了「起始餘額」的商業案例（business case）。

再次執行測試，結果再次顯示成功通過，並且沒有其他顯而易見的重構目標，所以讓我們繼續進行下一個需求吧。

7.3.2 加入哩程和產生方法

我們的下一個需求是：你應該能夠將哩程數加入到飛行常客帳戶中。

讓我們回到測試，並為這個需求加入一個新測試。在這裡，我們將再次選擇最符合直覺的語法，然後後續再將程式碼編譯，並通過測試：

```
[Fact]
public void AddMileageShouldIncreaseBalance() {
  // Arrange
  MileageTracker tracker = new();
  // Act
  tracker.AddMiles(50);
  // Assert
  Assert.Equal(150, tracker.Balance);
}
```

---

21 審校註：這裡導入常數的動作，應該透過 **Quick Actions** 進行，而不是手動撰寫。

這個測試執行個體化一個 MileageTracker（哩程追蹤器），然後嘗試使用「我們尚未建立的 AddMiles 方法」加入 50 英里，然後驗證餘額為 150（起始哩程數為 100 英里，加上我們剛剛加入的 50 英里）。

當然，MileageTracker 中沒有 AddMiles 方法。讓我們選擇 AddMiles，然後從 **Quick Actions** 選單中選擇 **Generate method 'AddMiles'**，如圖 7.8 所示：

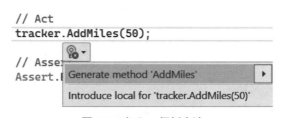

圖 7.8：加入一個新方法

加入此方法後，將用以下的實作方式來建立它：

```
public void AddMiles(int v) {
    throw new NotImplementedException();
}
```

顯然，這並不是該方法應該要做的。然而，讓我們嚴格遵守 TDD，一步一步地進行。

由於我們的程式碼現在可以編譯，我們可以執行測試，並確認它如預期般失敗。

一旦我們有信心，擁有可以偵測出錯誤程式碼的測試，我們只會撰寫使測試「通過」所需的最少量程式碼。這確保我們的測試足以在之後找到程式碼實際的問題。

一個可以通過的 AddMiles 實作，可能看起來像這樣[22]：

```
public class MileageTracker {
    private const int SignUpBonus = 100;
    public int Balance { get; set; } = SignUpBonus;
    public void AddMiles(int miles) {
        Balance += miles;
    }
}
```

---

22 審校註：注意，這裡由於需求變更，Balance 的 setter 被設定回去了。

正如你所見，這段程式碼現在可以編譯，測試結果也是綠色的（成功通過的）。這表示我們應該繼續，並根據需要進行程式碼重構。

測試程式碼依然整潔，我認為唯一可以重構之處，可能是使用「**第 4 章**」介紹的運算式主體成員（expression-bodied members）。不過，我打算讓程式碼保持目前的形式，因為這個類別仍然非常簡單。

這個需求已經完成，讓我們進行最後一項需求：兌換哩程。

7.3.3 兌換哩程並重構測試

我們的最後一個需求是：只要不會導致餘額為負，你應該能夠將哩程數標記為已兌換（redeemed）。這比上一個需求稍微複雜一些，因為它有附加的條件。

如同之前所做的，我們先從撰寫一個測試開始：

```
[Fact]
public void RedeemMileageShouldDecreaseBalance() {
    // Arrange
    MileageTracker tracker = new();
    tracker.AddMiles(900);
    // Act
    tracker.RedeemMiles(250);
    // Assert
    Assert.Equal(750, tracker.Balance);
}
```

這個測試看起來應該與前面的 AddMiles 測試非常相似，只是它呼叫了一個新的 RedeemMiles 方法。

讓我們使用稍早展示的「Generate Method 重構」來產生這個空的 RedeemMiles 方法，讓程式碼能夠編譯。

這應該會產生「一個紅色的失敗測試」，如圖 7.9 所示，原因是該方法中預設的 throw new NotImplementedException 那一行：

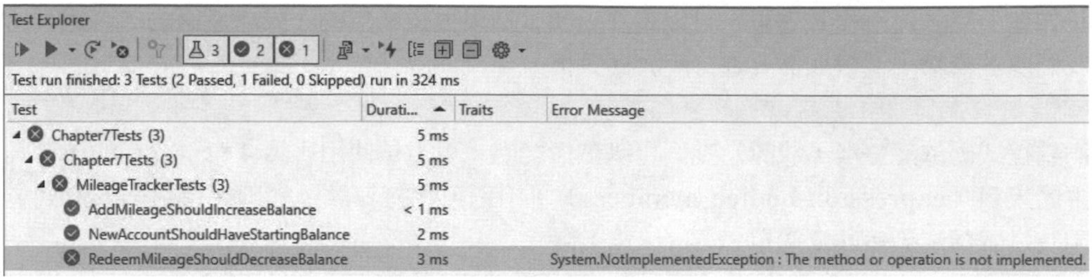

圖 7.9：由於拋出一個例外，導致「扣除哩程測試」失敗

然而，從紅色變為綠色在這裡並不難，只需模仿我們為 AddMiles 所做的即可：

```
public class MileageTracker {
  private const int SignUpBonus = 100;
  public int Balance { get; set; } = SignUpBonus;
  public void AddMiles(int miles) {
    Balance += miles;
  }
  public void RedeemMiles(int miles) {
    Balance -= miles;
  }
}
```

這會使測試「通過」，因此我們繼續尋找重構的選項。這段程式碼並不差，所以我們繼續尋找下一個需求。

在這個案例中，我們還沒有完全滿足我們正在嘗試解決的需求，因為並沒有涵蓋「試圖兌換超過帳戶內的哩程數」的情況。讓我們為這個情境撰寫一個新測試：

```
[Fact]
public void RedeemMileageShouldPreventNegativeBalance() {
  // Arrange
  MileageTracker tracker = new();
  int startingBalance = tracker.Balance;
  // Act
  tracker.RedeemMiles(2500);
  // Assert
  Assert.Equal(startingBalance, tracker.Balance);
}
```

這個測試建立一個帳戶，並記下「帳戶起始餘額」。然後，測試會嘗試提取（withdraw，扣除）比「帳戶起始餘額」更多的哩程數，並驗證「結餘」（ending balance）是否等於「起始餘額」（starting balance）。

這並不依賴於追蹤器中的任何新方法。因此，程式碼可以不做任何更改就能編譯。不過，執行這個測試卻產生了一個失敗的結果，說明原本預期的餘額為 100，但實際上卻是 -2400。

面對紅色的測試，讓我們來修改 RedeemMiles 方法，使測試變為綠色：

```
public void RedeemMiles(int miles) {
  if (Balance >= miles) {
    Balance -= miles;
  }
}
```

現在，我們檢查並確定「我們有足夠的哩程數」來滿足請求，並且只有在達到該條件時才能減少（reduce）哩程。

再次進行測試，將產生一整套的通過測試，如圖 7.10 所示：

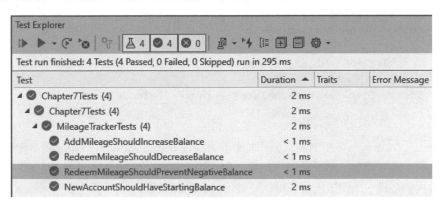

圖 7.10：四個與哩程有關的通過測試

有了通過測試在手，現在來看看重構。由於 MileageTracker 既簡潔又明確，我們將轉向查看我們的測試。

> **那麼例外情況呢？**
>
> 現在，如果「你請求的哩程數」超出預期，RedeemMiles 將默默地（無聲地）失敗，身為開發者的你，此時可能腦中警鈴大作。在真實世界的應用程式中，你可能會希望這個方法回傳一個 Boolean 值，用來表示「哩程兌換是否成功」，或者，如果哩程無法兌換，則拋出一個例外。以上兩種情況，都可以在 TDD 中作為「要實作的額外需求」來處理，像是：「如果我們試圖兌換的哩程數超過允許的上限，就應該拋出 InvalidOperationException」。

根據測試，我們確實發現 RemoveMileageShouldDecreaseBalance 和 RemoveMileageShouldPreventNegativeBalance 具有相似的功能。

由於測試之間的重複，我們應該將這些結合成一個 Theory，其中每一行 InlineData 代表一個測試案例（test case）。這看起來可能像下面這樣：

```
[Theory]
[InlineData(900, 250, 750)]
[InlineData(0, 2500, 100)]
public void RedeemMileageShouldResultInCorrectBalance(
    int addAmount, int redeemAmount, int expectedBalance) {
    // Arrange
    MileageTracker tracker = new();
    tracker.AddMiles(addAmount);
    // Act
    tracker.RedeemMiles(redeemAmount);
    // Assert
    Assert.Equal(expectedBalance, tracker.Balance);
}
```

這種形式（form）允許多個測試將「初始金額」（initial amount）加入到「餘額」當中，兌換一些哩程數，然後驗證「結果」與「預期餘額」（expected balance）相符。這也讓我們在識別出新情境時，可以輕鬆增加新的測試案例。

然而，與我們可以在個別的 Fact 測試中使用的「更具體名稱」相比，這個方法的名稱不太有意義。

在通過測試並完成重構後，我們現在可以繼續處理這個功能中的下一個需求，或是佇列（queue）中的下一個工作項目。在本章的最後，讓我們從高層次的角度來討論 TDD，以及何時在你的專案中使用它。

7.4 何時使用 TDD ？

TDD 未必適用於每一項任務。有些任務，例如「高度視覺化的使用者介面設計」，可能不太適合 TDD 的工作流程，而其他任務，例如「修復生產環境中發現的錯誤」，或是「在計算中加入一個新的特殊案例」，則幾乎是 TDD 的理想應用。

使用 TDD 的結果是，產生的程式碼一般來說更容易理解，在測試方面，能達到完美或接近完美的程式碼涵蓋率，並鼓勵在使用過程中進行重構。

許多開發者都遵循 TDD，但並不像本章所描述的那樣嚴格遵守。例如，有些開發者可能不僅僅是產生一個方法，而是直接去實作這個方法，並撰寫額外的引數驗證程式碼（argument validation code）。這個額外的引數驗證程式碼並非測試所需（即它不是為了滿足特定測試案例的需求而加入的）。

這種偏離 TDD 的情況很常見，通常也是可以接受的，儘管它們通常會導致加入了一些沒有相應支援測試（supporting test）的程式碼。

最終，一切還是取決於你和你的團隊，來決定什麼對你和工作來說是最有效的，但我可以告訴你，我參與過的專案中，如果可以實作 TDD 的話，往往能更快地達到更好的品質水準，鼓勵更多的重構，取得長期成功的機會也更大。

7.5 小結

在本章中，我們介紹 TDD 並展示其過程：只撰寫最少量程式碼，得到「一個失敗的測試」；接著，撰寫使測試「通過」所需的最少量程式碼；然後，在繼續處理下一個需求或工作項目之前，再根據需要對所有程式碼「進行重構」。

我們也看到 Visual Studio 的 **Quick Actions**，讓你能產生型別、屬性和方法，並支援你實踐 TDD 時的所有努力。

在下一章中，我們將討論可能導致程式碼難以維護的反模式，以及有助於程式碼更強健且容易維護的 SOLID 原則。

7.6 問題

1. 在你的程式碼中，有哪些區域適合使用 TDD ？
2. 哪些區域可能較難應用 TDD 呢？

7.7 延伸閱讀

如果讀者想要了解更多關於本章討論的資訊，可以參考以下資源：

- TDD 逐步解說：`https://learn.microsoft.com/en-us/visualstudio/test/quick-start-test-driven-development-with-test-explorer`
- 「TDD 已死？」：`https://martinfowler.com/articles/is-tdd-dead/`

8

使用SOLID避免
程式碼反模式

正確的設計原則可以防止你的程式碼迅速變得過時。雖然有很多正確的寫程式方式，但也有一些反模式（anti-pattern）和程式碼異味（code smell），這些都是錯誤的寫程式方式。

此外，社群已經確定了在建置「軟體」時應牢記的幾個原則，這些原則可以幫助你的程式碼盡可能地避免「技術債」的累積。在本章中，我們將討論其中一些原則，包括著名的 SOLID 原則（SOLID 是五大設計原則的首字母縮寫），看看它們如何協助你打造「不容易變成遺留程式碼」的軟體。

在本章中，你會學到下列這些主題：

- 識別 C# 程式碼中的反模式
- 撰寫 SOLID 程式碼
- 考慮其他的架構原則

8.1 識別 C# 程式碼中的反模式

我常常告訴新手程式設計師，要製作出好軟體，首先必須製作出許多真的很糟糕的軟體，並從中學習。

雖然這種說法在某種程度上是開玩笑的，但其中也有一些真理：幾乎每一位開發者都能識別出錯誤的程式碼，並找出它難以使用的原因，這樣做可以幫助你下次撰寫出更好的程式碼。

當你的程式碼很糟糕時，你是心知肚明的，知道缺陷在哪裡。你會看到一些你不喜歡的小事情（小細節），例如：「重複的程式碼片段」、「命名或參數順序的不一致」、「傳遞過多的參數」，甚至「方法或類別太大而無法有效管理」等等。

這些症狀是我們常說的**程式碼異味**，稍後在本節中，我們會再次回顧它們。

除了程式碼異味之外，還有一種被稱為**反模式**的現象，這指的是顯著偏離「社群建議」的程式碼。不幸的是，並非所有的反模式都容易自行察覺或自己發現，有些反模式甚至對個人或團隊來說是好主意，直到完全探索之後，才發現並非如此。

我看過一些常見的 C# 反模式，包括：「拋出和捕獲一個 Exception 錯誤，而非特定型別的 Exception 錯誤」、「沒有釋放實作了 IDisposable 的資源」，以及「使用效率低下的 **LINQ（Language INtegrated Query）**陳述式」等等。更多關於這些反模式的資訊，請參閱本章的**「延伸閱讀」小節** [23]。

反模式太多了，本書無法全部涵蓋，而且 .NET 開發的既定實踐（established practices）也會隨著時間而有變化。正因為這種不斷的變化，Visual Studio 提供了程式碼分析工具，來幫助識別和修正違反「社群標準」的情況。這些工具包括程式碼分析規則集（code analysis rulesets）和內建的 **Roslyn 分析器（Roslyn Analyzers）**，我們將在**「第 12 章，Visual Studio 中的程式碼分析」**中更詳細地介紹它們。

並非所有的程式碼問題都是 C# 程式碼特有的。許多程式碼問題源自於「類別」之間的互動、資料傳遞、變數管理以及整體的結構。即使你打算讓你的程式碼「結構良好」

---

[23] 審校註：作者在 GitHub 專案的 Chapter8\AntiPatterns 下有寫一些反模式範例程式碼，但在本書未多提及，讀者可自行參考。

（well structured），隨著新功能的加入，系統規模開始擴大時，這些問題還是會出現。

值得慶幸的是，即便是新手開發者也有一種與生俱來的能力，可以識別出那些難以理解的、需要更多維護和擴充工作的，或是涉及過多重複的程式碼。這些類型的程式碼問題通常被稱為**程式碼異味**。

什麼是程式碼異味？

程式碼異味是一個主要指標，表示目前的架構存在一些缺陷，並且可能需要重構。當你在系統中（包括你自己撰寫的程式碼）遇到這些問題時，請多加留意。理解程式碼「難以使用」的原因，將有助於你撰寫更好的程式碼，並將現有程式碼重構為更好的形式。

現在，讓我們繼續討論「撰寫 **SOLID** 程式碼」，這可以幫助你避免一些常見的程式碼問題，並建立強健、可維護和可測試的程式碼。

8.2 撰寫 SOLID 程式碼

SOLID 是由 Michael Feathers 提議的縮寫，它總結了 Robert C. Martin 提出的設計原則[24]。SOLID 的目的是為開發者提供一套原則，引導他們撰寫更容易維護的程式碼，同時避免產生技術債。

SOLID 程式碼的五大原則為：

- **單一職責原則** （**Single Responsibility Principle**，**SRP**）
- **開放封閉原則** （**Open-Closed Principle**，**OCP**）
- **里氏替換原則** （**Liskov Substitution Principle**，**LSP**）
- **介面隔離原則** （**Interface Segregation Principle**，**ISP**）
- **依賴反轉原則** （**Dependency Inversion Principle**，**DIP**）

在本節中，我們將涵蓋這五大原則。

---

24 編輯註：《無瑕的程式碼：整潔的軟體設計與架構篇》，Part III：設計原則，第 50 頁。

8.2.1 單一職責原則（SRP）

單一職責原則（SRP）認為一個類別應該只負責一件事。以下是一些遵循 SRP 的類別範例：

- 一個負責將「應用程式資料」儲存至「特定檔案格式」的類別
- 一個資料庫存取類別，專門執行對「資料庫表格」或「一組表格」的查詢
- 一個 API 控制器，提供 REST 方法與「航班資料」進行互動
- 一個代表「應用程式特定部分的使用者介面」的類別

類別若試圖在同一個類別中做超過一種類型的事情，就違反了 SRP。更正式地說，如果修改一個類別的理由（reason）不止一個，那麼這個類別就違反了 SRP。

舉例來說，如果一個類別必須負責「在使用者介面中追蹤一組項目」、「回應按鈕的按壓」、「解析使用者輸入」以及「非同步取得資料」，那麼這個類別很可能就違反了 SRP。

「違反了 SRP 的類別」往往需要頻繁修改，隨著時間過去變得越來越複雜，而且與系統中的其他類別相比，這些類別通常很大。這些類別可能很難完全理解或充分測試，並且隨著複雜性的增加，它們會變得脆弱且容易出錯。

為了協助檢測「是否違反了 SRP」的情況，我習慣在類別層級加上一個註解，說明該類別的職責。例如，以下的 XML 註解描述了本書 **Part 1** 中的 FlightScheduler 類別：

```
/// <summary>
/// 這個類別負責追蹤資訊。
/// 關於目前和待定的航班。
/// </summary>
public class FlightScheduler {
    // 細節省略
}
```

在這裡，FlightScheduler 的職責很明確：它的存在是為了追蹤系統內的現行航班（active flight）和待定航班（pending flight）。修改這個類別的理由應該與「追蹤這些航班」有關，而不應與其他主題相關。

基於此原因，每當我定義新類別時，我傾向於在所有類別中放入類別層級的註解（class-level comment），以便幫助該類別在其生命週期內始終專注於自己的任務。

但是，如果你有一個已經存在且違反了 SRP 的類別，該怎麼辦？

擁有一個負責多項任務的類別時，我喜歡檢視該類別現在負責的所有事物，並將它們分組為相關的成員群組。例如，假設一個類別有 10 個欄位、25 個方法和 6 個屬性，我可能會瀏覽它們，並試著找出這些事物所涉及的共同主題。

舉例來說，如果 FlightScheduler 類別違反了 SRP，它可能會有以下成員：

- 安排（schedule）和取消（cancel）航班
- 為航班分配機組人員（crew）
- 為乘客預訂（book）航班
- 為乘客變更座位分配（seat assignment）
- 將乘客移至不同航班
- 為管理階層產生航班調度文件（flight-scheduling documentation）

顯然，這個類別負責的事物不止一種。在生產系統（production system）中，這個類別可能長達 2,000 行或更多，並且可能很難完全理解和適當地測試。此外，要是對該類別的某一個區域做出更改，可能會以意想不到的方式影響其他區域。

透過查看一個類別涵蓋的一組事物，通常可以識別出一些關鍵群組（key group）。我喜歡這樣做，然後把重點放在與「類別核心目標」沒有明確關係的「最大一組相關職責」上。一旦識別出這些分組，就可以提取「一個新類別」來管理這些方面。你的原始類別可以在需要的情況下參考此類別，或將其儲存為一個欄位，或者新類別可以完全獨立於舊類別執行。

以 FlightScheduler 為例，我會認為「安排和取消航班」是這個類別的核心部分，而目前在這個類別中的其他方面，可能更屬於其他地方。觀察這些其他區域，有許多事情與「管理乘客的航班預訂」有關，因此，在這種情況下，可能需要導入一個 FlightBookingManager 類別來包含這些相關的邏輯。

透過迭代地導入新類別，這些類別包含了與原始類別的核心職責（core responsibility）無關的功能，這樣一來，你就可以將「原本的大型類別」縮小至可管理的大小，同時避免（或抵抗）那些在「忽略了 SRP 的類別」中常見的複雜性、品質和可測試性等問題。

SRP 不只適用於類別，還可應用於方法。一個方法應該只關注一項主要任務，且這項任務應該由「方法的名稱」來表達。當一個方法需要負責多件事情，或開始變得過於龐大時，這就是一個明顯的跡象，說明你可能需要提取「一個方法」，並從原始方法中提煉出一些邏輯，以維持方法的大小和可維護性。

就我個人而言，如果有一個程式設計原則，我可以教給年輕的自己，或者傳授給大多數的初階／中階開發者，那就是 SRP 的重要性──它讓程式碼容易理解、測試、擴充和維護。

我的個人指引（guideline）是努力讓「類別」保持在 200 行程式碼以下，以及讓「方法」保持在 20 行程式碼以下。但這兩點都很有挑戰性，肯定也有例外情況，這取決於你正在維護的程式碼的性質──請記住，這些是原則和指引，而不是嚴格的規則或戒律。

如果只能記得 SOLID 的一小部分，那麼請記住 SRP，它對於應用程式的健康狀態來說非常重要。不過，我們還有四個原則需要探索。

8.2.2 開放封閉原則（OCP）

當類別對擴充保持開放，但對修改保持封閉時，就被認為遵循**開放封閉原則**（**OCP**）。

這個原則最初是為 C++ 模組撰寫的，因此，它並未能像其他 SOLID 原則那般完整地轉化為 C#，但實質上，這是一個關於在設計類別時「遵循**物件導向程式設計**（**object-oriented programming，OOP**）原則」的原則。

如果你在建置某物時遵循了 OCP，這表示你正在設計一個類別，使其「行為」可以透過以下方式擴充（extend），例如：(1) 透過「其他繼承它的類別」、(2) 透過「可自訂的屬性或參數」，或是 (3) 透過「組合」（也就是說，將你的類別與其他物件組合在一起，進而改變該類別的行為）。

在「**第 5 章，物件導向重構**」中，我們涵蓋了使用組合（composition）的範例，展示如何為航班提供不同的貨物項目。

本節的其餘部分將著重於使用「繼承」來實作 OCP。

在 C# 中，「方法」在預設情況下不允許覆寫。這意味著你需要明確選擇讓其他人 override 你的方法，並將它們宣告為 virtual 的。

> **反對觀點**
>
> 我聽過一些開發者主張：如果沒有任何類別覆寫它們，就將「方法」宣告為 virtual 的，這樣會令人感到困惑，並在程式碼中增加不必要的關鍵字，甚至可能會稍微損害程式碼在執行時的效能。所有這些情況都可能是對的，但如果你身處一種情況，無法預測其他人會如何使用你的程式碼，並且你知道他們將無法修改你的原始碼時，那麼通常將關鍵方法（key method）標記為 virtual 是一個好主意。在這些情況下，virtual 會增加額外的彈性。
>
> 請記住，SOLID 原則是在建立軟體時需要記住的指引（guideline，指導方針），而不是你必須嚴格遵守的規則。

作為 OCP 的具體範例，讓我們來看看 ItineraryManager 類別，這個範例類別表示乘客經由雲霄航空公司旅行的航班行程（flight itinerary）資訊：

```
public class ItineraryManager {
  public int MilesAccumulated {get; private set;}
  public FlightInfo? Flight {get; private set;}
  public virtual void FlightCompleted(FlightInfo? next) {
    if (Flight != null) {
      AccumulateMiles(Flight.Miles);
    }
    Flight = next;
  }
  public virtual void ChangeFlight(
    FlightInfo newFlight, bool isInvoluntary) => Flight = newFlight;
  public void AccumulateMiles(int miles) =>
    MilesAccumulated += miles;
}
```

在這裡，我們有一個類別，用來追蹤乘客累積的總哩程數，以及乘客下一趟預訂的航班（當他們的旅程完成時，可能會顯示為 null）。這個類別有兩個虛擬方法，與處理「完成的航班」和「取消的航班」有關。此外，這個類別還有一個非虛擬方法，名為 AccumulateMiles，用來更新乘客在此次旅程中累積的哩程數。

雖然這個類別滿足了航空公司的需求，但假設航空公司想要導入一種獎勵客戶的新邏輯，即每當客戶完成一次飛行，他們將獲得額外的 100 英里，而當乘客被非自願地轉移到新的航班時，將獲得原定航班的哩程獎勵。

在 OCP 中，我們應該能夠在不用修改基底類別（base class）的情況下進行此操作，假設這個類別對「修改」是開放的。結果我們可以用以下的 RewardsItineraryManager 類別來實作這個：

```
public class RewardsItineraryManager : ItineraryManager {
  private const int BonusMilesPerFlight = 100;
  public override void FlightCompleted(FlightInfo? next) {
    base.FlightCompleted(next);
    AccumulateMiles(BonusMilesPerFlight);
  }
  public override void ChangeFlight(
    FlightInfo newFlight, bool isInvoluntary) {
    if (isInvoluntary && Flight != null) {
      AccumulateMiles(Flight.Miles);
    }
    base.ChangeFlight(newFlight, isInvoluntary);
  }
}
```

我們可以不修改基底類別，而是用我們的新類別來擴充 ItineraryManager 的實作，新類別遵循的邏輯則稍有不同。由於多型的魔力，我們可以在接受 ItineraryManager 類別的任何地方使用 RewardsItineraryManager 類別，進一步支援 OCP 的「封閉修改」方面。

8.2.3 里氏替換原則（LSP）

里氏替換原則（LSP）認為，多型程式碼（polymorphic code）不應該需要知道「它正在處理的物件」具有何種特定型別。

這仍然是個相對模糊的描述，所以讓我們再來看看之前的 `FlightCompleted` 方法：

```
public virtual void FlightCompleted(FlightInfo? next) {
  if (Flight != null) {
    AccumulateMiles(Flight.Miles);
  }
  Flight = next;
}
```

這個方法接受一個航班，並將其儲存在 `Flight` 屬性中。如果之前已有一個航班被儲存在該 `Flight` 屬性中，那麼這段程式碼會呼叫 `AccumulateMiles` 方法，並搭配該航班的 `Miles` 屬性。

這個應用程式有幾個從 `FlightInfo` 繼承的類別，包括 `PassengerFlightInfo` 和 `CargoFlightInfo`。這代表我們的 `next` 參數可能是這三個類別中的任何一個，或者是繼承自它們的其他類別。

LSP 指出，任何有效的 `FlightInfo` 執行個體在呼叫其 `Miles` 屬性（或任何其他方法）時，都不應該出錯。例如，這個版本的 `CargoFlightInfo` 會違反 LSP，因為在呼叫其 `Miles` 屬性時會出錯：

```
public class CargoFlightInfo : FlightInfo {
  public decimal TonsOfCargo { get; set; }
  public override int RewardMiles =>
    throw new NotSupportedException();
}
```

基本上，在遵循 LSP 時，這個方法不應該有任何理由需要知道它正在處理的是 `FlightInfo` 的哪個子類別。

因為 LSP 專注於多型，所以它適用於 .NET 程式碼中的類別繼承和介面實作。

提到介面，我們接下來談談 ISP。

8.2.4 介面隔離原則（ISP）

介面隔離原則（ISP）是一種華麗的說法，表示你應該偏好多個專注於相關功能的「較小型的專門介面」，而不是一個涵蓋類別所有功能的「大型介面」。

舉例來說，想像我們有一個 FlightRepository 類別，它負責管理對單一航班的資料庫存取。在許多系統中，這個類別可能會實作一個 IFlightRepository 介面，這個介面的定義可能如下所示，而這個類別的所有公開成員都是介面的一部分：

```
public interface IFlightRepository {
    FlightInfo AddFlight(FlightInfo flight);
    FlightInfo UpdateFlight(FlightInfo flight);
    void CancelFlight(FlightInfo flight);
    FlightInfo? FindFlight(string id);
    IEnumerable<FlightInfo> GetActiveFlights();
    IEnumerable<FlightInfo> GetPendingFlights();
    IEnumerable<FlightInfo> GetCompletedFlights();
}
```

如你所見，此系統主要管理與航班相關的常見操作，並提供查詢多個航班資訊的一些方法。在一個更真實的範例中，隨著新功能的增加，很可能需要在未來的幾年內新增許多額外的方法。

根據我使用 .NET 程式碼的經驗，每個主要類別（major class）通常都會有一個大型介面，其中包含該類別的所有公開方法。這個介面通常會根據「它所依賴的類別」來命名，它存在的主要目的是透過**依賴注入（Dependency Injection，DI）**來支援可測試性，我們將在下一章討論這一點。

然而，這種方式通常違反了 ISP。因為我們的介面是圍繞著「類別」而非「清晰的功能集合」來設計的，所以很難導入「一個新的類別」來滿足其中的一些功能但不是全部的功能（capability）。

比方說，假設雲霄航空公司希望與其他子公司的航班系統進行整合。它不需要加入、更新或刪除航班，但卻希望能夠搜尋航班。在 IFlightRepository 介面之下，當被呼叫時，AddFlight、UpdateFlight 和 CancelFlight 方法只需「不執行任何操作」或「拋出 NotSupportedException 錯誤」。順便一提，在較大型的介面中，對不支援的方法呼叫拋出「例外」，將違反前面提到的 LSP。

ISP 主張針對緊密相關的功能設立小型介面,而不是每一種主要型別擁有一個大型介面。在 FlightRepository 的案例中,它基本上做了兩件事:

- 加入、編輯和刪除航班
- 搜尋現有航班

如果我們想要導入介面,我們可以為這些獨立的相關功能集合導入介面,如下所示:

```
public interface IFlightUpdater {
  FlightInfo AddFlight(FlightInfo flight);
  FlightInfo UpdateFlight(FlightInfo flight);
  void CancelFlight(FlightInfo flight);
}
public interface IFlightProvider {
  FlightInfo? FindFlight(string id);
  IEnumerable<FlightInfo> GetActiveFlights();
  IEnumerable<FlightInfo> GetPendingFlights();
  IEnumerable<FlightInfo> GetCompletedFlights();
}
```

在這個範例中,我們的 FlightRepository 類別將會實作 IFlightUpdater 介面和 IFlightProvider 介面。如果我們想要與其他航空公司的系統進行整合,但卻沒有能力修改他們的航班,那麼可以只實作 IFlightProvider 介面,而不實作 IFlightUpdater 介面。

透過將我們的介面細分成表示不同功能集合的小型介面,我們可以更容易地提供那些功能的替代實作,並在稍後測試我們的程式碼。

我們已經多次提及 DI,現在讓我們深入探討這個話題,透過介紹 DIP 來充實我們的 SOLID 原則。

8.2.5 依賴反轉原則(DIP)

依賴反轉原則(DIP)指出,你的程式碼一般來說應該依賴於抽象,而不是特定的實作。

為了說明這一點，讓我們來看看一個名為 FlightBookingManager 的類別，它可以幫助乘客預訂航班。這個類別需要「登記預訂需求」並「送出預訂確認的訊息」。下面是它目前的程式碼 [25]：

```
public class FlightBookingManager {
  private readonly SpecificMailClient _email;
  public FlightBookingManager(string connectionString) {
    _email = new SpecificMailClient(connectionString);
  }
  public bool BookFlight(
    Passenger passenger, PassengerFlightInfo flight, string seat) {
    if (!flight.IsSeatAvailable(seat)) {
      return false;
    }
    flight.AssignSeat(passenger, seat);
    string message = "Your seat is confirmed";
    _email.SendMessage(passenger.Email, message);
    return true;
  }
}
```

這段程式碼允許乘客透過檢查「是否有座位」來預訂航班，然後預留該座位，並使用 _email 欄位傳送訊息。這個欄位在建構函式中被設定為 SpecificMailClient 的新執行個體，這是一個虛構的類別（made-up class），代表著「電子郵件客戶端」某種非常特定的實作方式。建構函式需要獲取一個連接字串（connection string）來執行個體化這個類別。

這段程式碼違反了 DIP，原因在於我們的 FlightBookingManager 類別與特定的「電子郵件客戶端」緊密耦合。如果我們想對這個類別進行單元測試，該類別將總是嘗試向該「電子郵件客戶端」傳送訊息，這通常不是你在測試時所期望的。

此外，如果組織想要變更電子郵件提供者（email provider），而你需要切換到其他電子郵件客戶端，那麼 FlightBookingManager 類別將需要相應地做出變更，以及系統中任何我們與 SpecificMailClient 類別緊密耦合的地方，也需要做出變更。

---

25 審校註：這段未重構的程式碼在 GitHub 專案的 FlightBookingManagerViolatesDependencyInversion.cs，並不是書上的 FlightBookingManager 類別。

依賴反轉將這個觀念完全顛倒過來，改讓「我們的類別」依賴於它們所依賴的特定事物的「抽象」。這通常是透過 (1) 依賴一個基底類別（如 EmailClientBase）來實作的，然後該基底類別會被繼承，或者是透過 (2) 接受一個介面（如 IEmailClient），讓特定的客戶端來實作。

我們通常會在建構函式中以「建構函式參數」的形式來接受這些依賴關係。我們的 FlightBookingManager 類別的這個版本，看起來會像這樣：

```
public class FlightBookingManager {
  private readonly IEmailClient _email;
  public FlightBookingManager(IEmailClient email) {
    _email = email;
  }
  public bool BookFlight(
    Passenger passenger, PassengerFlightInfo flight, string seat) {
    if (!flight.IsSeatAvailable(seat)) {
      return false;
    }
    flight.AssignSeat(passenger, seat);
    string message = "Your seat is confirmed";
    _email.SendMessage(passenger.Email, message);
    return true;
  }
}
```

在這裡，我們不再需要做接入連接字串的動作，而是改為接入一個 IEmailClient 類別。這表示我們的類別 (1) 不需要知道它正在處理的是哪種實作或是如何執行個體化該類別，(2) 也不需要連接字串，(3) 如果特定的電子郵件提供者有所變更，也不需要進行改變，甚至 (4) 實作逼真的客戶端測試也變得更容易了（我們將在下一章談論 Moq 時，進一步討論這個問題）。

將依賴從其他地方導入的過程被稱為**依賴反轉（Dependency Inversion）**，對於新手和中階開發者來說，這通常是一個令人生畏的話題。但在其核心上，依賴反轉就是關於類別接受它們的依賴關係，而不是自行建立特定的執行個體。

遵循 DIP 可以導致更容易維護、更有彈性、可測試性高的程式碼。

這結束了 SOLID 的五大原則，但在結束本章之前，我們還有一些更多的設計原則需要討論。

8.3 考慮其他的架構原則

在結束本章之前，讓我分享三個簡短的原則，在我追求優良軟體的過程中，它們曾幫助我取得進步。

8.3.1 學習 DRY 原則

不要重複自己（Don't Repeat Yourself，DRY）是軟體開發中的一個重要原則。DRY 原則的主要目標是確保在你的應用程式中不重複相同的程式碼模式。

程式碼的撰寫、閱讀和維護都需要花費一些時間，而且錯誤在每行程式碼中不可避免地會以一定的速率發生。因此，你應該努力在一個集中的地方一次解決問題，然後重複使用該解決方案。

我們來看看一些違反 DRY 原則的範例程式碼吧。這段程式碼接受一個**逗號分隔值（Comma-Separated Value，CSV）**字串，例如 `"CSA1234,CMH,ORD"`，並將其轉換為 `FlightInfo` 物件[26]：

```
public FlightInfo ReadFlightFromCsv(string csvLine) {
  string[] parts = csvLine.Split(',');
  const string fallback = "Unknown";
  FlightInfo flight = new();
  if (parts.Length > 0) {
    flight.Id = parts[0]?.Trim() ?? fallback;
  } else {
    flight.Id = fallback;
  }
  if (parts.Length > 1) {
    flight.DepartureAirport = parts[1]?.Trim() ?? fallback;
  } else {
    flight.DepartureAirport = fallback;
  }
```

---

26 審校註：請參考 GitHub 專案的 FlightCsvReader.cs。

```
  if (parts.Length > 2) {
    flight.ArrivalAirport = parts[2]?.Trim() ?? fallback;
  } else {
    flight.ArrivalAirport = fallback;
  }
  // 其他解析邏輯省略
  return flight;
}
```

請注意，CSV 字串每個部分的解析邏輯，是如何包裝在針對 null 值的檢查中，以及 parts 的陣列是否為空（empty）的判斷中。這段程式碼非常重複，很容易想像，如果有新的欄位被加入到 CSV 資料中，進行更改的開發者可能只會複製和貼上那五行程式碼。

像這樣重複的程式碼模式存在一些問題：

- 它鼓勵複製和貼上，這往往會產生糟糕的程式碼，或者因為「在貼上時，應該改變的事情沒有改變」而導致錯誤。
- 如果需要更改解析「單一欄位」的邏輯（例如為了防止空字串），現在需要在許多地方進行更改。

修復這個問題的做法是我們可以提取一個方法，這個方法包含解析欄位的邏輯：

```
private string ReadFromCsv(
  string[] parts, int index, string fallback = "Unknown") {
  if (parts.Length > index) {
    return parts[index]?.Trim() ?? fallback;
  } else {
    return fallback;
  }
}
public FlightInfo ReadFlightFromCsv(string csvLine) {
  string[] parts = csvLine.Split(',');
  FlightInfo flight = new();
  flight.Id = ReadFromCsv(parts, 0);
  flight.DepartureAirport = ReadFromCsv(parts, 1);
  flight.ArrivalAirport = ReadFromCsv(parts, 2);
  // 其他解析邏輯省略
  return flight;
}
```

這個新版本不僅更容易維護，而且還可以減少整體的程式碼數量，有助於將你的注意力集中在各個部分不同的邏輯上。這提高了程式碼的可讀性，同時也降低了犯錯的可能性。

8.3.2 KISS 原則

KISS 原則就是 **Keep it simple, stupid** 的縮寫，即「保持簡單，笨蛋」，有時也被稱為 **Keep it simple, silly**，即「保持簡單，傻瓜」。這是一個關注軟體系統複雜性的原則。身為軟體工程師，我們有時會過度思考並使事情變得極為複雜，而這實際上是沒有必要的。KISS 鼓勵你盡量讓程式碼和類別保持簡單，只有當真正需要時才擴大複雜性。

通常情況下，系統越複雜，「加入新功能」、「診斷問題」、「導入新團隊成員」以及「解決客戶面臨的問題」等等，所需的時間就越長。隨著應用程式中移動的部分增加，也會有更多可能出現故障的事物，這意味著「複雜性」確實有機會造成客戶面臨的問題——只為了解決組織未來幾年內可能不會碰到或遇到的某些問題。

複雜性往往會隨著時間增加，且不太可能會減少（特別是在資料庫架構中）。除非你看到一個迫切且有力的理由來增加更多的複雜性，否則請保持簡單。

8.3.3 理解高內聚和低耦合

最後，讓我們透過回顧軟體工程中偶爾會聽到的兩個術語，來結束這一章。這兩個術語分別是：**內聚性（Cohesion）**和**耦合性（Coupling）**。

內聚性關乎於「類別中不同的部分」與「同一件事物」的相關性。在高內聚的類別當中，幾乎所有部分都聚焦於「相同類型的功能」。讓我們再次以前面提到的 IFlightUpdater 介面為例：

```
public interface IFlightUpdater {
    FlightInfo AddFlight(FlightInfo flight);
    FlightInfo UpdateFlight(FlightInfo flight);
    void CancelFlight(FlightInfo flight);
}
```

如果一個類別實作了這個介面中的所有功能，並且沒有加入其他成員，那麼這個類別就是一個高內聚性（high cohesion）的好範例，因為這個介面中的所有成員都與處理「同類型的項目」有關。低內聚性（low cohesion）的類別可能會從這些方法開始，但也會加入許多與預訂航班、產生報告、搜尋資料或其他功能相關的方法。

通常低內聚性的類別也違反了 SRP。

耦合性是指「一個單獨的類別」與「其他類別」關聯的緊密程度。如果一個類別需要了解更多其他類別，才能完成其工作，那麼它的耦合性就越高。耦合性更高的類別，由於存在大量的依賴關係，因此更難以進行測試，並且隨著相關類別不斷發展，需要更頻繁地進行修改。

DIP 為類別提供了一種降低耦合性的最佳做法。

所以，當你聽到人們談論希望高內聚和低耦合時，他們主張的是那些專注於特定領域的類別，並且盡可能依賴最少的其他類別來實作目標。當這個組合被實作時，類別往往非常專注，並且容易維護。

8.4 小結

在本章中，我們討論了程式碼異味和反模式。正確的設計原則可以幫助你，保持程式碼專注、簡潔，並減緩它自然累積「複雜性」的速率。這有助於維持程式碼的良好形態，抵禦「技術債」的累積。

品質程式設計（quality programming）最常見的準則是 SOLID：(1) 遵循 SRP；(2) 讓程式碼「開放擴充、封閉修改」；(3) 利用 LSP，用多型程式碼實作低耦合；(4) 使用 ISP，將一個大型介面拆分成幾個小型介面；(5) 以及 DIP，透過讓類別從類別外部獲取它們需要的東西，來降低耦合性。

既然我們已經確立了如何撰寫 SOLID 程式碼，接下來，我們將探索一些進階測試技術，它們可以協助「測試」使用這些原則建立的程式碼。

8.5 問題

1. SRP 如何影響內聚性？
2. 你的程式碼中有哪些區域違反了 SRP 或 DRY ？
3. 依賴反轉（DI）有什麼優勢？它如何影響耦合性？

8.6 延伸閱讀

如果讀者想要了解更多關於本章討論的資訊，可以參考以下資源：

- 在 C# 中的 SOLID 原則，並附上範例：`https://www.c-sharpcorner.com/UploadFile/damubetha/solid-principles-in-C-Sharp/`
- 開發者常使用的 15 種最糟糕的 C# 反模式（以及如何避免它們）：`https://methodpoet.com/worst-anti-patterns/`
- C# 中的 10 大 Dotnet 例外反模式：`https://newdevsguide.com/2022/11/06/exception-anti-patterns-in-csharp/`
- 使用實作 IDisposable 的物件：`https://learn.microsoft.com/en-us/dotnet/standard/garbage-collection/using-objects`
- LINQ 的注意事項和陷阱：`https://dev.to/samfieldscc/linq-37k3`

9

進階單元測試

如我們所見,測試是非常重要的,讓你能夠在相對安全的情況下,自由地重構程式碼。
有時候,程式碼被寫成一種很難進行測試的方式,你可能需要一些其它的工具。在本章
中,我們將探討一些熱門的 .NET 函式庫,這些函式庫能夠提高測試的可讀性,為測試
你的程式碼提供更多選擇——這包括那些具有複雜資料或依賴關係而難以處理的類別。

在本章中,你會學到下列這些主題:

- 使用 Shouldly 建立易讀的測試
- 使用 Bogus 產生測試資料
- 使用 Moq 和 NSubstitute 模擬依賴關係
- 使用 Snapper 固定測試(pinning tests with Snapper)
- 使用 Scientist .NET 進行實驗

9.1 技術需求

讀者可以在本書的 GitHub 找到本章的起始程式碼:`https://github.com/
PacktPublishing/Refactoring-with-CSharp`,在 Chapter09 資料夾中。

隨著新版本的出現,函式庫會發生變化,這些變化可能會導致本章中的程式碼出現問
題。因此,這裡列出了在撰寫本章時使用的函式庫的確切名稱和版本:

- **Bogus 34.0.2**
- **FluentAssertions 6.11.0**
- **Moq 4.20.2**
- **NSubstitute 5.0.0**
- **Scientist 2.0.0**
- **Shouldly 4.2.1**
- **Snapper 2.4.0**

9.2 使用 Shouldly 建立易讀的測試

在「**第 6 章**」中，我們展示如何透過以下的程式碼，使用 Assert 類別來驗證（verify）現有類別的行為：

```
Assert.Equal(35, passengerCount);
```

這一行程式碼確認 passengerCount 是否等於 35，如果數字不同，則使測試失敗。

不幸的是，這段程式碼有兩個問題：

- 驗證方法首先會接受「預期值」，然後才是「實際值」。這與大多數人的思考方式不同，可能會導致令人困惑的測試失敗訊息，如「**第 6 章**」所示。
- 程式碼在英語中閱讀起來並不流暢，這可能會拖慢你閱讀測試的速度。

許多開放原始碼函式庫透過導入一組擴充方法（extension method），為單元測試中的「撰寫 Assert」提供了替代語法，進而解決了這個問題。

這些函式庫當中，最熱門的是 FluentAssertions 和 Shouldly。雖然 FluentAssertions 是比較受歡迎的函式庫，但我發現 Shouldly 讀起來更自然，所以我們將從這裡開始。

我們先來看看如何安裝 Shouldly，以及如何開始使用它的語法，然後再來看看一個使用 FluentAssertions 的相似範例。

9.2.1 安裝 Shouldly NuGet 套件

Shouldly 並不是內建於 Visual Studio 任何專案範本中的一個函式庫。因此,我們需要將它加入到我們的專案中。

在 Visual Studio 中,我們使用一款名為 **NuGet Package Manager** 的**套件管理器**（**package manager**）,從套件來源（如 nuget.org 等）安裝外部依賴項目。

如果你曾使用 JavaScript 寫程式,這個概念跟 JavaScript 的套件管理器（如 Yarn 或 NPM）非常相似。其他套件管理器會下載程式碼,並需要你編譯它,但 NuGet 下載的是「已編譯的外部程式碼」,並允許你的程式碼參考「這些專案中定義的內容」,而不會減慢你的建置過程。

要安裝一個套件,請在 **Solution Explorer** 中右鍵點選 Chapter9Tests 專案,然後選擇 **Manage NuGet Packages**。

接著,點擊左上角的 **Browse** 巡覽連結,並在搜尋欄中輸入 Shouldly。你的搜尋結果看起來應該如圖 9.1 所示:

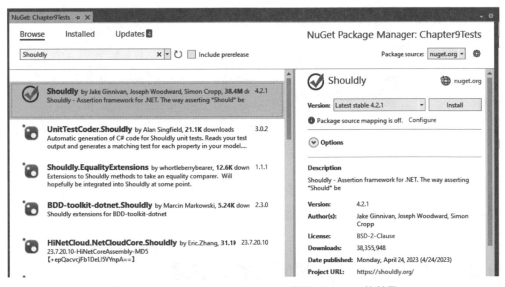

圖 9.1:NuGet Package Manager 顯示 Shouldly 的結果

你應該可以在左邊的清單中看到一個「Shouldly by Jake Ginnivan 等作者」的專案資訊。點擊它來選擇它。然後，右邊的詳細資訊將列出關於此套件的資訊，包括許可條款和依賴項目。

> **Tip**
> 一定要檢查你正在尋找的套件「作者名稱」和「確切名稱」，因為有許多套件的名稱很相似。

在右側詳細資訊區域使用 **Version** 下拉選單，你可以選擇要安裝的特定版本的函式庫。通常，保留為「最新的穩定版本」就可以了，但有時候，出於相容性的原因，你可能需要選擇一個先前的版本。

當你點擊 **Install** 時，Shouldly 及其依賴的任何項目都將自動下載並安裝到你的專案中。安裝套件時，可能會打開一個視窗顯示各種許可條款或依賴關係，如圖 9.2 所示。如果你在工作場所使用函式庫，請特別仔細閱讀這些內容。

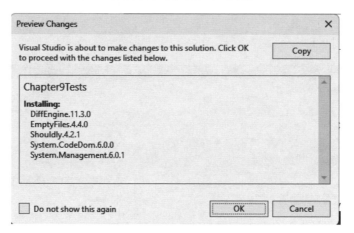

圖 9.2：安裝 Shouldly 所需的依賴項目

現在我們已經安裝了 Shouldly，讓我們學習如何使用它吧。

9.2.2 使用 Shouldly 撰寫易讀的驗證

在 `PassengerTests.cs` 中，有一個已存在的 `PassengerFullNameShouldBeAccurate` 測試，該測試執行個體化一個 `Passenger` 物件，擷取物件的 `FullName` 欄位的值，並確保所得的名稱符合預期值，如以下程式碼所示：

```
[Fact]
public void PassengerFullNameShouldBeAccurate() {
  // Arrange
  Passenger passenger = new() {
    FirstName = "Dot",
      LastName = "Nette",
  };
  // Act
  string name = passenger.FullName;
  // Assert
  Assert.Equal("Dot Nette", name);
}
```

使用 Shouldly，我們可以使這個驗證變得更容易閱讀。

首先，我們在 Usings.cs 檔案中新增 **Global Using**，方法是在該檔案的最末端加入一個針對 Shouldly 的 using[27]：

```
global using Xunit;
global using Shouldly;
```

這個 Global Using 指令（directive）允許你在 Chapter9Tests 專案的任何地方使用 Shouldly 命名空間中的事物。換句話說，它相當於每一個檔案在檔案頂端都有一個 using Shouldly; 的宣告。

現在我們已經安裝了 Shouldly 並導入了其命名空間，我們可以使用 Shouldly 提供的許多擴充方法中的一種，來重寫之前的 Assert，如下所示：

```
[Fact]
public void PassengerFullNameShouldBeAccurate() {
  // Arrange
  Passenger passenger = new() {
    FirstName = "Dot",
    LastName = "Nette",
  };
  // Act
```

---

27 審校註：再次提醒，如果讀者自行建立專案動手練習，預設 Global Using 的檔名已改為 GlobalUsings.cs。這只是官方預設命名的改變，重點是設定的內容，檔案名稱不影響 Global Using 的功能。

```
    string name = passenger.FullName;
    // Assert
    name.ShouldBe("Dot Nette");
}
```

在這裡，Shouldly 為 string 加入了一個 ShouldBe 擴充方法，讓我們能以非常易讀的方式呼叫此方法。這段程式碼在功能上等同於 Assert.Equal，但它的可讀性明顯更高。此外，在這種工作方式下，你不太會搞混哪個參數是期望值，哪個參數是實際值。

Shouldly 擁有多種擴充方法，包括：ShouldBe、ShouldNotBe、ShouldBeGreaterThan/ShouldBeLessThan、ShouldContain、ShouldNotBeNull/ShouldBeNull、ShouldStartWith/ShouldEndWith 等等。

為了說明這一點，讓我們來看看一個沒有使用 Shouldly 撰寫的、較為複雜的測試：

```
[Fact]
public void ScheduleFlightShouldAddFlight() {
    // Arrange
    FlightScheduler scheduler = new();
    PassengerFlightInfo flight = _flightFaker.Generate();
    // Act
    scheduler.ScheduleFlight(flight);
    // Assert
    var result = scheduler.GetAllFlights();
    Assert.NotNull(result);
    Assert.Equal(1, result.Count());
    Assert.Contains(flight, result);
}
```

這段程式碼使用 FlightScheduler 所安排的航班時間，並借助 Bogus 函式庫（本章稍後會討論）來安排航班。一旦某個航班被安排，程式碼就會取得所有航班資訊，並確認「產生的集合」不為 null，只有一個項目（item），且「我們安排的航班」就在該集合中。

這段程式碼還不錯，但我仍然更喜歡 Shouldly 版本 [28]：

---

28 審校註：請參考 GitHub 專案的 FlightSchedulerTests.cs。

```
[Fact]
public void ScheduleFlightShouldAddFlight() {
    // Arrange
    FlightScheduler scheduler = new();
    PassengerFlightInfo flight = _flightFaker.Generate();
    // Act
    scheduler.ScheduleFlight(flight);
    // Assert
    var result = scheduler.GetAllFlights();
    result.ShouldNotBeNull();
    result.Count().ShouldBe(1);
    result.ShouldContain(flight);
}
```

一般來說，我發現 Shouldly 函式庫的參數排序更為一致，並且可以產生更易讀的測試。因此，我發現自己更有效率，只要有可能，我就會使用 Shouldly。

練習題

作為一個練習，我鼓勵你用本章的起始程式碼（starting code），將各種測試轉換為使用 Shouldly 而非標準驗證（standard assertion）。過程中，請自由嘗試其他的驗證。如果你想檢查答案，本章的最終程式碼（final code）使用了 Shouldly[29]。

在了解 Shouldly 的其他功能之前，我們先來看看 FluentAssertions，這是一個與 Shouldly 扮演相似角色的熱門函式庫。

9.2.3 使用 FluentAssertions 撰寫易讀的驗證

FluentAssertions 與 Shouldly 執行相同的功能，但其語法的取向不太偏向呼叫像 Shouldly 的 ShouldContain 這樣的單一方法。相反的，FluentAssertions 偏好把「數個方法呼叫」鏈接起來產生類似的結果。

---

29 審校註：這裡最終程式碼的意思是，GitHub 原始程式碼只提供使用 Shouldly 的程式碼，並未包含 Assert 類別範例程式碼。本章後續範例也大致相同，GitHub 原始程式碼只提供最終程式碼。

讓我們以行李定價系統（baggage pricing system）的測試為例來說明 [30]：

```
[Fact]
public void CarryOnBaggageIsPricedCorrectly() {
  // Arrange
  BaggageCalculator calculator = new();
  int carryOnBags = 2;
  int checkedBags = 0;
  int passengers = 1;
  bool isHoliday = false;
  // Act
  decimal result = calculator.CalculatePrice(
    checkedBags, carryOnBags, passengers, isHoliday);
  // Assert
  result.Should().Be(60m);
}
```

這段程式碼建立了 BaggageCalculator，然後將「一系列的計算要素」傳送給該計算器的 CalculatePrice 方法，最後透過 Should().Be(60m) 語法執行驗證。

在我們更深入地探討這個問題之前，我應該指出，就像 Shouldly 一樣，FluentAssertions 並不是預先安裝的。你需要使用 NuGet Package Manager 安裝 FluentAssertions，就像你之前為 Shouldly 所做的一樣。你還需要在程式碼檔案中加入一條 using FluentAssertions; 陳述式，才能看到 FluentAssertions 擴充方法。

現在我們已經確定如何開始使用 FluentAssertions，讓我們更仔細地看一看這個 result.Should().Be(60m) 的語法。

在 FluentAssertions 中，大部分的動作都來自於 Should 方法。請注意，FluentAssertions 中有多個 Should 方法，每一個都與你可能使用的特定資料型別相關。

這些 Should 方法會回傳一種強型別物件，例如在計算器驗證的案例中，會回傳像 NumericAssertions<decimal> 這樣的物件。這些驗證物件（assertion object）包含

---

30 審校註：請參考 GitHub 專案的 BaggageCalculatorTests.cs。

各種約束方法（constraint method），允許你進行針對性的驗證，例如 Be、NotBe、BeLessThan、BePositive、BeOneOf 等等。

使用 FluentAssertions 方法有幾個優點：

- 尋找驗證方法變得更容易，因為它們都會經過 Should()
- 約束方法允許你組合驗證，例如 result.Should().BePositive().And.BeInRange (50, 70)

不幸的是，FluentAssertions 的學習曲線稍微高一些，且相較於 Shouldly，它的表達有點冗長，這可能導致測試的可讀性略有下降。

最終，你和團隊可以根據自己的喜好來選擇風格，但無論是 Shouldly 還是 FluentAssertions 都可以顯著提高測試的可讀性，以及撰寫測試時的樂趣。

在我們介紹下一個新的函式庫之前，讓我們再談談 Shouldly 可以做的另一件事情，這可能會有幫助。

9.2.4 使用 Shouldly 測試效能

人們發現自己重構程式碼的其中一個原因是為了尋找方法，來改善已知效能較慢的程式碼。

想像一下，你正在進行**測試驅動開發（TDD）**，並且正在研究一段「需要花費過長時間來迭代項目清單」的程式碼。

TDD 的第一步是寫一個失敗的測試，所以你現在需要寫一個測試：如果一個方法的效能過慢，該測試就會失敗。

我們稍後將討論為何你可能不想進行效能測試的原因，但首先讓我們探討一下「如何進行效能測試」。

為了讓「程式碼執行速度過慢的測試」失敗，你需要能夠測量（measure）該程式碼的執行時間長度。要做到這一點，你可以建立一個 Stopwatch 物件，開始它，停止它，然後驗證該計時器（watch）的持續時間，如下所示：

```
[Fact]
public void ScheduleFlightShouldNotBeSlow() {
  // Arrange
  FlightScheduler scheduler = new();
  PassengerFlightInfo flight = _flightFaker.Generate();
  int maxTime = 100;
  Stopwatch stopwatch = new();
  // Act
  stopwatch.Start();
  scheduler.ScheduleFlight(flight);
  stopwatch.Stop();
  long milliSeconds = stopwatch.ElapsedMilliseconds;
  // Assert
  milliSeconds.ShouldBeLessThanOrEqualTo(maxTime);
}
```

如果執行 ScheduleFlight 所需時間超過 100 毫秒（0.1 秒），這段程式碼就會失敗，但這種方法存在幾個缺點：

- 這種方法需要很多的設定程式碼（setup code）。在這個案例中，有超過一半的測試方法是專屬於 Stopwatch。
- 測試會等到方法完全跑完後才會失敗。如果該方法需要 10 秒才能完成，測試就會一直等待。這樣效率非常低，因為一旦超過 100 毫秒的門檻，測試就永遠不會通過。

Shouldly 提供了更簡潔的 Should.CompleteIn 方法，這個方法解決了這兩個問題[31]：

```
[Fact]
public void ScheduleFlightShouldNotBeSlow() {
  // Arrange
  FlightScheduler scheduler = new();
  PassengerFlightInfo flight = _flightFaker.Generate();
  TimeSpan maxTime = TimeSpan.FromMilliseconds(100);
  // Act
  Action testAction = () => scheduler.ScheduleFlight(flight);
  // Assert
  Should.CompleteIn(testAction, maxTime);
}
```

---

31 審校註：請參考 GitHub 專案的的 FlightSchedulerTests.cs。

這段程式碼建立了一個用於安排航班的 Action，Shouldly 將叫用該航班，作為測試的一部分。這個 Action 直到被傳入 `Should.CompleteIn` 方法時才會被叫用，該方法還需要一個最大時間限制來允許該方法執行。

當 Shouldly 執行你的 Action 時，它會在內部追蹤已過去的時間（elapsed time），一旦達到該門檻，它將取消你的 Action 並使測試失敗。這導致更簡潔的測試程式碼，不會超過允許的最大時間。

所以，現在我們知道如何使用 Shouldly 或者單純的 .NET `Stopwatch` 來撰寫簡單的效能測試了，我們來討論一下你可能不想這麼做的原因。

優質的測試應該是快速的，並且能產生重複的結果。測試將在各種不同的機器上，處於各種不同的情況下執行，例如「處理器的工作相對較少」或「處理器完全超載」時。測試也可能單獨執行或平行執行，並與其他測試並排進行。此外，在 .NET 中，每次執行出現效能差異是正常的。

所有這些事情代表「效能測試」將比你預期的更加混亂，而最大允許的持續時間（maximum allowable duration）是你應該仔細考慮的事情。如果你的測試在**持續整合／持續交付（Continuous Integration/Continuous Delivery，CI/CD）**管線中執行（正如 **Part 4** 會討論的那樣），那麼「建置機器的 CPU」和「記憶體特性」可能與「開發者工作站」完全不同。為了應對這一點，你可能需要選擇一個比「你通常會選擇的」要高得多的數字，以避免因「測試環境過慢」而引起的隨機失敗。另一方面，如果你將「超時時間」設定得過長，你將無法檢測到合法的效能問題。

一般來說，我的立場是，由於「效能指標」的混亂性質和「可能執行測試的機器」的廣泛多樣性，效能測試不應該經常被寫進單元測試中。反之，我傾向於使用像 **Visual Studio Enterprise** 或 **JetBrains dotTrace** 這樣的專用工具，週期性地針對那些「對效能來說真正關鍵的區域」進行效能分析。

也就是說，效能測試是有價值的，但你可能會花費「比預期更多的時間」來找出一個適當的最大測試持續時間數值。

讓我們來看看另一個讓你在測試時更為輕鬆的函式庫：**Bogus**。

9.3 使用 Bogus 產生測試資料

在「第6章」中，我提到測試是一種文件形式，解釋你的系統應該如何運作。

記住這點，看看以下的測試，這個測試測試了 Passenger 類別和 BoardingProcessor
類別的互動：

```
[Fact]
public void BoardingMessageShouldBeAccurate() {
  // Arrange
  Passenger passenger = new() {
    BoardingGroup = 7,
    FirstName = "Dot",
    LastName = "Nette",
    MailingCity = "Columbus",
    MailingStateOrProvince = "Ohio",
    MailingCountry = "United States",
    MailingPostalCode = "43081",
    Email = "noreply@packt.com",
    RewardsId = "CSA88121",
    RewardMiles = 360,
    IsMilitary = false,
    NeedsHelp = false,
  };
  BoardingProcessor boarding =
    new(BoardingStatus.Boarding, group:3);
  // Act
  string message = boarding.BuildMessage(passenger);
  // Assert
  message.ShouldBe("Please Wait");
}
```

在進行 BuildMessage 操作之前，Arrange 階段需要大量的設定。但是那個設定有哪
些方面是重要的呢？ Passenger 物件的哪些部分有助於確認，該乘客是否「被允許登
機」，還是「被告知等待」？

雖然建立「看起來準確的測試物件」十分重要，但將「不相關的屬性」與「關鍵屬性」
混合在一起，會導致難以解讀「測試資料的重要之處」，或難以理解「測試為何應該通
過而不是失敗」。

Bogus 是一個能產生不同種類「真實隨機資料」的函式庫。對於你的物件中較不重要的部分，Bogus 提供了一個好的方式來產成隨機資料，這有助於解決這個問題。

這同時具有兩方面的好處：既可讓你專注於測試中更關鍵的部分，又能產生隨機資料來測試你的驗證，即「其他屬性中的值」實際上並不重要。

就像本章中的其他函式庫一樣，我們必須透過 NuGet 安裝 Bogus，然後在 using Bogus; 宣告中參考它。

讓我們使用 Bogus 來看看之前測試中的 Arrange 部分：

```
// Arrange
Faker<Passenger> faker = new();
faker.RuleFor(p => p.FirstName, f => f.Person.FirstName)
  .RuleFor(p => p.LastName, f => f.Person.LastName)
  .RuleFor(p => p.Email, f => f.Person.Email)
  .RuleFor(p => p.MailingCity, f => f.Address.City())
  .RuleFor(p => p.MailingCountry, f => f.Address.Country())
  .RuleFor(p => p.MailingState, f =>f.Address.State())
  .RuleFor(p => p.MailingPostalCode, f=>f.Address.ZipCode())
  .RuleFor(p => p.RewardsId, f => f.Random.String2(8))
  .RuleFor(p => p.RewardMiles, f => f.Random.Number(int.MaxValue));
Passenger passenger = faker.Generate();
passenger.BoardingGroup = 7;
passenger.NeedsHelp = false;
passenger.IsMilitary = false;
```

你可能已經注意到，這段程式碼與早些時候的程式碼有相當大的差異。它使用了來自 Bogus 的 `Faker<Passenger>` 物件，該物件每次呼叫 `Generate()` 方法時，都將產生一個不同的隨機 `Passenger` 物件。

這些 `Passenger` 物件將使用 Bogus 隨機資料函式庫來產生合理的測試資料，如圖 9.3 所示：

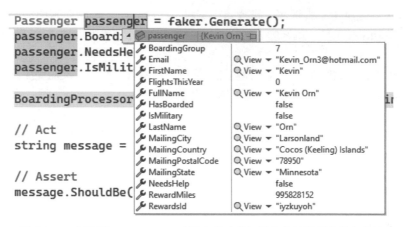

圖 9.3：一個隨機 Passenger，它擁有的（數）值具有某種程度的真實性

這種方法的運作方式是你可以設定規則，當 Faker 在 RuleFor 方法中看到指定屬性時，它將會遵循這些規則。

使用 RuleFor 時，你可以在「第一個引數」中指定你想要規劃回應（response）的屬性，然後在「第二個參數」中指定一個函式來獲取值。

例如，RuleFor(p => p.Email, f => f.Person.Email) 這一行包含兩個函式參數。第一個參數用 p 來表示 Passenger 物件，並專注於該物件的電子郵件屬性。第二個參數接受一個 Faker 執行個體作為 f，然後函式可以選擇使用它來產生一個值，Faker 將在產生人員（person）時使用這個值。

Faker 包含許多不同類型的資料，從「假的公司名稱」到「郵遞區號」、「產品名稱」、「IP 位址」，甚至包括「駭客語」（hacker speak）等荒誕內容和「評論」等抱怨文（rant）。

現在，如果你仔細觀察 Faker 產生的資料，你會發現它不一定是合理的。例如，圖 9.3 列出的人住在 Minnesota（明尼蘇達州）的 Larsonland，郵遞區號為 78950，國家是 Cocos (Keeling) Islands（科科斯（基林）群島）。單獨來看，這些資訊並沒有問題，但是當這些不同的屬性放在一起時，就會出現極大的矛盾。

如果你希望你的資料有意義，你需要為這些屬性之間的互動撰寫更細緻的規則。儘管存在這些限制，Bogus 還是提供了一種很好的方式，讓程式碼中的次要資料具有「隨機性」。

使用 Bogus 時，你經常會在「一個獨立的方法」或「測試建構函式」中建立 Faker 執行個體，這樣可以顯著簡化你的程式碼[32]：

```
[Fact]
public void BoardingMessageShouldBeAccurate() {
    Faker<Passenger> faker = BuildPersonFaker();
    Passenger passenger = faker.Generate();
    passenger.BoardingGroup = 7;
    passenger.NeedsHelp = false;
    passenger.IsMilitary = false;
    BoardingProcessor boarding = new(BoardingStatus.Boarding, group: 3);
    // Act
    string message = boarding.BuildMessage(passenger);
    // Assert
    message.ShouldBe("Please Wait");
}
```

請注意，這種做法將 Bogus 在事物中的角色降至最低，並將你的注意力集中在「如何進一步設定隨機產生的人員資料」之上。這有助於你看到「尚未登機的人」，他們的重點要素，如下所示：

- 他們的登機組別比目前的組別還要高
- 他們不是軍人
- 他們不需要協助登機

Bogus 不僅僅適用於測試。例如，我已成功地使用 Bogus 來為「小型遊戲專案」設計使用者介面及產生資料。然而，Bogus 確實是你測試工具箱中的寶貴資產。

讓我們繼續探討，如何使用一對模擬函式庫來隔離依賴關係。

---

32 審校註：請參考 GitHub 專案的 PassengerTests.cs。

9.4 使用 Moq 與 NSubstitute 模擬依賴關係

到目前為止,我們探索了一些能夠提高測試可讀性的函式庫。在這一節中,我們將檢視**模擬框架(mocking framework)**,看看這些函式庫如何協助你更有效地測試程式碼。

9.4.1 理解需要模擬函式庫的必要性

讓我們重新審視上一章中討論依賴注入時導入的 FlightBookingManager 範例,來討論為何模擬框架是必要的 [33]:

```
public class FlightBookingManager {
  private readonly IEmailClient _email;
  public FlightBookingManager(IEmailClient email) {
    _email = email;
  }
  public bool BookFlight(Passenger passenger,
    FlightInfo flight, string seat) {
    if (!flight.IsSeatAvailable(seat)) {
      return false;
    }
    flight.AssignSeat(passenger, seat);
    string message = "Your seat is confirmed";
    return _email.SendMessage(passenger.Email, message);
  }
}
```

在這裡,建立 FlightBookingManager 的時候,這個類別需要 IEmailClient。然後將客戶端儲存在 _email 欄位中,並在預訂航班時用來傳送訊息。將 IEmailClient 作為建構函式的「參數」傳入,這是依賴注入的一個範例,它允許「我們的類別」與「任何實作了 IEmailClient 介面的事物」一起工作。

不幸的是,這也意味著,要測試這個類別,我們必須提供一個 IEmailClient 的實作,即使我們並未明確測試「與電子郵件相關的內容」。

---

33 審校註:請參考 GitHub 專案的 FlightBookingManager.cs。

在單元測試中，由於我們通常不希望在測試程式碼時傳送電子郵件，這表示我們需要一個單獨的 IEmailClient 實作。我們可以透過「宣告一個類別」並「使用最小的實作」來實作這個 IEmailClient 介面。

我們假設 IEmailClient 的定義如下所示：

```
public interface IEmailClient {
  bool SendMessage(string email, string message);
}
```

你可以建立一個符合此需求的 TestEmailClient[34]：

```
public class TestEmailClient : IEmailClient {
  public bool SendMessage(string email, string message) => true;
}
```

在這裡，測試客戶端（test client）的實作非常簡單，只須完成編譯程式碼所需的最低限度工作，在這個案例中就是回傳 true，表示訊息已成功傳送。這種類型的類別有時稱為 **Test Double**、**Test Stub**，或者簡單地稱為 **Mock Object（模擬物件）**。之所以叫這些名稱，是因為這些類別看起來像是為了測試目的而存在的實際實作，但是並沒有所有的功能。在本章中，我會把這些通通都稱為模擬物件，因為這將有助於稍後對模擬框架的理解。

這讓我們可以使用「我們建立的 TestEmailClient 模擬物件」來撰寫一個測試[35]：

```
[Fact]
public void BookingFlightShouldSucceedForEmptyFlightTestDouble() {
  // Arrange
  TestEmailClient emailClient = new();
  FlightBookingManager manager = new(emailClient);
  Passenger passenger = GenerateTestPassenger();
  FlightInfo flight = GenerateEmptyFlight("Paris", "Toronto");
  // Act
  bool booked = manager.BookFlight(passenger, flight,"2B");
  // Assert
```

---

34 審校註：請參考 GitHub 專案的 TestEmailClient.cs。

35 審校註：請參考 GitHub 專案的 FlightBookingManagerTests.cs。原文書中，這段程式碼是寫 BookingFlightShouldSucceedForEmptyFlight 測試方法，與 GitHub 提供的程式碼對照後，應該是筆誤，此處依 GitHub 提供程式碼修正。

```
    booked.ShouldBeTrue();
}
```

在這裡，透過提供 `TestEmailClient`，而不是真正的電子郵件客戶端，我們可以安全地進行航班測試，而無需傳送電子郵件。

不幸的是，模擬物件有其缺點。假設我們想撰寫另一個測試，來驗證「嘗試預訂已被佔用的座位，不會傳送電子郵件」。在這種情況下，我們需要建立另一個具有不同實作的模擬物件。

在這種情況下，如果呼叫了 `SendMessage` 方法，我們會希望讓測試失敗，所以該方法應該拋出例外或使用 `Assert.Fail` 方法來導致測試失敗，如下所示 [36]：

```
public class SendingNotAllowedEmailClient : IEmailClient {
  public bool SendMessage(string email, string message) {
    Assert.Fail("You should not have sent an email");
    return false;
  }
}
```

讓我們考慮一個更有深度的範例。假設你想要驗證「BookFlight 方法」只呼叫了「IEmailClient 上的 SendMessage 方法」一次，且只有一次。

我們可以透過建置「一個專門的模擬物件」來測試這一點，該物件擁有一個計數器（counter），可以計算它被呼叫的所有次數，但是這只會增加測試程式碼的複雜性，我們並不一定需要這樣做。如果 `IEmailClient` 中的定義有所變動，實作該介面的所有模擬物件也需要進行相應的更新。

因為很多測試都需要模擬物件，且每個測試都測試著稍微不同的東西，因此手動撰寫和維護模擬物件可能需要大量的工作。這就是模擬函式庫要解決的核心問題。

雖然在 .NET 中有好幾個熱門的模擬函式庫，但多年來最受歡迎的一直是 Moq。我們將先探討 Moq，然後再看看其他的替代方案。

---

36 審校註：請參考 GitHub 專案的 SendingNotAllowedEmailClient.cs。

9.4.2 使用 Moq 建立模擬物件

Moq 根據其建立者的說法，可以讀作「Mock」或「Mock-you」，它是一個模擬函式庫，以「使用 LINQ 來建立、設定和驗證模擬物件行為」為基礎。

就像本章中的其他函式庫一樣，你需要從 NuGet Package Manager 安裝 Moq，並透過 using Moq; 陳述式將其導入到你的檔案中。

使用 Moq，你不需要自己建立模擬物件；反之，你告訴 Moq 你想要實作的介面或你想要繼承的類別，Moq 會自動建立一個符合這些要求的物件。

讓我們使用 Moq 回顧本章前面的航班預訂測試（flight booking test）吧[37]：

```
[Fact]
public void BookingFlightShouldSucceedForEmptyFlight() {
  // Arrange
  Mock<IEmailClient> clientMock = new();
  IEmailClient emailClient = clientMock.Object;
  FlightBookingManager manager = new(emailClient);
  Passenger passenger = GenerateTestPassenger();
  FlightInfo flight = GenerateEmptyFlight("Hamburg", "Cairo");
  // Act
  bool booked = manager.BookFlight(passenger, flight,"2B");
  // Assert
  booked.ShouldBeTrue();
}
```

在 這 裡，我 們 執 行 個 體 化 一 個 名 為 clientMock 的 模 擬 執 行 個 體，它 將 以 IEmailClient 的 形 式 建 立 一 個 新 的 模 擬 物 件。然 後，我 們 呼 叫 clientMock 上 的 Object 屬 性，Moq 函 式 庫 就 會 自 動 產 生 一 個 以「最 簡 單 的 方 式」實 作 IEmailClient 的物件。

由於在這個範例中，我們並不關心「電子郵件客戶端」的運作方式，因此，為了產生一個我們可以傳遞給 FlightBookingManager 的簡單模擬物件，這就是我們需要做的所有工作。這不僅僅是較少的程式碼，而且我們可以在「測試方法」中定義模擬物件，如果 IEmailClient 的定義有所更改，我們也不需要更新模擬物件，因為 Moq 會替我們處理這一點。

---

37 審校註：請參考 GitHub 專案的 FlightBookingManagerTests.cs。

當然，Moq 可以做的事情遠不止這些，所以讓我們來看看，如何使用它來設定模擬物件的行為。

9.4.3 撰寫 Moq 回傳值

預設情況下，Moq 的模擬物件上的「方法」將回傳該型別的預設值。例如，「回傳 bool 物件的方法」將回傳 false，而「回傳 int 物件的方法」將回傳 0。

有時候，你會需要 Moq 回傳不同的東西。在這種情況下，你可以透過呼叫 Moq 的 Setup 方法來設定模擬物件。舉例來說，如果你需要 SendMessage 方法對「任何傳入的值」回傳 true 而不是 false，你可以撰寫以下的程式碼：

```
Mock<IEmailClient> mockClient = new();
mockClient.Setup(c => c.SendMessage(
  It.IsAny<string>(),It.IsAny<string>())).Returns(true);
IEmailClient emailClient = mockClient.Object;
```

在這裡，Setup 方法需要你告訴它「你正在設定哪個方法或屬性」。由於我們正在設定 SendMessage 方法，所以我們在箭頭函式（arrow function）中指定它。

接下來，Moq 需要知道何時套用這個規則。你可以撰寫程式碼讓模擬物件根據不同的參數回應不同的結果，因此你可以對相同方法的不同參數值進行 Setup 呼叫。

在我們的情況下，我們希望這個方法始終回傳 true，不管傳入了什麼，所以我們使用 Moq 的 It.IsAny 語法來指定這件事。

在我們結束關於 Moq 的討論之前，我們將看一個最後的範例，並教你如何驗證在你的模擬物件上「某個方法」被呼叫了多少次。

9.4.4 驗證 Moq 呼叫

有時候，你會希望測試某個方法的行為，並驗證呼叫一個方法，會導致它在另一個物件上呼叫某些內容。Moq 讓你透過驗證某個方法已被呼叫「特定次數」來實作這個目的。

這可能包括驗證「某個方法沒有被呼叫」，這對於我們之前討論的範例來說很有幫助，例如「確保在無法預訂座位的情況下，不傳送電子郵件」。

為了實作這個目的，我們可以呼叫 Moq 的 Verify 方法，如下所示，這個案例驗證「在預訂一個航班時，只傳送了電子郵件一次，且只有一次」[38]：

```
[Fact]
public void BookingFlightShouldSendEmails() {
  // Arrange
  Mock<IEmailClient> mockClient = new();
  mockClient.Setup(c => c.SendMessage(
    It.IsAny<string>(), It.IsAny<string>())).Returns(true);
  IEmailClient emailClient = mockClient.Object;
  FlightBookingManager manager = new(emailClient);
  Passenger passenger = GenerateTestPassenger();
  FlightInfo flight = GenerateEmptyFlight("Sydney","LA");
  // Act
  bool result= manager.BookFlight(passenger,flight,"2C");
  // Assert
  result.ShouldBeTrue();
  mockClient.Verify(c => c.SendMessage(
    passenger.Email, It.IsAny<string>()), Times.Once);
  mockClient.VerifyNoOtherCalls();
}
```

在這裡，我們在模擬執行個體上呼叫 Verify，以驗證是否已用「乘客的電子郵件地址」與「任何電子郵件內容」來正確地呼叫了 SendMessage 方法一次。如果該方法並未被呼叫或被呼叫多次，我們的測試就會失敗。

換句話說，Verify 這一行保護我們避免「系統在應該傳送電子郵件給使用者時沒有傳送」的情況，以及「系統可能傳送了過多電子郵件」的情況。

接著，程式碼呼叫 VerifyNoOtherCalls。如果在我們的 IEmailClient 上呼叫了一些沒有被之前的 Verify 陳述式驗證的方法，這個方法將導致測試失敗。這非常適合用來確保程式碼不會對「你提供的物件」進行未預期的操作。

---

38 審校註：請參考 GitHub 專案的 TestEmailClient.cs。

> **關於驗證 「行為」 的說明**
>
> 對於在單元測試中，確認呼叫程式碼（calling code）是否呼叫了其他程式碼，這樣的做法是好還是壞？開發者社群的見解歷來一直存在分歧。反對驗證「測試的行為」的論點是，只要方法能產出正確的結果，那麼方法如何實作某項事物就不重要。而反駁的論點是，有時候，你的方法期望的結果就是呼叫外部程式碼，例如我們這裡的程式碼，它呼叫了 `SendMessage` 呼叫。你和團隊需要決定何時適合在測試中使用 `Verify`。

Moq 在初次使用時可能會顯得複雜，但你不需要使用它的所有功能就能從中獲益。正如我們在前面看到的，只需使用 Moq 產生簡單的模擬物件，就可以大幅減少在長時間內維護「手動建立的模擬物件」所需的工作。

你不一定要使用 Moq 的 `Setup` 或 `Verify` 方法，但在你需要的時候，它們非常有幫助。

多年來，Moq 一直是 .NET 中佔據主導地位的模擬函式庫，但最近 NSubstitute 的人氣越來越高。也就是說，在工作場所中，你更有可能遇到它，使用它來代替 Moq。讓我們簡單了解一下 NSubstitute，看看它如何使用不同的語法來實作與 Moq 類似的工作。

9.4.5 使用 NSubstitute 進行模擬

NSubstitute 是一個與 Moq 類似的模擬函式庫，但它的做法是盡可能避免使用箭頭函式；它傾向於使用看起來更像標準方法呼叫（standard method call）的程式碼。

就像本章中的其他函式庫一樣，你需要從 NuGet 套件管理器安裝 NSubstitute，然後透過 `using NSubstitute;` 陳述式導入它。

安裝並導入 NSubstitute 後，你就可以在程式碼中使用它，如下所示 [39]：

```
[Fact]
public void BookingFlightShouldSendEmailsNSubstitute() {
  // Arrange
  IEmailClient emailClient= Substitute.For<IEmailClient>();
```

---

39 審校註：請參考 GitHub 專案的 FlightBookingManagerTests.cs。

```
emailClient.SendMessage(
    Arg.Any<string>(), Arg.Any<string>()).Returns(true);
FlightBookingManager manager = new(emailClient);
Passenger passenger = GenerateTestPassenger();
FlightInfo flight = GenerateEmptyFlight("Sydney","LA");
// Act
bool result = manager.BookFlight(passenger, flight,"2C");
// Assert
result.ShouldBeTrue();
emailClient.Received()
        .SendMessage(passenger.Email, Arg.Any<string>());
}
```

請注意 NSubstitute 的 `Substitute.For` 如何回傳你正在建立的物件，而不是像 Moq 中的 `Mock<IEmailClient>` 一樣建立一個物件。這種變化讓你的程式碼更簡單一些，但同時也意味著你現在需要呼叫「像 `Received()` 和 `DidNotReceive()` 這樣的方法」來存取「需要驗證的方法」。

一般來說，NSubstitute 與 Moq 非常相似，但語法更簡單。這種簡單性有其優點，特別是在「程式碼的可讀性」和「降低新手開發者的學習曲線」等方面。不幸的是，使用 NSubstitute 有時也得付出代價，因為 NSubstitute 並沒有你在使用 Moq 時熟悉的全部功能。

既然探討了模擬函式庫，接下來，讓我們來看看完全不同類型的單元測試。

9.5 使用 Snapper 固定測試

假設你繼承了一些複雜的遺留程式碼，這些程式碼回傳了一個包含許多屬性的物件。這些屬性當中的某些屬性，可能也包含了其他複雜物件，這些物件具有自己的屬性群集。你才剛開始使用這些程式碼，並需要進行一些變動，但沒有任何測試正在進行，以至於你甚至不確定哪些屬性對於驗證來說是重要的。

我看過很多次這種情況，我可以大力推薦，一個名為 Snapper 的特殊測試函式庫，對於這個問題來說是一個極好的解決方案。

Snapper 的功能是建立一個物件的快照（snapshot），並將其儲存到硬碟上的 JSON 檔案中。當 Snapper 下一次執行時，它會產生另一個快照，然後將「這個快照」與「之前儲存的快照」進行比較。如果兩個快照有任何差異，Snapper 將讓測試失敗，並提醒你這個問題。

> **Snapper 和 Jest**
>
> 如果讀者熟悉 JavaScript，Snapper 的靈感來自於 JavaScript 的 Jest 測試函式庫中提供的快照測試（Snapshot Testing）功能。

讓我們來看看使用 Snapper 進行測試的範例。

像往常一樣，我們首先透過 NuGet 安裝 Snapper，然後加入一條 using Snapper; 陳述式。

之後，我們將針對一個複雜物件，即 FlightManifest，來撰寫測試 [40]：

```
[Fact]
public void FlightManifestShouldMatchExpectations() {
  // Arrange
  FlightInfo flight = GenerateEmptyFlight("Alta", "Laos");
  Passenger p1 = new("Dot", "Netta");
  Passenger p2 = new("See", "Sharp");
  flight.AssignSeat(p1, "1A");
  flight.AssignSeat(p2, "1B");
  LegacyManifestGenerator generator = new();
  // Act
  FlightManifest manifest = generator.Build(flight);
  // Assert
  manifest.ShouldMatchSnapshot();
}
```

在這裡，我們呼叫 ShouldMatchSnapshot 來驗證「這個物件」是否與「目前的快照」相符。

---

40 審校註：請參考 GitHub 專案的 FlightBookingManagerTests.cs。

這將在第一次執行時產生快照，但後續的執行將比較「物件的快照」與「儲存的快照」。如果得到的快照有所不同，就會出現一個測試失敗（test failure），並顯示「差異」的詳細資訊，例如「當乘客的名字被更改時」，就會出現這種情況，如圖 9.4 所示：

圖 9.4：一個失敗的快照測試顯示「兩個屬性之間的差異」

有時候，你會增加新的屬性，或是發現「儲存的快照」是基於錯誤的資料，這時你會想要更新你的快照。你可以在測試方法當中臨時增加一個 UpdateSnapshots 屬性（attribute），如下所示：

```
[Fact]
[UpdateSnapshots]
public void FlightManifestShouldMatchExpectations() {
```

接著，重新執行你的測試以更新「儲存的快照」，然後移除 UpdateSnapshots 屬性。最後這個步驟非常重要，因為「包含 UpdateSnapshots 的測試」絕不會導致快照測試失敗，而是每次都會替換快照。

快照測試並不適合所有的專案和團隊。它是一個非常有用又廣泛的安全網，你可以使用它作為「複雜回傳值」的第一個測試，但是作為記錄「系統行為」的測試而言，它的實用性遠遠不及其他測試。此外，快照測試可能非常脆弱，會因為一些無關緊要的小事（例如兩組資料完全相同，但修改日期不同），而導致測試失敗。

儘管如此，我發現，在嘗試將「測試」導入遺留系統中「特別複雜的區域」時，Snapper 和快照測試仍不失為一種適當的開場方式。

現在，讓我們用一個類似的函式庫來結束本章，這個函式庫可以協助你比較幾種不同實作之間的差異。

9.6 使用 Scientist .NET 進行實驗

Scientist .NET 是由 GitHub 建置的一個函式庫，它的目標是科學性地重構應用程式中的關鍵部分。

假設你的應用程式中有一部分對於商業來說非常關鍵，卻存在大量的技術債。你想要重構它，但你害怕搞砸任何東西，而你現有的測試無法解決你的擔憂。然而你不確定需要加入哪些測試。在你的估算中，唯一能讓你對新的程式碼感到滿意的，就是看到它在生產環境中的表現。

這就是 Scientist .NET 可以幫忙的地方。Scientist .NET 讓你能將「新的程式碼」和它將替換的「遺留程式碼」一起部署，並比較兩種程式碼的結果。另外，Scientist .NET 也可以用於單元測試中，確保「舊版本的元件」和「新版本的元件」達到相同的結果。

這個概念希望在稍後能更清楚一些。讓我們深入一個具體的範例，看看如何用 RewrittenManifestGenerator 取代 LegacyManifestGenerator。

就像之前一樣，我們需要從 NuGet 安裝 Scientist 套件，然後在檔案的頂端加入一條 using GitHub; 陳述式。

接下來，讓我們看一下比較這兩種乘客名單產生器（manifest generator）的科學實驗[41]：

```
[Fact]
public void FlightManifestExperimentWithScientist() {
  FlightInfo flight = GenerateEmptyFlight("Alta", "Laos");
  Passenger p1 = new("Dot", "Netta");
  Passenger p2 = new("See", "Sharp");
  Scientist.Science<FlightManifest>("Manifest", exp => {
    exp.Use(() => {
```

---

41 審校註：請參考 GitHub 專案的 FlightBookingManagerTests.cs。

```
    LegacyManifestGenerator generator = new();
    return generator.Build(flight);
  });
  exp.Try(() => {
    RewrittenManifestGenerator generator = new();
    return generator.Build(flight);
  });
  exp.Compare((a, b)=> a.Arrival == b.Arrival &&
                       a.Departure == b.Departure &&
                       a.PassengerCount==b.PassengerCount
             );
  exp.ThrowOnMismatches = true;
  });
}
```

很多程式碼！讓我們一點一點地解析這裡的內容。

首先，`Scientist.Science<FlightManifest>` 這一行告訴 Scientist 你正在開始一個新的實驗，這將回傳 `FlightManifest`。在這個範例中，我們忽略了這個結果值，但在生產環境中，你可能會把結果指定給一個變數，並在呼叫 Scientist 之後進行相應的操作。

Scientist 要求你在 `Science` 呼叫的「第一個參數」中命名每一個實驗，因為你可能會進行多個實驗。這個實驗簡單地被命名為「Manifest」[42]。

接下來，Scientist 需要一個動作來設定你即將進行的實驗。你可能需要設定幾件事情，但在這裡，我們將依序說明我們要指定的四項不同事物。

首先，我們呼叫 `Use` 方法，讓實驗知道要使用「什麼」作為呼叫 `Scientist.Science` 的「結果」。這應該是你正在考慮替換的系統的「舊版實作」。

接下來，我們需要為 Scientist 提供一個或多個替代方案來考慮，並與舊系統中的「對照組」版本進行比較。我們透過 `Try` 方法來做到這一點（`Try` 方法與 `Use` 方法非常相似，但它代表的是「實驗版本」）。

---

42 審校註：GitHub 上的範例程式碼被命名為「build flight manifest」。

Scientist 對這兩種版本的處理方式是，它將呼叫這兩種實作方式，比較兩者的結果，然後將資料（metrics，即實驗的結果）傳送到一個名為 Result Publisher 的物件。這個過程在圖 9.5 中有詳細示意：

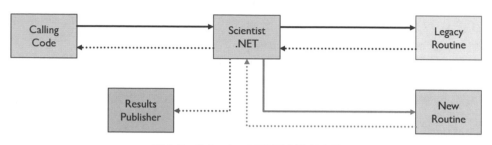

圖 9.5：Scientist .NET 正在進行實驗

Scientist 總是回傳在 Use 期間定義的「舊版本」的結果，因此，「新版實作」將不會影響現有的邏輯，而且你還能夠識別「新舊實作不相符」的情況。這讓你在不冒著「任何邏輯錯誤影響終端使用者」的風險下，驗證新邏輯的行為。

一旦你滿意了，「新版實作」沒有問題，你可以從程式碼中移除 Scientist 和「舊版實作」，並在它們的位置使用「新版實作」。

對於 Scientist 來說，要判斷兩個結果是否相等，它需要知道如何比較它們。你可以使用 Compare 方法來設定這方面，這個方法接受一個函式，這個函式將回傳一個 bool 物件，表示這兩個物件是否應被視為相等的。

最後，我們的程式碼將 ThrowOnMismatches 設定為 true。你可以在 Scientist 中設定這個屬性，當「實驗」和「對照組」不相符時，它會拋出一個例外。這只是為了像我們的程式碼這樣的「單元測試」而設計的；如果你在「生產環境應用程式」中使用 Scientist，就不能使用這個屬性。

反之，你可以實作 Scientist 的 IResultPublisher 介面，並將 Scientist.ResultPublisher 設定為等於你自訂的 Result Publisher。這樣一來，你就可以將不相符結果回報給「資料庫」、「Azure 上的 App Insights」，或是你考慮用來記錄這些不相符結果的「其他機制」。深入理解 Result Publisher 的討論超出了本書的範圍，更多資源，請參閱本章的「**延伸閱讀**」小節。

Scientist .NET 是一種複雜的解決方案，你不會經常使用它，但它讓你能比較「演算法」的兩種不同實作在各種輸入情況下的表現，無論是在「單元測試」場景中，還是在「生產環境應用程式」中。我多次親眼目睹，Scientist .NET 協助團隊收集到他們需要的資料，成功地重構高度複雜的程式碼，而不影響終端使用者。

> **警告**
>
> 值得注意的是，當你在 Scientist 中執行實驗時，你在 Use 陳述式中的「原始版本」和所有在 Try 陳述式中定義的「實驗」將被呼叫。這意味著，如果你的程式碼產生任何副作用（例如新增到資料庫或傳送電子郵件），這些事情將發生兩次。這可能導致「在資料庫中新增重複的資料列」或「傳送重複的電子郵件」。

你可以提供模擬物件的「實驗版本」作為它們的依賴關係，而非提供資料庫客戶端或電子郵件提供者的「真實版本」，這樣就有可能避免這種負面影響。

9.7 小結

在本章中，我們學到幾種不同的開放原始碼函式庫，這些函式庫可以提高測試的可讀性和功能：

- Shouldly 和 FluentAssertions 提供了撰寫驗證的易讀語法。
- Bogus 能夠為那些不重要的（數）值產生隨機的測試資料。
- Moq 和 NSubstitute 協助隔離依賴關係，並為測試提供替代實作。
- Snapper 和 Scientist .NET 可協助捕捉「複雜物件出現微妙變化」時的問題。

並非每個專案都能從這些函式庫中受益。然而，了解手邊可用的工具，將有助於重構和維護程式碼，以及擴充測試。

雖然不利用這些函式庫也能完成本章中的所有事情，但所有這些函式庫，都是致力於解決特定技術問題的成熟社群專案。

在下一章中，我們會討論使用現代 C# 的防禦性程式設計實踐，並以此來結束本書的 **Part 2**。

9.8 問題

1. 在你的測試程式碼中,哪些區域可以更易讀?本章中有沒有可以幫上忙的函式庫?
2. 像 Moq 和 NSubstitute 這樣的模擬函式庫,在測試中能提供怎樣的幫助?
3. 在你的程式碼中,有哪些複雜性夠高的區域,可以求助 Snapper 或 Scientist .NET?

9.9 延伸閱讀

如果讀者想要了解更多關於本章討論的函式庫的資訊,可以參考以下資源:

- Shouldly:`https://github.com/shouldly/shouldly`
- FluentAssertions:`https://fluentassertions.com/`
- Bogus:`https://github.com/bchavez/Bogus`
- Moq:`https://github.com/moq/moq`
- NSubstitute:`https://nsubstitute.github.io/`
- Snapper:`https://github.com/theramis/Snapper`
- Scientist .NET:`https://github.com/scientistproject/Scientist.net`

10

防禦性程式設計技巧

程式碼幾乎如有機體般，在其生命週期內持續演變。這個演變過程中，包括了新功能的加入、修復的實作，還有定期的重構等變化。隨著開發者的加入與離開，以及程式碼的變更，這些變化都可能會帶來一些錯誤（bug，也能直譯為蟲）。

在 Part 2 中，我們討論了在產品上線之前檢測這些錯誤的測試策略。在本章中，我們將討論一些額外的技巧，協助開發者在開發過程中捕捉並解決錯誤。同時，我們還會探討 C# 中一些較新的功能，以及它們在保持程式碼穩定和健康等方面的角色。

在本章中，你會學到下列這些主題：

- 驗證輸入內容
- 防止 null 值
- 超越類別
- 進階型別使用

10.1 技術需求

讀 者 可 以 在 本 書 的 GitHub 找 到 本 章 的 起 始 程 式 碼：https://github.com/PacktPublishing/Refactoring-with-CSharp，在 Chapter10/Ch10BeginningCode 資料夾中。

本章的程式碼將與 REST API 進行對話，這將需要一個可與網路連線的環境。

10.2 介紹雲霄 API

雲霄是我們虛構的航空公司範例,它已經有一套現成的網路服務(web service),以**一個公開的 REST API** 的形式提供。這個 API 的目的,是讓有興趣的組織透過 API 取得有關雲霄航班的資訊。然而,大量的支援票證(support ticket)證明,其他組織很難採用這個 API 並以核准的方式使用它。

為了回應這個情況,雲霄建立了一個 .NET 函式庫,幫助其他人更輕鬆地使用 API。

這個函式庫的初步測試充滿了希望,不過,還是有開發者遇到了令人摸不著頭緒的錯誤,最終似乎與「他們傳遞給函式庫的資料」有關。

開發團隊決定,驗證 public 方法的「參數」將有助於及早發現問題,提高函式庫的採用率。我們將在下一節中探討這項變更。

10.3 驗證輸入內容

輸入驗證(input validation)的行為是指,在執行「請求的工作」之前,驗證程式碼的任何「輸入」(如參數或目前屬性值)是否正確。我們將驗證 public 方法的「輸入」,以便及早發現潛在問題。

為了說明這件事的重要性,讓我們來看看一個不驗證其輸入的方法:

```
public FlightInfo? GetFlight(string id, string apiKey) {
    RestRequest request = new($"/flights/{id.ToLower()}");
    request.AddHeader("x-api-key", apiKey);
    LogApiCall(request.Resource);
    return _client.Get<FlightInfo?>(request);
}
```

GetFlight 方法接受一個代表航班編號(如 CSA1234)的 id 參數,而 apiKey 參數則表示必須提供的權杖(token),才能與 API 互動並獲得回應。可以將權杖視為雲霄發放給「有意與其 API 互動的組織」的數位鑰匙卡(digital keycard)。傳送到雲霄 API 的每一個請求都必須包含一個權杖,以便進行身分驗證並獲得結果。

id 參數很重要，因為它被用來識別我們感興趣的航班。這個參數被加入到 URL 中，然後程式碼使用 RestSharp 函式庫進行 HTTP GET 請求，這是在現代 .NET 中與網路服務互動的眾多方式之一。

> **別驚慌！**
>
> 如果任何網路服務的程式碼或驗證權杖的處理超出了你的舒適圈，請不用擔心。雖然這些都是你成長過程中應該學習的概念，但網路 API 的實際運作機制對於本章來說並不重要。反之，我們會專注在參數驗證。

既然我們已經說明了這個方法的作用，讓我們來談談它如何能夠做得更好。

首先，對於 id 和 apiKey 來說，任何字串的值在這裡都是有效的。這包括如 null 和 empty 或空白字串（whitespace string）等值。雖然你可能認為，開發者不會為「這些參數」嘗試使用「這些值」，但我可以想到一些很有說服力的理由，有人可能會嘗試其中之一：

- 有人可能會嘗試傳入 null 值給 id 參數，認為這樣可以獲得下一個航班、所有航班，甚至是一個隨機航班。
- 沒有 API 密鑰的開發者可能會認為，只有在「修改伺服器上的資料」的請求中才需要 API 密鑰，或者，可以在沒有 API 密鑰的情況下，與 API 進行低流量互動。

雖然這兩種假設對於這個 API 來說都是不正確的，我還是可以想像，一個不了解該系統的人可能會嘗試其中任何一種。在雲霄的案例中，如果不提供有效的 API 密鑰，將導致伺服器回傳狀態碼 401 未經授權錯誤。

另一方面，如果不提供 id 參數，當程式碼嘗試將 id 轉換為小寫時，會導致 NullReferenceException 錯誤，如圖 10.1 所示：

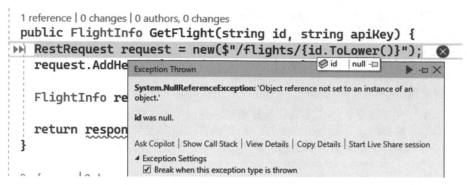

圖 10.1：由於在呼叫 ToLower 時 id 為 null，導致出現 NullReferenceException 錯誤

這兩種錯誤都是嘗試與這段程式碼互動的開發者可能會遇到的問題，而這兩種錯誤都無法充分告訴開發者，他們在傳遞參數時犯了錯誤。讓我們透過驗證來解決這個問題。

10.3.1 執行基本驗證

驗證（validation）的目標是儘早偵測到不良輸入，並在錯誤資料深入系統之前，明確指出這些問題。在建置一個函式庫時，這意味著我們要儘早驗證傳送到程式碼的「參數」，最好是在其他開發者將與之互動的 public 方法中。

這個版本的 GetFlight 執行了一些額外的驗證步驟[43]：

```
public FlightInfo? GetFlight(string id, string apiKey) {
  if (string.IsNullOrEmpty(apiKey)) {
    throw new ArgumentNullException("apiKey");
  }
  if (string.IsNullOrEmpty(id)) {
    throw new ArgumentNullException("id");
  }
  if (!id.StartsWith("CSA", StringComparison.OrdinalIgnoreCase)) {
    throw new ArgumentOutOfRangeException(
      "id", "Cannot lookup non-CSA flights");
  }
  RestRequest request = new($"/flights/{id.ToLower()}");
  request.AddHeader("x-api-key", apiKey);
  LogApiCall(request.Resource);
```

---

43 審校註：請參考 GitHub 專案的 CloudySkiesFlightProvider.cs。

```
        return _client.Get<FlightInfo?>(request);
    }
```

在這裡，我們檢查 apiKey 或 id 是否為 null 值或 empty 字串。如果是的話，我們將拋出 ArgumentNullException 錯誤，告訴呼叫這個方法的人，他們沒有為特定參數提供有效值。

我們也會對 id 進行檢查，以確定它是否指的是「具有雲霄航空公司前綴（即 CSA）的航班」。如果不是，就永遠無法找到該航班，因為系統並未追蹤它。在這種情況下，對呼叫者發出 ArgumentOutOfRangeException 錯誤警告是有道理的。這種類型的例外也常用於「數字」或「日期」超出方法可以接受的範圍的情況。

> **我們真的應該在這裡拋出例外嗎？**
>
> 許多新手開發者認為例外是一件壞事。大多數開發者都討厭遇到例外情況，且拋出例外的執行速度確實可能相對較慢。考慮到這些因素，當你獲得無效值時，有時候最好的選擇是拋出「一個特定例外」來突顯問題。這有助於快速捕捉程式錯誤，防止無效值深入系統中而出錯。

你可能已經注意到，修訂後的程式碼與該方法中的其他邏輯相比，包含了很多的驗證。我們有幾種方法可以改進這一點，我們將在接下來的討論中看到，但讓我們逐步朝這個目標邁進。我們先來看看，如何用更好的方式來參考（referring to）不良的參數值。

10.3.2 使用 nameof 關鍵字

現在，程式碼會驗證參數並拋出例外，如下所示：

```
    throw new ArgumentNullException("apiKey");
```

在這個範例中，"apiKey" 指的是參數名稱，這有助於開發者識別例外是針對哪個參數發出的。

如果有人稍後將該參數重新命名為 apiToken，會發生什麼事呢？這種變更不會導致任何編譯器錯誤，仍會拋出例外。不幸的是，例外將參考不再存在的舊參數名稱（即 apiKey），這會讓遇到錯誤的開發者感到困惑。

為了解決這個問題，C# 為我們提供了 nameof 關鍵字，它看起來像這樣：

```
public FlightInfo? GetFlight(string id, string apiKey) {
  if (string.IsNullOrEmpty(apiKey)) {
    throw new ArgumentNullException(nameof(apiKey));
  }
```

程式碼被編譯時，nameof 關鍵字會評估其所用的參數、方法或類別的名稱。然後，將該 nameof 評估的結果字串包括在編譯後的程式碼中。換句話說，它與我們之前的程式碼完全相同——只不過，如果參數曾被重新命名，我們的程式碼將無法編譯，直到將 nameof 關鍵字更新為參考「已重新命名的參數」。

這讓我們可以依賴編譯器，來確保「我們的參數驗證」使用正確的參數名稱，即使將來這些參數被重新命名。

讓我們來介紹，如何以更簡潔的方式拋出例外。

10.3.3 使用保護條件進行驗證

目前，我們的驗證邏輯包括一個 if 陳述式，後面跟著一個條件 throw 陳述式。這種驗證很常見，而當驗證變得複雜時，可能需要許多行程式碼。為此，.NET 現在以**保護條件（guard clauses）**的形式，為我們提供了一種更簡潔的互動方式。

透過呼叫 ArgumentException.ThrowIfNullOrEmpty，我們可以將驗證程式碼簡化成一行，如下所示：

```
public FlightInfo? GetFlight(string id, string apiKey) {
  ArgumentException.ThrowIfNullOrEmpty(id, nameof(id));
```

這個方法將檢查傳入的參數值，如果該值為 null，就會拋出一個 ArgumentNullException 錯誤；如果該值為 empty 字串，則會拋出 ArgumentException 錯誤。

.NET 目前並未內建太多這類驗證功能，但如果你喜歡這個想法，並希望進行像是負數、數值或日期範圍等驗證，你一定會喜歡 Steve Smith 的優秀 **GuardClauses 函式庫**。

10.3.4 使用 GuardClauses 函式庫的保護條件

為了協助增強內建的保護條件，Steve Smith 建立了 **Ardalis.GuardClauses 函式庫**。

要使用 GuardClauses 函式庫，請透過 NuGet Package Manager 安裝最新版本的 Ardallis.GuardClauses，就像我們在之前的章節中所做的那樣。

接下來，將 using Ardalis.GuardClauses; 加入到 .cs 檔案的最頂端。

安裝並參考後，你將能夠使用 guard 語法，如下面的程式碼所示：

```
public Flights GetFlightsByMiles(int maxMiles, string apiKey) {
    Guard.Against.NegativeOrZero(maxMiles);
    Guard.Against.NullOrWhiteSpace(apiKey);
    // 其他邏輯省略…
}
```

在這裡，GuardClauses 函式庫在 Guard.Against 語法中提供了各種靜態方法，讓你可以驗證許多事情。

如果驗證條件得到滿足（例如呼叫 NegativeOrZero 時，maxMiles 為 4），程式將正常執行。然而，如果條件未得到滿足，就會拋出一個 ArgumentException 錯誤，並包含違反條件的參數名稱。

我發現這個函式庫的撰寫和閱讀都很符合直覺，且它還能帶來有效率和高效能的保護條件，只需最少的工作量。

GuardClauses 函式庫的全部功能超出了本書的範疇，但你可以安裝它並查看可用的方法，或是參考本章尾聲的「**延伸閱讀**」小節。

> **但等等，還有更多！**
> 經本書優秀的技術檢閱者們熱心提醒，還有一個熱門的 **FluentValidation 函式庫**，這個函式庫提供了一系列豐富的驗證規則，可以應用於你的類別。更多資訊，請見「**延伸閱讀**」小節。

在我們繼續之前，我想要指出 Ardalis.GuardClauses 函式庫一個你可能還未察覺的方面。

假設你用 `Guard.Against.Null(apiKey);` 呼叫了一個保護條件。

如果這個驗證規則失敗了，就會拋出一個 `ArgumentException` 錯誤。這個例外會有一個 `ParamName` 屬性，其值為 `apiKey`。此外，即使在呼叫保護條件時你沒有提供名稱，結果的訊息也將提到 `apiKey` 參數的名稱。

這是因為函式庫使用了 `CallerArgumentExpression` 屬性，我們接下來將探討這個屬性。

10.3.5 使用 CallerMemberInformation 屬性

事實證明，`nameof` 這個關鍵字在消除「字串」這方面非常成功（這些「字串」指的是那些後來被重新命名的事物），也是因為如此，C# 發展出四種獨立的屬性（attribute），這些屬性可以告訴你任何特定方法的資訊。

這些屬性每一個都被應用於方法參數。如同 `nameof` 關鍵字一樣，這些屬性在編譯時被評估，最終在編譯後的程式碼中，使用 `string` 或 `int` 型別來代替它們。

四種可用的呼叫者成員屬性，如下所示：

- **CallerFilePath** 包含一個字串，即呼叫「方法」的程式碼檔案的「名稱」和「路徑」，而這個方法是在編譯該程式碼的機器上呼叫的
- **CallerLineNumber** 包含一個 `int` 型別，表示方法呼叫（method call）的程式碼行號
- **CallerMemberName** 包含方法或屬性的名稱，表示方法呼叫發生在哪個方法或屬性中
- **CallerArgumentExpression** 在評估運算式之前，將「傳遞到方法的運算式」轉換為「字串」

讓我們以 `LogApiCall` 為例來看看這個過程：

```
public static void LogApiCall(string url,
    [CallerFilePath] string file = "",
    [CallerLineNumber] int line = 0,
    [CallerMemberName] string name = "",
    [CallerArgumentExpression(nameof(url))] string expr = "")
```

```
{
  Console.WriteLine($"Making API Call to {url}");
  Console.WriteLine("Called in:");
  Console.WriteLine($"{file}:{line} at {name}");
  Console.WriteLine($"Url expression: {expr}");
}
```

這種方法接受五個參數,其中第一個是標準的字串參數(string parameter),其餘四個則使用各種呼叫者成員資訊屬性(caller member information attribute)。請注意,這些屬性都有指定的預設值。如果沒有為這些參數指定「值」,編譯器就會在編譯過程中,用「它檢測到的值」替換每個參數。

讓我們來看看一個範例呼叫:

```
public IEnumerable<FlightInfo> GetFlightsByMiles(
  int maxMiles, string apiKey) {
  // 驗證省略 ...
  string url = $"/flights/uptodistance/{maxMiles}";
  RestRequest request = new(url);
  request.AddHeader("x-api-key", apiKey);
  LogApiCall(request.Resource);
  IEnumerable<FlightInfo>? response =
    _client.Get<IEnumerable<FlightInfo>>(request);
  return response ?? Enumerable.Empty<FlightInfo>();
}
```

請注意,在叫用 LogApiCall 時,僅指定了字串參數。由於每個參數都有屬性,因此其餘參數在編譯期間都被賦予了值。

同時,請注意用來獲取該字串的運算式是 request.Resource。這個運算式就是 CallerArgumentExpression 用來產生其字串的,因為 CallerArgumentExpression 屬性需要另一個參數的名稱。在這個範例中,我們指定了 [CallerArgumentExpression(nameof(url))],來查看傳入 url 參數的運算式——這是該方法接受的第一個參數。

當這個程式碼執行時,我們將在主控台看到以下記錄的訊息:

```
Making API Call to /flights/uptodistance/500
Called in:
C:\RefactorBook\Chapter10\CloudySkiesFlightProvider.cs:51
```

```
   at GetFlightsByMiles
 Url expression: request.Resource
```

如你所見，它記錄了我硬碟上檔案的完整路徑，以及 LogApiCall 方法呼叫的行號。

request.Resource 的運算式就是被用來呼叫該方法的確切程式碼字串，如下所示：

```
 LogApiCall(request.Resource);
```

呼叫者成員資訊屬性對於某些類型的事情（例如記錄和驗證）或者某些特殊情境（例如在 **WPF 應用程式**中引發 INotifyPropertyChanged）來說，非常方便。（WPF 是 **Windows Presentation Foundation** 的縮寫。）

在充分探討了「如何使用方法的參數」之後，讓我們來看看現代 C# 如何讓我們安全地處理 null 值。

10.4 防止 null 值

英國電腦科學家 Tony Hoare 普遍被認為是程式設計中 null 參考（null reference）的發明者。他在 2008 年因此向大眾道歉，並稱之為他的「價值十億美元的錯誤」（billion-dollar mistake）。這是因為在各種程式語言中，當程式碼嘗試與「目前持有 null 值的變數」進行互動時，會發生數不清的錯誤和崩潰。雖然我不能責怪 Tony Hoare，但 null 值確實非常危險。

在 .NET 中，這會以 NullReferenceException 錯誤的形式出現，正如我們在本章前面所看到的那樣。當你嘗試在「目前包含 null 值的變數」上叫用方法或評估屬性時，就會收到 NullReferenceException 錯誤。

在 C# 8 之前，開發者需要明確知道任何參考型別都可能包含一個 null 值，並撰寫條件邏輯，例如下面的程式碼：

```
 if (flight != null) {
   Console.WriteLine($"Flight {flight.Id}: {flight.Status}");
 }
```

這種「檢查是否為 null，然後有條件地執行操作」的模式，在 C# 中變得普遍，因為如果不這麼做，開發者就會遇到 NullReferenceException 錯誤。不幸的是，這導致整個程式碼中都出現了「檢查是否為 null」的情況，包括許多本來不會遇到 null 的地方。

在 C# 8 中，導入了 nullable（可為 null）參考型別，這有助於開發者理解何時何地可能會遇到 null 值，也就是說，這些地方會提醒他們主動防止 null 值。此外，這些改進也讓我們更容易在「不期望出現 null 值的地方」，刪除那些「不必要的 null 值檢查」。

在 C# 8 及之後的版本中，啟用了 nullable 分析時，可以透過在型別指標（type indicator）後面加入？來表示任何參考型別可能為 null，如下所示，以此處的 FlightInfo 為例：

```
public FlightInfo? GetFlight(string id, string apiKey) {
  ArgumentException.ThrowIfNullOrEmpty(id);
  ArgumentException.ThrowIfNullOrEmpty(apiKey);
  RestRequest request = new($"/flights/{id.ToLower()}");
  request.AddHeader("x-Api-key", apiKey);
  LogApiCall(request.Resource);
  return client.Get<FlightInfo?>(request);
}
```

在這個案例中，這表示 GetFlight 方法將回傳一個 FlightInfo 執行個體或一個 null 值。此外，這表示 id 和 apiKey 參數將永遠有一個非 null 的字串。如果這些接受 null 值，它們將被宣告為 string? id, string? apiKey。

> **重要提醒**
>
> C# 中的 nullable 分析並不會阻止你將 null 值傳入「聲稱不接受 null 的地方」，也不會阻止你從「聲稱回傳非 null 回傳型別的方法」那裡回傳 null 值。反之，nullable 分析會將這些情況標記為警告（warning），這將有助於你處理這些問題。我們會在「**第 12 章**」再詳細討論程式碼分析警告。

如果我們想說明 GetFlight 絕不會回傳 null，我們將從 FlightInfo 回傳型別中刪除？，並驗證 API 的結果不為 null：

```
public FlightInfo GetFlight(string id, string apiKey) {
  ArgumentException.ThrowIfNullOrEmpty(id);
```

```
ArgumentException.ThrowIfNullOrEmpty(apiKey);
RestRequest request = new($"/flights/{id.ToLower()}");
request.AddHeader("x-api-key", apiKey);
LogApiCall(request.Resource);
FlightInfo? flightInfo=_client.Get<FlightInfo?>(request);
if (flightInfo == null) {
  string message = $"Could not find flight {id}";
  throw new InvalidOperationException(message);
}
return flightInfo;
}
```

透過 `_client.Get` 向 API 發出的請求，仍有可能回傳 nullable 的值，所以程式碼現在必須檢查 null 值，並在遇到 null 值時有條件地拋出例外。然而，這確保了程式碼只回傳「非 null 值」，這符合開啟 nullable 分析時 `FlightInfo` 的回傳型別所指示的內容。

讓我們來看看如何在 Visual Studio 中啟用和禁用 nullable 分析。

10.4.1 在 C# 中啟用 nullable 分析

自 .NET 6 以來，新專案預設已啟用 nullable 參考型別。

不過，在使用 C# 8 或更高版本的任何專案中，你也可以透過在專案的 `.csproj` 檔案中加入一個 `<Nullable>enable</Nullable>` 節點，來啟用 nullable 參考型別：

```
<Project Sdk="Microsoft.NET.Sdk">
  <PropertyGroup>
    <OutputType>Library</OutputType>
    <TargetFramework>net8.0</TargetFramework>
    <ImplicitUsings>enable</ImplicitUsings>
    <Nullable>enable</Nullable>
    <RootNamespace>Packt.CloudySkiesAir</RootNamespace>
  </PropertyGroup>
</Project>
```

你可以選擇使用如記事本等文字編輯器來編輯這個檔案，或者，你也可以按兩下 **Solution Explorer** 中的專案節點，在 Visual Studio 內部編輯這個檔案。

如果你不想為整個專案啟用 nullable 分析，你可以使用像是 #nullable enable 和 #nullable disable 這類的預處理器陳述式來啟用和停用 nullable 分析。例如，以下的程式碼暫時禁用了一個類別定義的 nullable 分析：

```
#nullable disable
public class FlightInfo {
  public string Id { get; set; }
  public FlightStatus Status { get; set; }
  public string Origin { get; set; }
  public string Destination { get; set; }
  public DateTime DepartureTime { get; set; }
  public DateTime ArrivalTime { get; set; }
  public int Miles { get; set; }
  public override string ToString() =>
    $"{Id} from {Origin} to {Destination} " +
    $"on {DepartureTime}. Status: {Status}";
}
#nullable restore
```

我建議你使用專案層級的 nullable 分析，盡量避免使用 #nullable。我認識許多開發者，他們每次看到預處理器陳述式都會感到不適。我的觀點是，#nullable 應該保留給這種情況：當你打算將「一個較大的專案」轉換為使用 nullable 分析，但尚未準備好為「整個專案」啟用它時。

10.4.2 使用 nullable 運算子

我們在前面討論了，使用？表示一種型別可能包含 null 值，但是你也應該注意，C# 中還有其他幾種和 nullable 相關的運算子。

首先是非 null 驗證運算子！，它告訴 C# 某些事物絕不會為 null，並忽略該值的 nullable 警告。

我經常在使用 Console.ReadLine() 的時候使用這項功能。這個方法表示它可能會回傳一個 null 值，但在實際操作中，它從未回傳過 null 值。可以使用！來抑制這種情況，如下所示：

```
Console.WriteLine("Enter a flight #: ");
string id = Console.ReadLine()!;
```

在這裡，我們使用了 ReadLine，它被定義為有一個 string? 結果，並把它儲存在 string 當中。! 運算子表示應該將 string? 結果視為 string 來處理。

其他的 nullable 運算子，如下所示：

- **null 條件運算子（?，null-conditional operator）**：只有在被叫用的物件非 null 值時，才會有條件地呼叫方法。例如，_conn?.Dispose() 只會在 _conn 非 null 值時，呼叫 Dispose 方法。
- **null 聯合運算子（??，null coalescing operator）**：用來在某些事物是 null 值時使用備份值（backup value）。例如，int miles = flight?.Miles ?? 0;，它使用 null 條件運算子和 null 聯合運算子來安全地從航班中取出 Miles，或者在沒有航班時使用 0。
- **null 聯合賦值運算子（??=，null coalescing assignment operator）**：只有當變數已是 null 值時才為其分配值。例如，message ??= "An unexpected error has occurred";，只有在 message 為 null 時，才會在 message 中賦予新的錯誤訊息。這讓我們可以有效地用「備份值」替換「null 值」。

nullable 分析和 nullable 運算子的結合，能夠以簡潔的方式協助我們，在處理 null 值時做出明智的決策。這讓程式碼既有效率又專注，同時也引導我們，在程式碼中處理 null 值時採用更一致的策略。

讓我們從廣泛的角度來看看，可以在類別層級上做出哪些改變，來協助我們設計出更強健的應用程式。

10.5 超越類別

在 C#9 及之後的版本中，微軟致力於透過 record 型別、init-only 屬性、主要建構函式（primary constructor）等方式，向開發者提供操作「類別」的新選擇。

在這一節中，我們將探討這些較新的 C# 建構函式如何改善你的類別設計。

10.5.1 偏好不可變類別

近年來，不可變類別（immutable class）變得越來越受歡迎。這種不可變性是指在物件被建立後無法進行變更。

這意味著，一旦物件存在，就不能修改其狀態，而且只能建立與原物件類似的新物件。如果你熟悉在 .NET 中使用 string 和 DateTime 物件，那麼你也看過此概念，像是在 string 上的 ToLower 方法和在 DateTime 上的 AddDays 方法，它們回傳的是一個新的物件，而非修改原先的物件。

讓我們來看看一個代表登機證（boarding pass）的小型類別，這個小型類別現在是可變的（可以變更），然後將它轉換成一個不可變類別：

```
public class BoardingPass {
  public FlightInfo Flight { get; set; }
  public string Passenger { get; set; }
  public int Group { get; set; }
  public string Seat { get; set; }
}
```

這只是一個擁有屬性（property）及 getter 和 setter 的 plain old C# object[44]。從邏輯上思考這個類別，我們可以找出幾個問題：

- 沒有任何事情阻止 Flight、Passenger 或 Seat 擁有一個 null 值。
- 一旦建立了登機證，如 passenger、boarding group、seat 甚至是 flight 等屬性都可以被改變。在航空商業的背景下，這並不合理，因為需要發出「新的登機證」才能變更這些。

我們可以修改這個物件，使其成為不可變的，並要求這些參數具有「有效值」，做法是移除它們的 setter 並加入一個帶有驗證的建構函式：

```
public BoardingPass(
  FlightInfo flight, string passenger, string seat, int group) {
  ArgumentNullException.ThrowIfNull(flight);
  ArgumentException.ThrowIfNullOrEmpty(passenger);
  ArgumentException.ThrowIfNullOrEmpty(seat);
  if (group < 1 || group > 8) {
    throw new ArgumentOutOfRangeException(nameof(group));
```

---

44 審校註：在物件導向中，比較常看到 POCO（Plain Old Class Object）這個縮寫，簡言之，就是一個簡單（或基礎、或普通）的類別。而作者的用法 plain old C# object 是專指 C# 的 POCO，一個很普通的 C# 類別。還有另一種 Plain Old CLR Object，即簡單的 CLR 類別。此外，在 Java 語言也稱為 POJO（Plain Old Java Object），即簡單的 Java 物件。

```
    }
    Flight = flight;
    Passenger = passenger;
    Seat = seat;
    Group = group;
}
```

這個建構函式現在要求，在物件建立時，必須為物件上的所有屬性提供有效值。同時，移除屬性的 setter，確保該類別保持有效且不能被改變。

如果需要的話，我們可以向 BoardingPass 類別加入新方法，這些方法的目的是建立並回傳一個新的 BoardingPass 物件，而這個「新物件」應擁有與「原始物件」類似的特性；這種建立「新物件」的方式，就像各種 string 和 DateTime 方法一樣。然而，with 運算式提供了一種更有趣的方式來做這件事，我們稍後會討論。

雖然初次使用不可變性時，可能會帶來更多不便而不是好處，但使用不可變類別還是有幾個關鍵優勢的：

- 不可變類別可以在建立時進行驗證，確保它們處於有效狀態。一旦建立，這種有效狀態就無法改變。
- 當物件可以在程式碼中的任何地方進行修改時，在多個其他類別可能參考這個物件的情況下，這會使追蹤「到底是誰改變了一個物件」變得更加困難。不可變物件能防止這種情況發生。
- 有些概念作為不可變物件更有意義，例如「某份文件的先前版本」或是「機場乘客的登機證」。
- 由於不可變物件不會改變，所以可以在「多執行緒應用程式」中得到可靠的使用。如果沒有不可變性，你就需要依賴使用 Interlocked、lock 關鍵字，或是執行緒安全的集合（thread-safe collections）來避免錯誤（bug）產生。

當然，必須在建構函式中指定「物件的所有屬性」的話，對於有許多屬性的類別而言，可能會很麻煩。此外，在你的專案中，並不是每個類別都需要是不可變的。針對那些可以善加利用不可變性的類別，C# 的 required 關鍵字和 init-only 屬性可以幫助減輕這種負擔。

10.5.2 使用 required 和 init-only 屬性

將每個屬性都作為「參數」加入到類別建構函式中，這樣做的缺點是，建構函式會變得比你想要的還要肥大。此外，建立需要許多「建構函式參數」的物件，過程可能相當麻煩又容易出錯，而建立個別物件也會更混亂、更繁瑣，特別是在需要許多「建構函式參數」的時候。

另一方面，物件初始化器（object initializer）可能更容易讀懂，但直到最近，它們都缺乏一種確保「屬性」存在的方法。

看看建立 BoardingPass（登機證物件）的兩種方式，哪一種對你來說更易讀呢：

```
BoardingPass p1 = new(myFlight, "Amleth Hamlet", "2B", 1);
BoardingPass p2 = {
  Flight = myFlight,
  Passenger = "Amleth Hamlet",
  Seat = "2B",
  Group = 1
};
```

在 p2 中使用的物件初始化器版本更具可讀性和可維護性，尤其是當類別中設定的「屬性」數量隨著時間增加時。

這種做法的傳統缺點是，使用物件初始化器的開發者可能會忘記設定重要的必需屬性。C#11 導入了 required 關鍵字，如果在物件初始化過程中或是在建構函式中，沒有明確初始化必需屬性，且省略了 Passenger 屬性，那麼將無法編譯，如圖 10.2 所示：

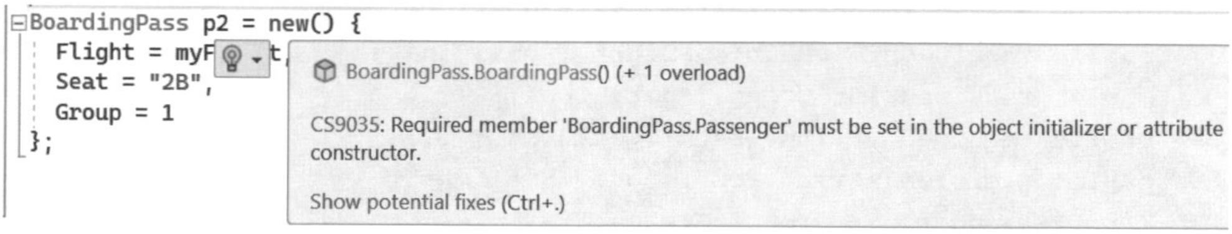

```
BoardingPass p2 = new() {
    Flight = myF     t
    Seat = "2B",
    Group = 1
};
```

BoardingPass.BoardingPass() (+ 1 overload)

CS9035: Required member 'BoardingPass.Passenger' must be set in the object initializer or attribute constructor.

Show potential fixes (Ctrl+.)

圖 10.2：由於未設定 Passenger 而導致的編譯器錯誤

為了實作這個目標，我們可以在類別的任何屬性定義中加入 required，確保它們在物件初始化完成時已明確設定。以下版本的 BoardingPass 具有 required 屬性：

```
public class BoardingPass {
  public required FlightInfo Flight { get; init; }
```

```
    public required string Passenger { get; init; }
    public required int Group { get; init; }
    public required string Seat { get; init; }
}
```

你可能也注意到，這個類別定義將這些屬性定義為 {get; init;}，而不是 {get;} 或 {get; set;}。雖然傳統的 get; set; 組合允許隨時更改屬性，但這違反了不可變性。而 get; 版本移除了「在建構函式以外的任何地方設定屬性」的能力，這也表示「定義為 get; 的屬性」不能在物件初始化器中設定。

在 C# 9 中新增的 get; init; 組合允許在「建構函式」或「初始化器」中設定屬性，但在物件初始化完成後，就不再允許設定。這有助於支援我們的不可變類別設計，同時不限制使用者只能使用建構函式。

我相信「物件初始化器」是 .NET 的未來，而如今在設計不可變類別時，我們更偏好使用 get; init; 來設定必需屬性。

談到未來，讓我們來看看 C# 12 的一個全新功能：參考型別的主要建構函式。

10.5.3 主要建構函式

主要建構函式（**primary constructor**）是必須被呼叫的建構函式，用於初始化類別，並提供一種在類別中自動建立欄位的方式。稍後我們會更詳細地討論關於「必須被呼叫」（must be called）的說法，但讓我們先來看看一個簡單的範例：

```
public class BoardingPass(string Passenger) {
  public required FlightInfo Flight { get; init; }
  public required int Group { get; init; }
  public required string Seat { get; init; }
  public override string ToString() =>
    $"{Passenger} in group {Group} " +
    $"for seat {Seat} of {Flight.Id}";
}
```

這個版本的 BoardingPass 在類別宣告之後立即有「一對括號」和「參數清單」。這是類別的主要建構函式。

在主要建構函式中宣告的任何參數都可以視為 init-only 屬性。這使得主要建構函式大致等同於以下的 C# 程式碼：

```csharp
public class BoardingPass {
  public BoardingPass(string passenger) {
    this.Passenger = passenger;
  }
  public string Passenger {get; init; }
  // 為簡潔起見，省略了其他成員 ...
}
```

主要建構函式的優點是它們非常簡潔，且不需要定義建構函式或者欄位定義。

主要建構函式可以與其他建構函式一起工作，不過你宣告的任何其他建構函式都必須使用 this 關鍵字來呼叫主要建構函式，如下所示：

```csharp
public class BoardingPass(string Passenger) {
  public BoardingPass(FlightInfo flight, string passenger)
  : this(passenger) {
    Flight = flight;
  }
  // 為簡潔起見，省略了其他成員 ...
}
```

基本上，你的主要建構函式總是「必須被呼叫」——無論是獨立呼叫，還是透過 this 關鍵字從另一個建構函式呼叫。

主要建構函式並非僅限於類別，從 C#9 開始也能被 record 使用。

10.5.4 將 Class 轉換為 record 類別

在本書中，我多次提及 record 類別，但沒有具體定義它們或詳細解釋為什麼你要使用它們。

要理解 record 類別，讓我們簡單談談類別中的相等（equality）。預設情況下，如果兩個物件都存在於堆積（heap）中的同一個記憶體位址，那麼它們會被認為是相等的。

這意味著，預設情況下，具有相同屬性的兩個獨立物件並不相等。例如，以下的程式碼會將這兩個登機證視為彼此不同：

```
BoardingPass pass1 = new("Amleth Hamlet") {
    Flight = nextFlight,
    Seat = "2B",
    Group = 2
};
BoardingPass pass2 = new("Amleth Hamlet") {
    Flight = nextFlight,
    Seat = "2B",
    Group = 2
};
Console.WriteLine(pass1 == pass2); // false
```

如「**第 5 章**」所示，你可以透過覆寫 BoardingPass 類別的 Equals 和 GetHashCode 來改變這種行為。然而，record 型別提供了一種更簡單的做法來管理這一點。

record 類別與一般 C# 類別相似，只是它在比較「所有屬性之間的值」是否相等時，才會判定兩個 record 類別相等。換句話說，record 類別就像一個已經覆寫了 Equals 和 GetHashCode 的一般 C# 類別。

讓我們將登機證重新宣告為一個 record 類別：

```
public record class BoardingPass(string Passenger) {
  public required FlightInfo Flight { get; init; }
  public required int Group { get; init; }
  public required string Seat { get; init; }
  public override string ToString() =>
    $"{Passenger} in group {Group} " +
    $"for seat {Seat} of {Flight.Id}";
}
```

現在，只需使用兩個登機證的值，就能成功地對它們進行比較：

```
BoardingPass pass1 = new("Amleth Hamlet") {
    Flight = nextFlight,
    Seat = "2B",
    Group = 2
```

```
};
BoardingPass pass2 = new("Amleth Hamlet") {
    Flight = nextFlight,
    Seat = "2B",
    Group = 2
};
Console.WriteLine(pass1 == pass2); // true
```

這兩個類別被認為是相等的,因為它們擁有相同的值。請注意,`Flight` 屬性指向一個 `FlightInfo` 物件,這仍然是一個標準的 C# 類別,使用傳統的參考相等(reference equality)。這表示登機證必須指向記憶體中的同一個 `FlightInfo` 物件,否則它們不會被視為相等。如果將 `FlightInfo` 設定為 record 類別,就可以改變這一點。

針對可能需要相互比較的小型物件,我會建議使用 record 類別。對於可能經常被執行個體化的類別來說(例如來自資料庫或外部 API 呼叫的物件),record 類別也能派上用場。

讓我們繼續討論 `with` 運算式,這是建立物件時,我最喜歡的新方法。

10.5.5 使用 with 運算式複製物件

with 運算式(with expression)是一種建立物件的簡便方式,這個物件與另一物件相似,但有一些差異。`with` 運算式能有效地處理不可變記錄,它讓你能複製並略微調整來源記錄,而無須對原始 record 做任何修改。

舉例來說,假設我們需要修改 Hamlet 的登機證,他原本是飛機座位 2B。系統可以使用以下的程式碼來建立一張新的登機證,與原先的登機證一模一樣,唯一的差別就是座位改為 2C:

```
BoardingPass pass = new("Amleth Hamlet") {
    Flight = nextFlight,
    Seat = "2B",
    Group = 2
};
BoardingPass newPass = pass with { Seat = "2C" };
```

這會根據原來的登機證建立一個新的登機證，但其中一個屬性稍有不同。

如果我們想讓 Hamlet 換一個新的座位，但是登機組別提前，我們也可以透過列出額外的屬性來實作，如下所示：

```
BoardingPass newPass2 = pass with { Seat = "3B", Group = 1 };
```

我認為 with 運算式是在 C# 中使用 record 類別時，最令人興奮的事物之一，我很欣賞 C# 在簡化物件建立方面的發展方向。

這種參考屬性值的風格並非 with 運算式所獨有，我們將在下一節的「模式比對」中看到。

10.6 進階型別使用

在本章的最後一節中，我們將看到新舊語言功能如何協助你建立更好的型別。

10.6.1 探索模式比對

原來我們可以使用與「前面的運算式風格」相同的語法，透過**模式比對**（**pattern matching**）來有條件地比對不同的物件。

為了解釋我的意思，讓我們先從一個範例開始。這個範例迭代（loop over）不同的登機證[45]：

```
List<BoardingPass> passes = PassGenerator.Generate();
foreach (BoardingPass pass in passes) {
  if (pass is { Group: 1 or 2 or 3,
                Flight.Status: FlightStatus.Pending }) {
    Console.WriteLine($"{pass.Passenger} board now");
  } else if (
    pass is { Flight.Status: FlightStatus.Active or
              FlightStatus.Completed }) {
    Console.WriteLine($"{pass.Passenger} flight missed");
  } else {
```

---

45 審校註：請參考 GitHub 專案的 Program.cs。

```
        Console.WriteLine($"{pass.Passenger} please wait");
    }
}
```

這段程式碼對一組登機證進行迭代，並執行以下三種操作之一：

- 如果航班處於 Pending，且乘客在 1、2 或 3 組別，我們就通知他們登機。
- 如果航班處於 Active 或 Completed，我們就告訴乘客他們錯過了飛機。
- 如果這兩種情況都不成立，這表示該航班必須處於 Pending 狀態，但乘客所在的組別並未登機，所以我們通知他們要等待。

這段程式碼有點隨意，特別是在處理登機組別的方式上，但它展示了模式比對的一些能力。

使用模式比對，你可以在 if 陳述式中評估物件上的一個或多個屬性，以此簡潔地同時檢查多項內容。

除了可以在 if 陳述式中使用模式比對之外，它們也常用於 switch 運算式中，如「**第 3 章**」所示。我們可以將前面程式碼重寫成 switch 運算式，如下所示：

```
List<BoardingPass> passes = PassGenerator.Generate();
foreach (BoardingPass pass in passes) {
    string message = pass switch {
        { Flight.Status: FlightStatus.Pending, Group: 1 or 2 or 3 }
            => $"{pass.passenger} board now",
        { Flight.Status: not FlightStatus.Pending }
            => $"{pass.passenger} flight missed",
        _ => $"{pass.passenger} please wait",
    };
    Console.WriteLine(message);
}
```

在這裡我們可以看到，switch 運算式的概念結合了模式比對的強大功能，用於設定 message 變數中的字串。請注意，為了簡潔起見，也為了突顯 not 關鍵字在否定或反轉模式比對運算式中的用法，程式碼使用了 not FlightStatus.Pending，而不是 FlightStatus.Active 或 FlightStatus.Completed。

雖然需要花費一些時間來學習閱讀這段程式碼，但這種語法中幾乎沒有所謂的「浪費」。每一行程式碼的主要部分都著重於「必須為 true 的條件」或者「當條件為 true 時需要使用的值」。此外，這種語法可以更輕鬆地處理比一般的 C# 邏輯更為複雜的情境，例如 or、not 等陳述式。

當然，就像任何新的 C# 語言功能一樣，如果對於你和團隊來說可讀性成本過高，你完全可以避免使用 switch 運算式和模式比對。

我們已經學會，在 C# 的最新版本中，模式比對和 switch 運算式如何一起工作。接下來，讓我們來看看 C# 最早的增強功能之一：泛型。

10.6.2 使用泛型來減少重複性

泛型（generics）是每位 .NET 開發者每天都會遇到並使用的概念。

當你使用 List<string>（讀作 list of strings）時，你正在使用的是一個泛型 List 物件，它可以儲存特定型別的資料——目前情況下是字串。

泛型的運作方式是至少指定一種型別參數（type parameter），該型別參數會進入類別或方法，讓類別或方法根據該型別進行結構化。

為了說明泛型的優點，讓我們來看看一個非常簡單的 FlightDictionary 類別，它使用字典來儲存 FlightInfo 物件的識別碼（identifier），並加入一些輕量級的主控台紀錄[46]：

```csharp
public class FlightDictionary {
  private readonly Dictionary<string, FlightInfo> _items = new();
  public bool Contains(string identifier) =>
    _items.ContainsKey(identifier);
  public void AddItem(string id, FlightInfo item) {
    Console.WriteLine($"Adding {id}");
    _items[id] = item;
  }
  public FlightInfo? GetItem(string id) {
    if (Contains(id)) {
```

---

46 審校註：請參考 GitHub 專案的 LoggingDictionary.cs。

```
      Console.WriteLine($"Found {id}");
      return _items[id];
    }
    Console.WriteLine($"Could not find {id}");
    return null;
  }
}
```

這個類別是一個新的集合類別（collection class）的開端，類似於 .NET 提供的 Dictionary 類別。它允許外部呼叫者用「字串識別碼」來加入、擷取和檢查 FlightInfo。

雖然這段程式碼非常簡單，而且缺少我所期望的真實集合類別的一些功能，但它應該能夠說明泛型的必要性。這提出了以下問題：如果我們很喜歡這個用於 FlightInfo 物件的類別，並希望使用類似的方式來處理 BoardingPass 物件，該怎麼辦？

常見的是，有人可能會選擇複製並貼上 FlightDictionary 類別，來建立一個新的 BoardingPassDictionary，如下所示：

```
public class BoardingPassDictionary {
  private readonly Dictionary<string, BoardingPass> _items = new();
  public bool Contains(string identifier) =>
    _items.ContainsKey(identifier);
  public void AddItem(string id, BoardingPass item) {
    Console.WriteLine($"Adding {id}");
    _items[id] = item;
  }
  public BoardingPass? GetItem(string id) {
    if (Contains(id)) {
      Console.WriteLine($"Found {id}");
      return _items[id];
    }
    Console.WriteLine($"Could not find {id}");
    return null;
  }
}
```

這兩個類別之間的唯一區別是儲存的項目型別。

泛型讓我們可以做的就是宣告一個類別，這個類別會接受它在不同操作中應該使用的型別參數。

現在，讓我們來看看一個可重複使用的版本，這個類別接受泛型型別參數（generic type parameter），用於作為「每個項目的鍵值」（a key for each item）的型別，以及作為「值」（a value）的型別：

```csharp
public class LoggingDictionary<TKey, TValue> {
  private readonly Dictionary<TKey, TValue> _items = new();
  public bool Contains(TKey identifier) =>
    _items.ContainsKey(identifier);
  public void AddItem(TKey id, TValue item) {
    Console.WriteLine($"Adding {id}");
    _items[id] = item;
  }
  public TValue? GetItem(TKey id) {
    if (Contains(id)) {
      Console.WriteLine($"Found {id}");
      return _items[id];
    }
    Console.WriteLine($"Could not find {id}");
    return default(TValue);
  }
}
```

這個類別的實作依賴於兩個泛型參數：TKey 和 TValue。這些參數可以是你想要的任何名稱，但慣例是使用 **PascalCasing**，並讓每個型別參數以字母 T 開頭[47]。

有了這個類別，你就可以使用以下的語法，為任何需要支援的型別建立一個新的 LoggingDictionary：

```csharp
LoggingDictionary<string, BoardingPass> passDict = new();
LoggingDictionary<string, FlightInfo> flightDict = new();
```

泛型是自 .NET Framework 2.0 以來就存在的東西，但今天仍有價值，能增加類別的可重複使用性。

---

47 審校註：一般大小寫規則有 PascalCasing 與 camelCasing 兩種，從規則命名就可以簡單區分，PascalCasing 會將每個單字的第一個字元大寫，camelCasing 則是第一個單字除外，之後每個單字的第一個字元大寫。

在本章的最後，讓我們簡短地了解一下 C# 12 的新功能：**型別別名（type alias）**。

10.6.3 使用指令導入型別別名

假設你正在開發一個系統，需要處理一些你不確定的資料型別，且未來可能需要變更。或者，你可能經常需要處理一些相當難看的型別，例如需要在整個類別中處理 List<string, Dictionary<Passenger, List<FlightInfo>>> 這種型別。

雖然後者的一種解決方案可能是導入你的類別來隱藏這些複雜性，但在 C# 12 中，另一種全新選項是透過 using 陳述式使用**型別別名**。

讓我們來簡化 CloudySkiesFlightProvider.cs 中的一些程式碼，以減少 IEnumerable<FlightInfo> 出現的地方。我們將使用 GetFlightsByMiles 方法作為範例：

```
public IEnumerable<FlightInfo> GetFlightsByMiles(
  int maxMiles, string apiKey) {
  RestRequest request = new($"/flights/uptodistance/{maxMiles}");
  request.AddHeader("x-api-key", apiKey);
  LogApiCall(request.Resource);
  IEnumerable<FlightInfo>? response =
    _client.Get<IEnumerable<FlightInfo>>(request);
  return response ?? Enumerable.Empty<FlightInfo>();
}
```

這段程式碼並不糟糕，但請想像一下：如果你非常堅決，不喜歡到處都看到 IEnumerable<FlightInfo>，而你寧願為此定義一個自訂型別。

使用 C# 12，你可以把這一行加入到檔案中的 using 陳述式：

```
using Flights = System.Collections.Generic.IEnumerable
<Packt.CloudySkiesAir.Chapter10.FlightInfo>;
```

藉由這個改變，你現在可以修改你的方法，來使用你的新型別別名：

```
public Flights GetFlightsByMiles(int maxMiles, string apiKey) {
  RestRequest request = new($"/flights/uptodistance/{maxMiles}");
  request.AddHeader("x-api-key", apiKey);
  LogApiCall(request.Resource);
```

```
Flights? response = _client.Get<Flights>(request);
return response ?? Enumerable.Empty<FlightInfo>();
}
```

這段程式碼並沒有改變「你在這個方法中處理的是 IEnumerable<FlightInfo>」的事實，但它的確縮減了你需要輸入的程式碼數量，並簡化了程式碼的閱讀。

此外，如果你想在這些地方改用另一種型別，現在只需修改 using 陳述式即可。

我不確定「隱藏底層型別」這樣的做法是否能帶來更多好處，或許某種程度上這可能帶來更多困惑，但我認為在某些地方這確實是有所幫助的，尤其是在處理複雜的泛型型別或處理 tuple（多個值的集合）的時候。

至於型別別名的效力，以及使用它們的最佳場合，仍需要時間來證明，但我很高興我們現在有了這個選擇。

10.7 小結

在本章中，我們探討了多種方式，來確保你的類別安全且可重複使用，這些方式包括引數（argument）驗證、呼叫者成員資訊、nullable 分析，以及使用現代 C# 功能，例如 record 類別、主要建構函式、模式比對，還有使用 required 和 init 關鍵字來增強屬性。

這些語言功能可以幫助你在開發過程中及早偵測到問題，更有效地處理物件，並且整體而言，撰寫更少的程式碼。

這結束了本書的 **Part 2**。在 **Part 3** 中，我們將探討 AI 和程式碼分析工具如何協助你和團隊持續地打造更好的軟體。

10.8 問題

請回答以下問題,來測試你對本章的理解:

1. 拋出例外對於程式碼來說有何好處?
2. 在 C# 中,你可以透過哪些方式來宣告一個屬性?
3. 在 C# 中,你可以透過哪些方式來執行個體化一個物件?
4. 類別和 record 類別之間的區別是什麼?

10.9 延伸閱讀

如果讀者想要了解更多關於本章討論的資訊,可以參考以下資源:

- GuardClauses 函式庫:`https://github.com/ardalis/GuardClauses`
- FluentValidation 函式庫:`https://github.com/FluentValidation/FluentValidation`
- 呼叫者成員資訊:`https://learn.microsoft.com/en-us/dotnet/csharp/language-reference/attributes/caller-information`
- 主要建構函式和型別別名:`https://devblogs.microsoft.com/dotnet/check-out-csharp-12-preview/`
- 在現代 C# 中更安全的 nullable:`https://newdevsguide.com/2023/02/25/csharp-nullability/`
- C# 中的類別、結構和記錄概覽:`https://learn.microsoft.com/en-us/dotnet/csharp/fundamentals/object-oriented/`
- 在例外或驗證之間做出選擇:`https://ardalis.com/guard-clauses-and-exceptions-or-validation/`

Part 3

利用AI和程式碼分析
進階重構

Part 3 的重點是進階重構技巧：使用「AI 人工智慧」和 Visual Studio 內建的現代化「程式碼分析功能」。

首先，我們會介紹如何使用 GitHub Copilot Chat 來「重構」、「產生」、「檢查」、「文件化」及「測試」程式碼。

然後，我們會介紹程式碼分析工具和規則集，以及一些能夠協助捕捉額外問題的第三方工具，對 Visual Studio 的「程式碼分析功能」進行詳盡介紹。最後，我們會建置和部署自己的 Roslyn 分析器，既作為 Visual Studio 擴充功能，也作為 NuGet 套件，並以此探討 Visual Studio 的程式碼分析是如何以 Roslyn 分析器為基礎來運作的。

Part 3 將讓你深入理解程式碼分析問題，以及新的生產力工具，協助你檢測和解決程式碼中的問題。

Part 3 包含了以下內容：

- 第 11 章：AI 輔助重構：使用 GitHub Copilot
- 第 12 章：Visual Studio 中的程式碼分析
- 第 13 章：建立一個 Roslyn 分析器
- 第 14 章：使用 Roslyn 分析器重構程式碼

11

AI輔助重構：
使用GitHub Copilot

變化是科技中的常態，而對於 .NET 生態系統來說，這種說法更是如此。微軟每年都會發佈 .NET 和 C# 的新版本，具備各種新功能，讓程式語言隨著科技的變化仍能持續吸引人、實用，並保持相關性。但在過去的兩年中，對於 .NET 開發來說，最重大的改變並非來自主要的程式語言發佈，而是來自 AI 人工智慧領域，例如 GitHub Copilot 和 ChatGPT 這種 AI 助理。

在本章中，我們將探索 GitHub Copilot 如何整合到 Visual Studio 中，並將類似 ChatGPT 的對話式 AI 導入到你的編輯器中。我們也將探討這帶來的一些有趣可能性，以及在考慮這種新技術是否適合我們的工具集時，必須要謹記在心的事情。

在本章中，你會學到下列這些主題：

- 介紹 GitHub Copilot
- 在 Visual Studio 中開始使用 GitHub Copilot
- 使用 GitHub Copilot Chat 進行重構
- 使用 GitHub Copilot Chat 撰寫文件
- 利用 GitHub Copilot Chat 產生測試想法
- 理解 GitHub Copilot 的限制

11.1 技術需求

讀者可以在本書的 GitHub 找到本章的起始程式碼：`https://github.com/PacktPublishing/Refactoring-with-CSharp`，在 `Chapter11/Ch11BeginningCode` 資料夾中。

11.2 介紹 GitHub Copilot

2021 年，GitHub 宣布推出一款名為 **GitHub Copilot** 的新 AI 工具。GitHub Copilot 是一種編輯器擴充功能（editor extension），可以整合到不同編輯器中，包括 JetBrains Rider、VS Code 以及 Visual Studio 2022 所有版本等等。

GitHub Copilot 的工作方式是查看你剛剛輸入的程式碼，並對「你即將輸入的程式碼」產生預測。如果它有預測，且你當時並未輸入文字，GitHub Copilot 會在你的游標前方以「灰色文字」顯示預測，供你評估並加入到程式碼中，如圖 11.1 所示：

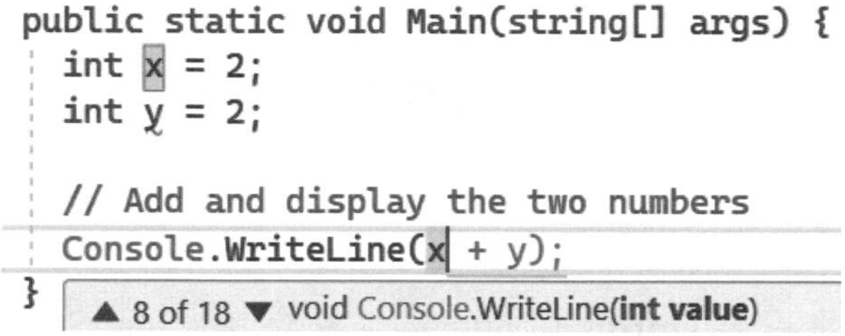

```
public static void Main(string[] args) {
    int x = 2;
    int y = 2;

    // Add and display the two numbers
    Console.WriteLine(x + y);
}
    ▲ 8 of 18 ▼ void Console.WriteLine(int value)
```

圖 11.1：GitHub Copilot 在開發者輸入時建議加入的程式碼

Copilot 是使用預測性機器學習模型（predictive machine learning model）來實作的，這個模型已在 C#、F#、JavaScript 和 SQL 等多種程式語言的各種程式碼片段上進行過訓練。

11.2.1 理解 GitHub 的預測模型

如果這聽起來似曾相識，那是因為 GitHub Copilot 的模型是一種專門的機器學習模型，這個模型的基礎是一種具有前景和潛力的新模型訓練技術，稱之為 **Transformer**（直譯為轉換器）。

2017 年，Google 在 一 篇 名 為《*Attention is All You Need*》 的 論 文 中 介 紹 了 Transformer（`https://research.google/pubs/pub46201/`）。它讓機器學習模型能夠在更大的文本載體（larger bodies of text）上進行訓練，並仍保留不同文本片段之間的相關脈絡。

這項創新引領並催生了以下技術的開發，例如：Google BERT（支援 Google 搜尋預測）、MidJourney 和 DALL-E（能夠從文字提示產生藝術）等等，以及 OpenAI 推出的、非常熱門的 ChatGPT，後者能模仿與人類的對話。

以 Transformer 為基礎的模型，現在通常被稱為**大型語言模型（large language models，LLMs）**。它們的超能力是它們能夠記住文本中的模式，並產生新的文本來模仿這些模式，而這些模式在模型中已經內化（internalized）。

有沒有想過 GPT 代表什麼？

GPT 的 縮 寫（ 還 有 ChatGPT、GPT-4 等 等 ） 代 表 **Generative Pre-trained Transformer**（生成式預訓練轉換器）。換句話説，這是一種以轉換器為基礎的模型，用於產生新的內容，且這個模型已在大量資料上進行訓練。

這些 LLM 會接收文字提示（textual prompt）並產生某種形式的輸出。對於聊天型 LLM 來說，提示可能是一個問題（問句），例如 What is .NET?（什麼是 .NET？），而輸出可能是一段關於 .NET 的簡短描述，如圖 11.2 中與 Bing Chat（`https://www.bing.com/`）的互動所示[48]：

---

48 審校註：Bing Chat 在審校當下改名為 Bing Copilot。

圖 11.2：Bing Chat 回應了簡短提示，描述 .NET 是什麼 [49]

LLM 並未內建智慧理解能力。這些模型不會思考，也沒有自己的思想，而是利用數學來識別「模型收到的文本」與「模型接受訓練時的大量文本」之間的相似性。

雖然 LLM 系統有時候可能會表現出令人疑神疑鬼的智慧，但這是因為它們模仿了各種書籍、部落格文章、推文（tweets）和其他素材的作者的智慧，而這些正是它們接受訓練的材料。

GitHub Copilot 使用一種名為 **Codex** 的 LLM。這個 Codex 模型是由 OpenAI 開發的，它不是在部落格文章或推文上進行訓練，而是在開放原始碼軟體存放庫（open-source software repositories）上進行訓練的。

這意味著，當你在編輯器中輸入某些東西時，你輸入的文字可以被用來當作「提示」，用於預測你可能會輸入的下一行程式碼。這與 Google 搜尋如何預測搜尋字詞「接下來可能出現的字詞」或者 ChatGPT 如何產生「文本回覆」非常相似。

更多關於在 GitHub Copilot 中使用開放原始碼的情況，以及是否適合在職場專案中使用 GitHub Copilot，我們將在本章的最後討論。現在，讓我們繼續討論 GitHub Copilot 的一些新功能。

---

49 審校註：Copilot 有一定的隨機性，一樣的提示詞，不一定會得到一樣的回答。也就是說，如果讀者跟作者提問一樣的問題，但得到與圖片不一樣的回應，這是正常的。

11.2.2 開始與 GitHub Copilot Chat 對話

GitHub 擴充了 Copilot 的程式碼產生（code generation）能力，並推出了 **GitHub Copilot Chat**。GitHub Copilot Chat 讓你能夠在編輯器中直接與類似 ChatGPT 的對話式 AI 助理互動。

這代表你可以在 Visual Studio 中與 LLM 聊天並執行以下的事情：

- 請求解釋程式碼區塊
- 使用文字提示產生新的程式碼
- 詢問 Copilot 如何改善你的程式碼品質
- 讓 Copilot 為方法擬定單元測試或文件說明

我甚至使用過 Copilot 來刻意產生混亂的程式碼，只為了練習重構。

這是與 GitHub Copilot Chat 的典型互動：使用者選擇一些程式碼，然後按 Alt + / 來開始對話。舉例來說，圖 11.3 顯示使用者選擇一小區塊程式碼，並向 GitHub Copilot Chat 輸入文本提示：

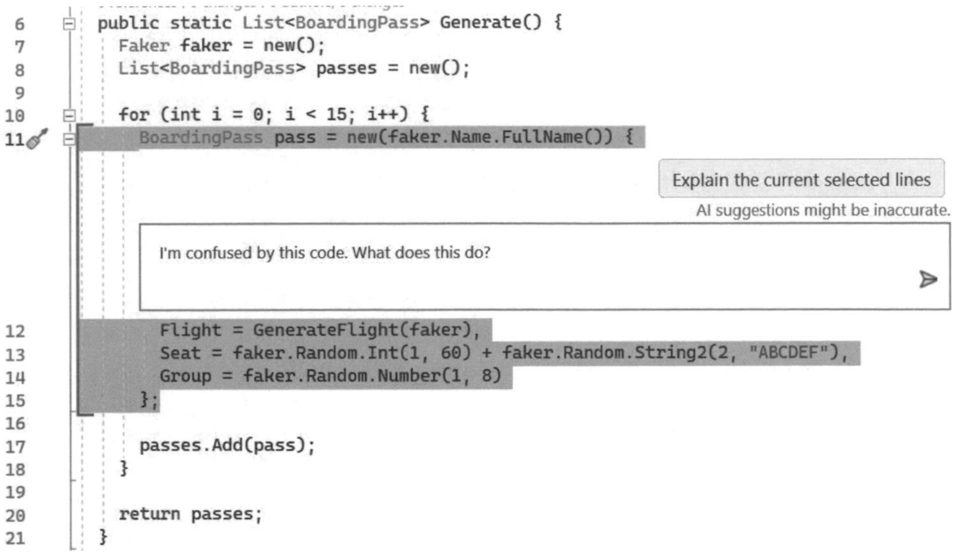

```
6    public static List<BoardingPass> Generate() {
7        Faker faker = new();
8        List<BoardingPass> passes = new();
9
10       for (int i = 0; i < 15; i++) {
11           BoardingPass pass = new(faker.Name.FullName()) {
```

Explain the current selected lines

AI suggestions might be inaccurate.

I'm confused by this code. What does this do?

```
12           Flight = GenerateFlight(faker),
13           Seat = faker.Random.Int(1, 60) + faker.Random.String2(2, "ABCDEF"),
14           Group = faker.Random.Number(1, 8)
15       };
16
17       passes.Add(pass);
18       }
19
20       return passes;
21   }
```

圖 11.3：詢問 GitHub Copilot Chat 一個問題

然後，GitHub Copilot Chat 會產生一個文本回應，並顯示給使用者看，如圖 11.4 所示：

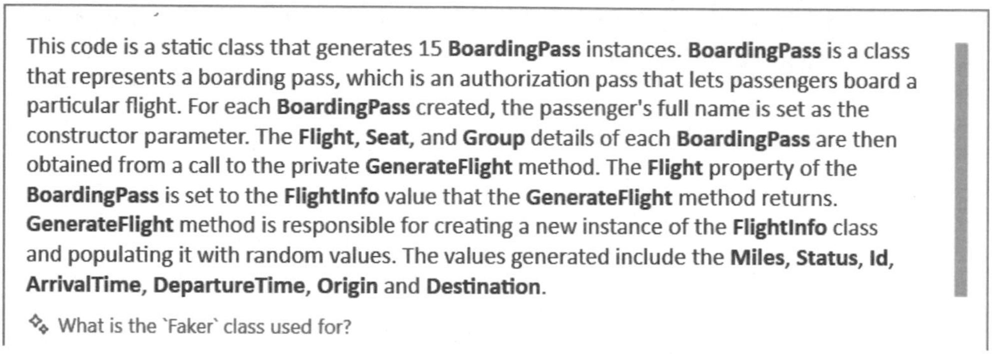

This code is a static class that generates 15 **BoardingPass** instances. **BoardingPass** is a class that represents a boarding pass, which is an authorization pass that lets passengers board a particular flight. For each **BoardingPass** created, the passenger's full name is set as the constructor parameter. The **Flight**, **Seat**, and **Group** details of each **BoardingPass** are then obtained from a call to the private **GenerateFlight** method. The **Flight** property of the **BoardingPass** is set to the **FlightInfo** value that the **GenerateFlight** method returns. **GenerateFlight** method is responsible for creating a new instance of the **FlightInfo** class and populating it with random values. The values generated include the **Miles**, **Status**, **Id**, **ArrivalTime**, **DepartureTime**, **Origin** and **Destination**.

❖ What is the `Faker` class used for?

圖 11.4：GitHub Copilot 產生的程式碼區塊解釋

如果你覺得自己對 C# 有足夠的經驗，無法充分從這個功能中獲益，我想向你保證，這超越了基本程式設計的價值。維護程式碼時，你可能會遇到一些不合理的方法呼叫，而且沒有任何文件可以告訴你開發者試圖做什麼。當這種情況發生時，Chat 的意見可以很有價值，能協助你理解撰寫程式碼的開發者的意圖。

當然，我們也可以使用 Chat 來產生程式碼，下一節會說明。

對我來說，重點在於使用 GitHub Copilot Chat 寫程式，不僅能夠增強我身為開發者的能力，還能幫助我保持專注，因為我沒有太多理由去查看文件或離開我的編輯器。由於 Chat LLM 中內建的自動化功能，以及這種額外的專注力，GitHub Copilot Chat 對我的生產力和能力帶來了顯著的提升。

我猜想你也會喜歡 GitHub Copilot Chat，所以讓我們來看看如何開始吧。

11.3 在 Visual Studio 中開始使用 GitHub Copilot

要使用 GitHub Copilot，你需要有一個 GitHub 帳戶。如果你還沒有，你可以在 `https://github.com/signup` 免費註冊一個 GitHub 帳戶。

GitHub Copilot 也要求你使用 Visual Studio 2022 17.4.4 或更高版本。如果你尚未安裝 Visual Studio，你可以在這裡下載安裝檔：`https://visualstudio.microsoft.com/downloads/`。

如果需要更新或檢查你的 Visual Studio 版本，一種快速完成任務的做法是從 Windows 選單啟動 **Visual Studio Installer** 應用程式。這將讓你看到目前的版本，並可選擇更新你的 Visual Studio 版本，如圖 11.5 所示：

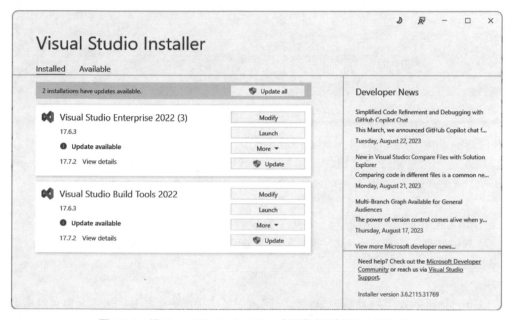

圖 11.5：從 Visual Studio Installer 應用程式更新 Visual Studio

擁有了 GitHub 帳戶和最新版本的 Visual Studio 之後，你就可以安裝 GitHub Copilot 擴充功能了。

11.3.1 安裝並啟動 GitHub Copilot

要安裝 GitHub Copilot，請啟動 Visual Studio，選擇 **Extensions** 選單，然後選擇 **Manage Extensions**。接下來，搜尋 **GitHub Copilot**，下載並安裝該擴充功能，如圖 11.6 所示：

圖 11.6：在 Visual Studio 中安裝 GitHub Copilot

接下來，你需要在 Visual Studio 中登入 GitHub，才能將擴充功能與你的 GitHub 帳戶連結起來。請按照這裡的最新指示進行操作：`https://docs.github.com/en/copilot/getting-started-with-github-copilot?tool=visualstudio`。

GitHub Copilot Chat 目前是 GitHub Copilot 的獨立擴充功能。如果你想嘗試 Chat，我建議你先單獨安裝 Copilot，並確保它運作正常。完成這個步驟後，再安裝 Chat 擴充功能。

GitHub Copilot 的某些功能，如 Chat，可能需要啟用或進行額外的設定。你可以透過前往 **Tools** 選單，然後選擇 **Options...**，並在清單中找到 **GitHub** 節點，來執行這個操作。

11.3.2 獲取 GitHub Copilot 存取權限

雖然 GitHub 本身是免費的，但 GitHub Copilot 是一項進階功能，你必須要有 GitHub Premium 授權，或者必須是 GitHub Copilot for Business 帳戶的一部分。我們將在本章接近尾聲時詳細討論 Copilot for Business 的好處。

在撰寫本書時，GitHub 對個人收取每月 10 美元的費用，或是對 Copilot for Business 帳戶的每位使用者收取每月 19 美元的費用。就像任何新興技術一樣，價格和可用性可能會隨著時間改變。

現在我們已經介紹了如何安裝並獲取 Copilot 的使用權限，讓我們來看看它的實際效果。

11.3.3 使用 GitHub Copilot 產生建議

在本章程式碼的 `Program.cs` 檔案中，請輸入一個註解，例如 `// Populate a list of random numbers`（填充一份隨機數字的清單），然後移動到下一行。

接下來，請輸入字母 `Ra`，稍候片刻後再繼續。如果一切設定正確，你應該會看到類似「我在圖 11.7 中遇到的建議」：

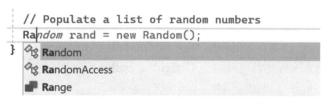

圖 11.7：GitHub Copilot 在 Random 處提供幫助

在這裡，GitHub Copilot 根據它在該區域觀察到的前後資訊，建議了一些程式碼。在我的案例中，它的建議是 `Random rand = new Random();`，這是一段有效的 C# 程式碼。

在你的情境中，它可能會建議一些不同的東西[50]，包括根本無法理解或編譯的內容。

請記住，像是 GitHub Copilot 這樣的 LLM 並不擁有智慧，但它們會記憶「訓練資料」中的模式和趨勢。有時候，這些趨勢會達到效果，而其他時候，它們看起來很合理，但參考的屬性或功能根本不存在。

因為 GitHub Copilot 和類似的系統是在舊程式碼上進行訓練的，有時候，你會注意到 Copilot 產生的程式碼是過時的，或者使用了過時的 API。同樣有可能的是，Copilot 產生的程式碼會帶有錯誤、安全漏洞、效能問題或其他壞處。身為程式開發者，辨別好與壞的程式碼是你的責任。

---

50 審校註：審校當下，一樣的隨機數字清單提示詞，我得到的是 `RandomNumberProvider provider = new(10);` 的建議，此建議提供了較新的 C# 語法，以此證明模型是有在不斷被更新的。

既然我們已經介紹了「如何使用 Copilot」的基礎知識，那麼就讓我們來看看這與「使用 GitHub Copilot Chat 進行重構」有什麼關係。

11.3.4 與 GitHub Copilot Chat 互動

安裝並設定好 GitHub Copilot Chat 後，讓我們再次嘗試我們的實驗，這次是用「一份隨機數字的清單」。

移除你在 //Populate a list of random numbers 註解後面新增的任何程式碼。接著，將你的輸入游標移動到註解下方的那一行，就好像你即將在那裡開始輸入一行程式碼一樣。

在這裡，我們可以透過選擇 **View**，然後選擇 **GitHub Copilot Chat**，來顯示 **GitHub Copilot Chat** 視窗。你應該可以看到 **GitHub Copilot Chat** 窗格，如圖 11.8 所示：

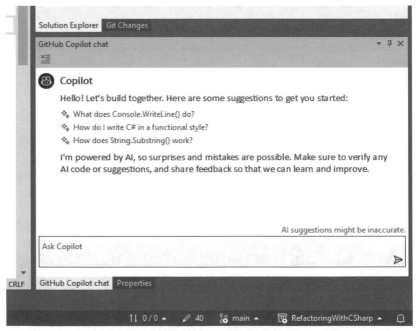

圖 11.8：GitHub Copilot Chat 窗格

在文字框中，輸入 `Generate a list of 10 random numbers`（產生一份包含 10 個隨機數字的清單），然後按下 Enter 鍵。如果運氣不錯，你應該會看到類似圖 11.9 的內容 [51]：

 Matt Eland
Generate a list of 10 random numbers

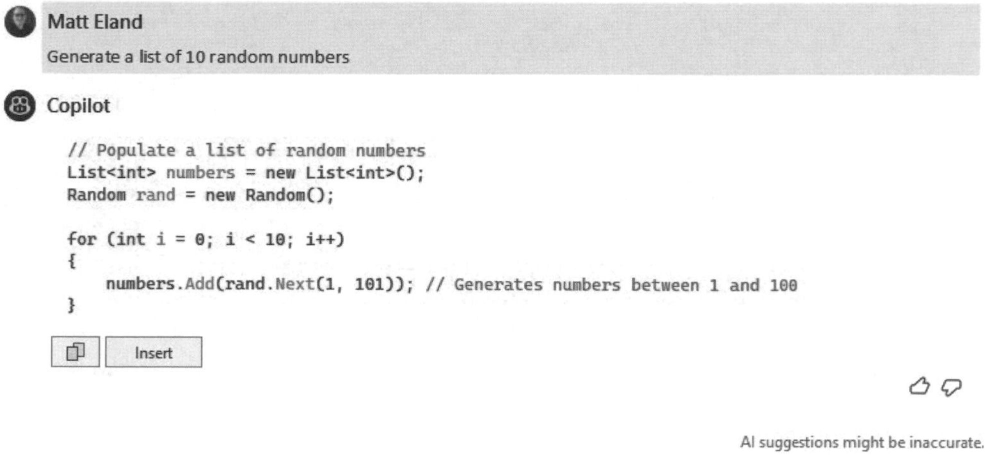

Copilot

```csharp
// Populate a list of random numbers
List<int> numbers = new List<int>();
Random rand = new Random();

for (int i = 0; i < 10; i++)
{
    numbers.Add(rand.Next(1, 101)); // Generates numbers between 1 and 100
}
```

Insert

AI suggestions might be inaccurate.

圖 11.9：來自 GitHub Copilot Chat 的程式碼建議

如果你曾經與 ChatGPT 或類似的對話式 AI 助理互動過，那麼這種體驗應該會與之非常相似。在這種情況下，Copilot Chat 產生了一些我們可以接受的程式碼，我們可以透過點擊「第一個按鈕」來複製程式碼，或是點擊 **Insert** 按鈕直接把程式碼加入到編輯器中。

點擊 **Insert** 後 [52]，你應該會在 `Main` 方法中看到程式碼的預覽。點擊 **Accept**，程式碼就會被插入到編輯器中。

> **Tip**
> 如果你不喜歡使用 GitHub Copilot Chat 窗格，你可以隨時使用 Alt + / 鍵盤快捷鍵來帶出 GitHub Copilot Chat 建議。

---

51 審校註：Chat 可以用中文與之對話。

52 審校註：審校當下，Insert 按鈕已經改為 Preview 按鈕，先 Preview 再 Insert。這類 AI 助理工具改版速度極快，請以你使用當下的介面與流程為主。

如果 GitHub Copilot Chat 看似無法正常工作，請打開 **Output** 視窗並選擇 **Show output from: GitHub Copilot Chat**，如圖 11.10 所示：

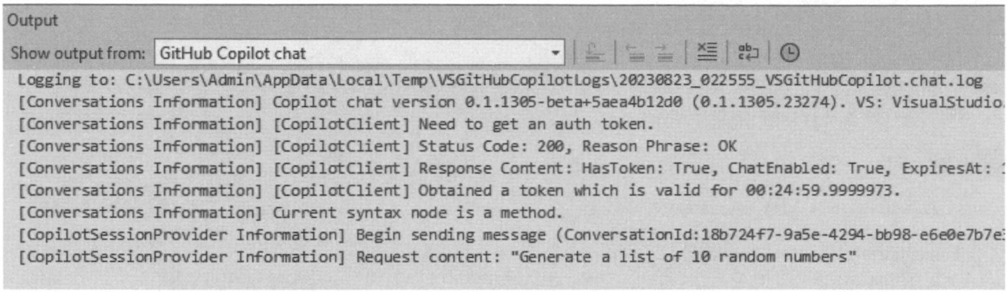

```
Output
Show output from: GitHub Copilot chat                          ▼ | ≣ | ≣ ≣ | ×≣ | ⸕≣ | ⏱
Logging to: C:\Users\Admin\AppData\Local\Temp\VSGitHubCopilotLogs\20230823_022555_VSGitHubCopilot.chat.log
[Conversations Information] Copilot chat version 0.1.1305-beta+5aea4b12d0 (0.1.1305.23274). VS: VisualStudio
[Conversations Information] [CopilotClient] Need to get an auth token.
[Conversations Information] [CopilotClient] Status Code: 200, Reason Phrase: OK
[Conversations Information] [CopilotClient] Response Content: HasToken: True, ChatEnabled: True, ExpiresAt:
[Conversations Information] [CopilotClient] Obtained a token which is valid for 00:24:59.9999973.
[Conversations Information] Current syntax node is a method.
[CopilotSessionProvider Information] Begin sending message (ConversationId:18b724f7-9a5e-4294-bb98-e6e0e7b7e
[CopilotSessionProvider Information] Request content: "Generate a list of 10 random numbers"
```

圖 11.10：來自 GitHub Copilot Chat 的診斷資訊

這些診斷資訊幫助我找出一些問題，而解決方法一樣常見，其實就是重新開啟（re-open）Visual Studio 而已。幸運的是，我們不太需要這些診斷資訊，但如果需要的話，知道在哪裡可以找到這些資訊還是很不錯的。

現在我們已經看過 Copilot 的運作，讓我們使用它來重構一些程式碼。

11.4 使用 GitHub Copilot Chat 進行重構

由於 GitHub Copilot Chat 是在開放原始碼存放庫上進行訓練的，它非常了解程式開發者撰寫的內容，因此，它提供「實用見解」的可能性很高。

為了看到這一點，我們將重構這個名為 RefactorMe.cs 的檔案，它的內容如下：

```csharp
namespace Packt.CloudySkiesAir.Chapter11;
public class RefactorMe {
  public void DisplayRandomNumbers() {
    List<int> numbers = new List<int>();
    for (int i = 1; i <= 10; i++) {
      Random rand = new Random();
      int n = rand.Next(1, 101);
      numbers.Add(n);
    }
    String output = string.Join(", ", numbers.ToArray());
    Console.WriteLine(output);
  }
}
```

這段程式碼有一些故意使效能不佳的地方，甚至還有一個十分危險的潛在錯誤，我有時候會在 Random 中看到這個錯誤。我會隔幾個段落再告訴你答案，先看看你是否能找出問題，不過，讓我們也看看 GitHub Copilot Chat 是否能發現它吧。

選擇 DisplayRandomNumbers 方法，然後按 Alt + / 開啟聊天提示。接著，詢問 Copilot：How would you improve this code？（你會如何改進這段程式碼？）

當我向 Copilot 詢問時，我得到了幾個建議，如圖 11.11 所示：

> How would you improve this code?
>
> The **DisplayRandomNumbers** method generates a list of 10 random numbers between 1 and 100, and then outputs them to the console. The code is simple but can be optimized to improve its performance and readability.
>
> One way to optimize this code is to separate the creation of the **Random** object from the loop by creating a single **Random** object at the beginning of the method and then using it inside the loop. This will reduce the overhead of the random number generator by reusing the same instance for each iteration of the loop. Additionally, to improve readability, the **numbers** list can be initialized with a capacity of 10 using **List<int> numbers = new List<int>(10)**: instead of the default constructor.

圖 11.11：GitHub Copilot Chat 扮演程式碼審閱者（code reviewer）的角色

檢視我遇到的建議（可能與你進行相同實驗後看到的不同），我可以將它們總結為幾個要點：

- 為了效能的原因，在迴圈的外部宣告 Random
- 你知道清單的大小，所以將其宣告為 new List<int>(10)
- 使用 foreach 和 Enumerable.Range 取代 for 迴圈

GitHub Copilot Chat 不僅產生改進的想法，甚至還提出以下程式碼，來滿足這些建議：

```
public void DisplayRandomNumbers() {
  List<int> numbers = new List<int>(10);
  Random rand = new Random();
  foreach (int i in Enumerable.Range(0, 10)) {
    int n = rand.Next(1, 101);
    numbers.Add(n);
  }
```

```
  string output = string.Join(", ", numbers);
  Console.WriteLine(output);
}
```

在這裡，Copilot 建議了一些我正在考慮的改進，例如將 Random 移出迴圈，以及我一些我未曾考慮過的，例如使用 Enumerable.Range。

> **那個錯誤是什麼？**
> 如果你對前面提到「潛在錯誤」感到好奇，答案是：它與「在迴圈中執行個體化 Random」有關。每次執行 new Random()，它都會使用目前的系統時間作為隨機種子，來產生新的數字。如果你在一個快速的迴圈中這樣做，時鐘會保持不變，導致每次迭代都產生相同的「隨機」數字序列。

觀察建議的程式碼時，我注意到有一些改進的機會，例如：將 n 變數重新命名為更有意義的名稱、使用型別推導（target-typed）型的 new 來執行個體化物件，以及使用 _ 運算子丟棄未使用的 i 變數。

在 GitHub 和我的共同努力下，這個方法的最終程式碼，如下所示：

```
public void DisplayRandomNumbers() {
  List<int> numbers = new(10);
  Random rand = new();
  foreach (int _ in Enumerable.Range(0, 10)) {
    int number = rand.Next(1, 101);
    numbers.Add(number);
  }
  string output = string.Join(", ", numbers);
  Console.WriteLine(output);
}
```

產生的程式碼更簡潔，清單分配的效能亦略有提升，最終對於這一小部分程式碼來說，呈現了稍微更好的結果。

這一節的目的並不是要展示如何產生隨機數字，而是讓你看到 Chat 作為一個「無腦」的寫程式夥伴的潛在價值。這個夥伴可以審查你的程式碼並提出建議。這些建議不一定有意義，甚至可能無法編譯，但是當你的同事不在時，它們可以快速地為你提供外部視角。

11.4.1 GitHub Copilot Chat 作為程式碼審查員

GitHub Copilot Chat 在重構方面的價值不僅僅限於程式碼產生。你也可以向 GitHub Copilot Chat 提出以下問題：

- 你能否像一位資深工程師一樣，在程式碼審查中審查這段程式碼？
- 針對這種方法，可以進行哪些效能最佳化？
- 我如何讓這種方法更易讀？
- 這種方法在哪裡可能會遇到錯誤？
- 在不影響整體可讀性的情況下，有沒有減少或合併行數的方法？

當然，你必須記住，你實際上正在從一個 LLM 那裡獲取建議，這個 LLM 基本上就是一個被誇大或吹捧的自動完成或句子預測引擎，並不是一個擁有智慧或原創思想的生物。

有趣的是，我發現多次向 GitHub Copilot Chat 詢問關於「方法」的意見，可能會產生不同的結果。這些結果甚至可能推翻 Copilot 原先提供的建議！不過，這對於「獲取多元觀點」來說，還是很有價值的。

在我們繼續之前，讓我們來看看另一個重構程式碼的範例。

11.4.2 使用 GitHub Copilot Chat 進行有針對性的重構

這個重構範例專注於 BaggageCalculator.cs 檔案。這個檔案儲存了「第 2 章」結束時 BaggageCalculator 類別的最終版本。

作為一個快速提醒，這個類別有一個 CalculatePrice 方法，這個方法會根據客戶的託運行李和隨身行李數量，以及他們是否在假日旅遊，來計算並顯示行李費用。

支援「公開的 CalculatePrice 方法」的是一個私有靜態的 ApplyCheckedBagFee 方法，這個方法會計算託運行李的費用。

我們將重點討論 CalculatePrice 方法，這個方法看起來有點重複：

```
public decimal CalculatePrice(
    int bags, int carryOn, int passengers, bool isHoliday) {
```

```
decimal total = 0;
if (carryOn > 0) {
  decimal fee = carryOn * CarryOnFee;
  Console.WriteLine($"Carry-on: {fee}");
  total += fee;
}
if (bags > 0) {
  decimal bagFee = ApplyCheckedBagFee(bags, passengers);
  Console.WriteLine($"Checked: {bagFee}");
  total += bagFee;
}
if (isHoliday) {
  decimal holidayFee = total * HolidayFeePercent;
  Console.WriteLine("Holiday Fee: " + holidayFee);
  total += holidayFee;
}
return total;
}
```

觀察這段程式碼，我們看到有三個類似的區塊，這些區塊檢查一個條件，計算費用，顯示該費用，然後將其加入 total。

這種程式碼的重複性質，讓我直覺認為有程式碼異味，可能需要改進。其中一個解決方案是針對這三個區塊各提取出一個方法，但這些方法還是會非常相似。

反之，我很自然地想知道，是否有一個可能涉及 Action 或 Func 的解決方案，但我無法立即確定這種解決方案的具體樣貌。

幸好，我們可以詢問 Copilot，做法是選擇整個方法，並告訴 GitHub Copilot Chat：Refactor this method to use an Action that writes the fee out and adds it to total so the three blocks are less repetitive.（重構此方法，使用一個 Action 將 fee 寫出，並將其加入到 total 當中，好讓這三個區塊的重複性降低。）

對我來說，這產生了以下的方法：

```
public decimal CalculatePrice(
  int bags, int carryOn, int passengers, bool isHoliday) {
  decimal total = 0;
  Action<decimal> addFeeToTotal = fee => {
```

```
    Console.WriteLine($"Fee: {fee}");
    total += fee;
  };
  if (carryOn > 0) {
    decimal fee = carryOn * CarryOnFee;
    addFeeToTotal(fee);
  }
  if (bags > 0) {
    decimal bagFee = ApplyCheckedBagFee(bags, passengers);
    addFeeToTotal(bagFee);
  }
  if (isHoliday) {
    decimal holidayFee = total * HolidayFeePercent;
    Console.WriteLine("Holiday Fee: " + holidayFee);
    addFeeToTotal(holidayFee);
  }
  return total;
}
```

在這裡，Copilot 導入一個名為 addFeeToTotal 的局部變數，該變數儲存一個 Action，該 Action 將 fee 寫入主控台並增加 total。然後，它從三個分支（branch）中的每一個分支呼叫這個 Action。

然而，這次的重構在某些方面上是錯誤的。首先，現在顯示的訊息開頭變成了 Fee，而不是適當的費用名稱。其次，重構並未移除假日費用（holiday fee）的 WriteLine，因此該 fee 會被顯示兩次。

然而，重構還是讓我們理解如何改善這段程式碼。只要稍做清理，你就能得到一個更正確的方法：

```
public decimal CalculatePrice(
  int bags, int carryOn, int passengers, bool isHoliday) {
  decimal total = 0;
  Action<string, decimal> addFeeToTotal = (name, fee) => {
    Console.WriteLine($"{name}: {fee}");
    total += fee;
  };
  if (carryOn > 0) {
    decimal fee = carryOn * CarryOnFee;
    addFeeToTotal("Carry-on", fee);
  }
```

```
    if (bags > 0) {
      decimal bagFee = ApplyCheckedBagFee(bags, passengers);
      addFeeToTotal("Checked", bagFee);
    }
    if (isHoliday) {
      decimal holidayFee = total * HolidayFeePercent;
      addFeeToTotal("Holiday Fee", holidayFee);
    }
    return total;
}
```

這段程式碼現在可以正常執行，並減少重複。在這個特定的案例中，Copilot 能夠提出一個前進的方向，但要在不導入「錯誤」的情況下準確地實作它，卻超出了它目前的能力範圍。

這個限制充分突顯了「測試」的必要性，以及 Copilot 應作為人類程式開發者的「夥伴」，而非取代人類。

> **Tip**
>
> 請記住，GitHub Copilot Chat、ChatGPT 及其他以大型語言模型為基礎的「生成式 AI 系統」，它們只是一種預測機器，會根據「訓練資料」產生符合「模式」的文字。我們並不能保證這些產生的值是正確的、最佳化的，或是沒有錯誤的。

既然我們已經介紹了一些重構情境，讓我們來看看還能用 GitHub Copilot Chat 做些什麼。

11.5 使用 GitHub Copilot Chat 撰寫文件

多年來，我發現開發者並不一定喜歡記錄他們的程式碼。雖然有些程式碼確實如開發者所說的能夠自我說明，但有些區域仍需要適當的文件。

在 C# 中，我們使用 XML 文件來記錄公開方法，例如 `DisplayRandomNumbers` 方法的範例註解：

```
/// <summary>
/// Displays a sequence of 10 random numbers.
```

```
/// </summary>
public void DisplayRandomNumbers() {
```

這種特殊格式的註解會被 Visual Studio 解讀，以便在編輯器中顯示額外的幫助。當你試圖叫用你的方法時，這些額外的資訊會在編輯器中出現，如圖 11.12 所示：

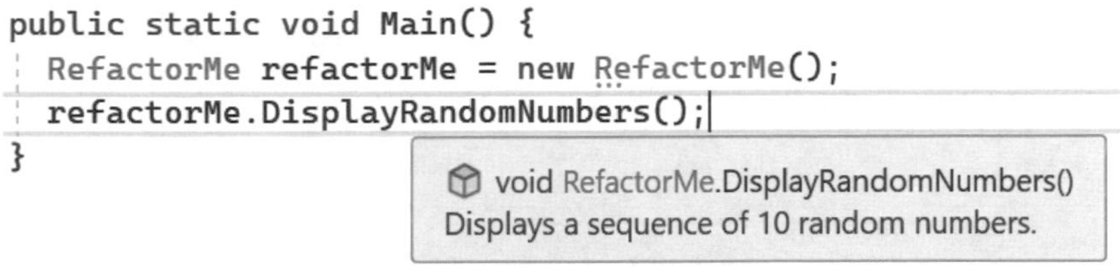

```
public static void Main() {
  RefactorMe refactorMe = new RefactorMe();
  refactorMe.DisplayRandomNumbers();|
}
```

> ⬡ void RefactorMe.DisplayRandomNumbers()
> Displays a sequence of 10 random numbers.

圖 11.12：Visual Studio 顯示包含「方法註解」的工具提示（tooltip）

雖然我們剛才看到的範例文件相對簡單，但是當你有回傳值和參數時，文件就會變得稍微複雜一些。

讓我們使用 GitHub Copilot Chat 來記錄一個方法。我們將從 DocumentMe.cs 中的 AddEvenNumbers 方法開始：

```
public int AddEvenNumbers(int[]? numbers, int total = 0) {
  if (numbers == null || numbers.Length == 0) {
    string message = "There must be at least 1 element";
    throw new ArgumentException(message, nameof(numbers));
  }
  return total + numbers.Where(n => n % 2 == 0).Sum();
}
```

這個方法接受一組數字的陣列，並可選擇性地將一個數字加入到結果的總和當中。如果至少提供了一個數字，這個方法會回傳該組陣列中所有偶數的總和，加上可選擇性的 total 參數。如果沒有提供任何元素，則會拋出 ArgumentException 例外。

現在你已經閱讀了我對這個方法的描述，讓我們來看看 GitHub Copilot 如何描述它。按 Alt + / 打開聊天介面，然後告訴 Copilot：Document AddEvenNumbers（撰寫 AddEvenNumbers 註解）。Copilot 應該會像這樣建議修改文件，如圖 11.13 中預覽所示：

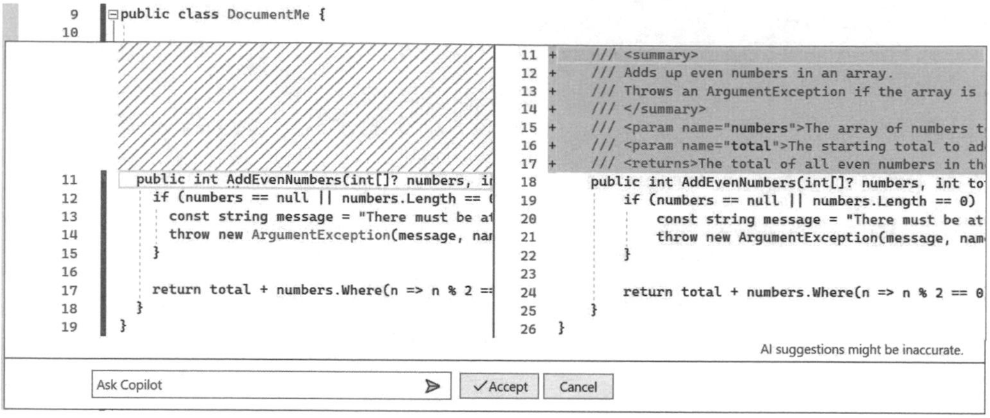

圖 11.13：GitHub Copilot 建議這樣撰寫註解

點擊 **Accept**，這些註解將被加入到你的方法中。

對我來說，產生的文件相當不錯：

```
/// <summary>
/// Adds up even numbers in an array. Throws an
/// ArgumentException if the array is null or empty.
/// </summary>
/// <param name="numbers">
/// The array of numbers to add.
/// </param>
/// <param name="total">
/// The starting total to add to. Defaults to 0.
/// </param>
/// <returns>
/// The total of all even numbers in the array.
/// </returns>
```

這是一份非常準確的文件。我想做的唯一改變是加入以下這一行 XML，來記錄可能的例外情況：

```
/// <exception cref="ArgumentException">
/// Thrown when the array is null or empty.
/// </exception>
```

這樣做可以把「例外」加入到「方法工具提示」顯示的清單中,如圖 11.14 所示:

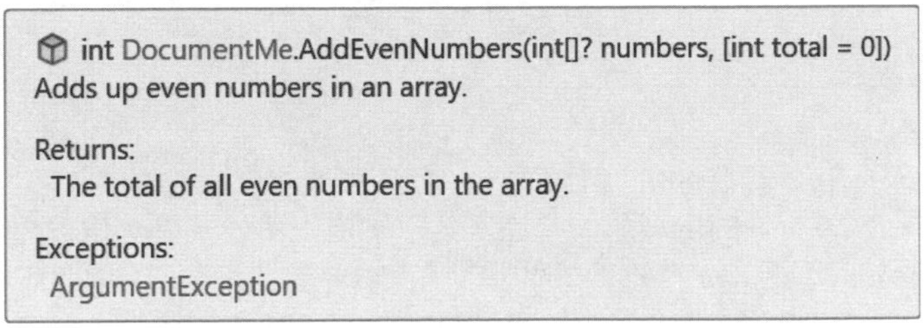

＠ int DocumentMe.AddEvenNumbers(int[]? numbers, [int total = 0])
Adds up even numbers in an array.

Returns:
  The total of all even numbers in the array.

Exceptions:
  ArgumentException

圖 11.14:Visual Studio 中記錄的例外情況

透過文件記錄傳達例外情況,讓其他程式碼能夠以適當的方式捕捉它們。

一般來說,人工產生的文件通常會比 AI 文件更好,但是當人類和 AI 能夠共同合作時,可以大幅提高生產力。

在下一節中,我們將看到這些生產力的提升如何也適用於測試。

11.6 使用 GitHub Copilot Chat 產生 Test Stub

針對本章的最後一個技術小節,讓我們來看看一個方法,這個方法可以找出一組數字中「最大的數字」,前提是該數字中不得包含「7」,例如 71 或 17。這個方法位於 TestMe.cs 中:

```
public static class TestMe {
  public static int CalculateLargestNumberWithoutASeven(
    INumberProvider provider) {
    IEnumerable<int> numbers = provider.GenerateNumbers();
    return numbers.Where(x => !x.ToString().Contains("7")).Max();
  }
}
```

這個 CalculateLargestNumberWithoutASeven 方法接受一個 INumberProvider,它允許我們呼叫 GenerateNumbers 並獲取一系列整數。

接著，該方法會檢查得出的序列，找出那些在其字串表示中不包含 7 的數字，然後回傳最大的數字。

依賴注入

簡短複習一下，我們的方法實際上是透過「外部參數」的方式，把「對 INumberProvider 的依賴關係」注入其中。這表示程式碼可以使用「任何實作了該介面的東西」，而不必知道細節。

雖然這種方法在現實世界中似乎毫無用處，但請花點時間思考一下你會如何測試這種方法。具體來說，你會如何呼叫這個方法？你會提供什麼，作為這個方法的 INumberProvider？你期望它回傳什麼值？

在你思考這些的同時，讓我們來看看 GitHub Copilot 如何處理這個問題。打開 GitHub Copilot Chat 窗格，並輸入：Generate tests for CalculateLargestNumberWithoutASeven（產生 CalculateLargestNumberWithoutASeven 的測試）。

Note

雖然我通常偏好使用 Alt + / 的方式與 Copilot 互動，但如果你希望 Copilot 產生一個新檔案，你應該使用 GitHub Copilot Chat 窗格，以獲得最好的結果。

對我來說，Copilot 為我產生了一段新測試類別的 C# 程式碼。我稍後會分享那段程式碼，但程式碼產生中最讓我感興趣的是那三個按鈕，它們位於建議的底部，如圖 11.15 所示：

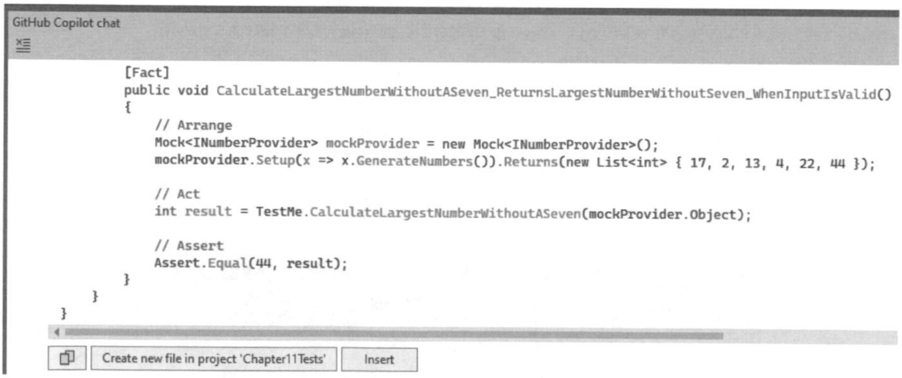

```
GitHub Copilot chat

        [Fact]
        public void CalculateLargestNumberWithoutASeven_ReturnsLargestNumberWithoutSeven_WhenInputIsValid()
        {
            // Arrange
            Mock<INumberProvider> mockProvider = new Mock<INumberProvider>();
            mockProvider.Setup(x => x.GenerateNumbers()).Returns(new List<int> { 17, 2, 13, 4, 22, 44 });

            // Act
            int result = TestMe.CalculateLargestNumberWithoutASeven(mockProvider.Object);

            // Assert
            Assert.Equal(44, result);
        }
    }
}
```

[📋] [Create new file in project 'Chapter11Tests'] [Insert]

圖 11.15：GitHub Copilot 提議「建立一個新檔案」

這三個按鈕分別讓你可以將新的程式碼複製到你的剪貼簿、建立新檔案,以及在目前的編輯器中插入程式碼 [53]。

由於我們希望測試在測試專案中進行,請點選 **Create new file**。

這將在你的測試專案中建立一個新檔案,該檔案包含了 Copilot 產生的所有測試。對我來說,它產生了兩項測試,如圖 11.16 所示的進階概況:

```
0 references | 0 changes | 0 authors, 0 changes
public class TestMeTests
{
    [Fact]
    0 references | 0 changes | 0 authors, 0 changes
    public void CalculateLargestNumberWithoutASeven_ThrowsException_WhenInputIsNull()
    {
        // Arrange
        Mock<INumberProvider> mockProvider = new Mock<INumberProvider>();
        mockProvider.Setup(x => x.GenerateNumbers()).Returns((IEnumerable<int>)null);

        // Act & Assert
        Assert.Throws<ArgumentNullException>(() => TestMe.CalculateLargestNumberWithoutASeven(mockProvider.Object));
    }

    [Fact]
    0 references | 0 changes | 0 authors, 0 changes
    public void CalculateLargestNumberWithoutASeven_ReturnsLargestNumberWithoutSeven_WhenInputIsValid()
    {
        // Arrange
        Mock<INumberProvider> mockProvider = new Mock<INumberProvider>();
        mockProvider.Setup(x => x.GenerateNumbers()).Returns(new List<int> { 17, 2, 13, 4, 22, 44 });

        // Act
        int result = TestMe.CalculateLargestNumberWithoutASeven(mockProvider.Object);

        // Assert
        Assert.Equal(44, result);
    }
}
```

圖 11.16:由 GitHub Copilot Chat 產生的一對 XUnit 測試

在這裡,測試並不是最重要的事情,所以我不想專注於程式碼,而只想對 Copilot 在我要求它進行測試時的「策略」做出一些觀察:

- Copilot 使用 xUnit 和 Moq 產生了一對測試,它們都已安裝在 `Chapter11Tests` 測試專案中。這些測試能夠編譯並通過。
- 第一個測試確保在給定一個空值輸入(null input)時,方法會拋出例外。
- 第二個測試隨機提供了一系列數字,並 Assert 該方法回傳了最大的數字,且不包含 7。

---

53 審校註:審校當下,Chat 的按扭與操作流程又不一樣了。請以你使用當下介面設計與操作流程為主,後續不再重覆提醒。

- 兩種測試都使用 Moq 來建立一個假（fake）的 `INumberProvider`，它被設計來產生所需的數字序列。

那麼，我們是否已經找到「可以讓我們忘掉撰寫測試」的銀色子彈呢？可能還沒有。

雖然兩種測試都驗證了有效的東西，但它們的可讀性可以更好。此外，這些測試並沒有考慮到所有應該被測試的路徑。舉例來說，它沒有測試以下情況：「一個空的元素序列」、「只有單一數字」、「只包含 7 的單一數字」、「只有負數」，或是「最大的數字中包含 7」等等。這些都是人類測試員可能會考慮的有效情況。

所以，GitHub Copilot 並不能免除你測試程式碼（和思考你的測試）的責任，但它也並非完全無用。

對於識別「測試案例」和考慮「新的測試方式」來說，GitHub Copilot 有很高的價值，特別是針對那些「難以測試的類別」。我視它為一種催化劑（或助理），當你撰寫自己的測試時，它有助於你保持動力。

我們已經看到了 GitHub Copilot 的價值，讓我們來談談它的限制。

11.7 理解 GitHub Copilot 的限制

閱讀至此，許多讀者可能會想：『這很棒，但我能在工作中實際使用這個嗎？』這是一個合理的問題，因此，讓我們討論兩個常見的反對意見：「原始碼的隱私」和「公開程式碼的許可證」方面的問題。

11.7.1 資料隱私與 GitHub Copilot

許多考慮使用 GitHub Copilot 的組織擔心，將 AI 工具整合到他們的程式碼編輯器，意味著將他們的程式碼暴露給 GitHub。一些人甚至提出了這樣的可能性：GitHub 可能會使用組織的私有程式碼，在未來生成新的大型語言模型，這些新模型可能會根據組織的專有邏輯（proprietary logic）來產生程式碼。

這些都是合理的憂慮，且根據 GitHub Copilot 版本的不同，它們可能有一些依據。

使用 **GitHub Copilot for Individuals（GitHub Copilot 個人版）**時，你傳送給 GitHub Copilot 的提示，包括周邊程式碼和 Copilot 建議的程式碼，可能會被保留用於分析，除非你在設定中「禁用」程式碼片段收集。

可以在 `https://github.com/settings/copilot` 上禁用這個設定，只需取消勾選 **Allow GitHub to use my code snippets for product improvements** 選框，如圖 11.17 所示：

圖 11.17：GitHub Copilot 設定

雖然預設情況下，GitHub Copilot 個人版存在一些資料隱私問題，但如果你正在使用敏感程式碼（sensitive code），你可以輕易選擇退出（opt out）。

值得注意的是，GitHub Copilot 個人版也會收集 GitHub Copilot 使用狀況的遙測資料，以便檢測該服務的使用頻率，還有偵測並解決錯誤。

另一方面，**GitHub Copilot for Business** 預設為私有模式，而且還提供額外的「組織範圍策略管理」，企業可以設定為全局啟用或禁用 Copilot。這些功能也可以被用來防止 Copilot 為企業中的每個人產生與「已知公開程式碼」相符的程式碼。

根據 **GitHub Copilot Trust Center（GitHub Copilot 信任中心）**的說明，『GitHub Copilot [for Business] 不會使用提示或建議來訓練 AI 模型。這些輸入並不會被保留或用於訓練 GitHub Copilot 的 AI 模型。』這意味著「你傳送至 GitHub Copilot 的程式碼」和「它為你產生的建議」都是私密的，人們不會接觸到這些資料，不會用於讓其他人洞悉你的程式碼存放庫。

免責聲明

本書的目標是協助讀者理解 GitHub Copilot 的基本原理，是根據對新創技術的最佳理解而撰寫的。與任何技術一樣，GitHub Copilot 將繼續演變和成長。隨著它不斷發展，隱私政策、資料保留政策以及價格模型都可能發生變化。我們鼓勵讀者在做出任何使用決定之前，先根據 GitHub 提供的最新資訊驗證本章內的資訊。

GitHub 隱私主管 Glory Francke 表示：『我們處理你的程式碼，只是為了提供服務。不會保留它，人眼看不到它，也不會用它來改進任何 AI 模型』（GitHub Copilot Trust Center：https://resources.github.com/copilot-trust-center/）。

總而言之，我覺得 GitHub Copilot 信任中心是一個相當實用的工具，如果企業對 GitHub Copilot 的安全性、隱私性與可存取性有任何疑慮，信任中心都可以提供解答。更多關於信任中心的資訊，請參閱本章的**「延伸閱讀」小節**，但現在，讓我們更深入地討論 GitHub Copilot 與公開程式碼。

11.7.2 關於 GitHub Copilot 與公開程式碼的疑慮

大多數開放原始碼都附帶一份許可證（license），規定開發者在使用原始碼時必須遵守的條款。開發者會選擇的常見許可證有很多，例如 MIT 許可證、Apache 許可證、GNU General Public 許可證等等。

雖然這類授權許可證當中很多都非常寬鬆，但也有一些包含了要求「更多操作」的條款，例如歸功於原始碼、將組織的程式碼開放為開放原始碼，或者不能在商業軟體專案中使用該程式碼等等。

因為有這樣的限制，以及因為 GitHub Copilot 是在開放原始碼上訓練的，GitHub Copilot 可能偶爾會產生與「公共存放庫中的程式碼」完全相同的程式碼，這種可能性雖小，但仍存在。

出於這樣的擔憂，GitHub Copilot 現在允許個人和企業阻擋（block）產生與「已知公開程式碼」相同的程式碼。此外，GitHub 目前正在推出一項名為「GitHub Copilot 程式碼參考」的新功能，這項功能讓你能夠檢測「Copilot 是否建議了公開程式碼」。這項功能讓你可以發揮 Copilot 的全部創造力，同時讓你查看程式碼來自那些存放庫，以及這些存放庫的許可證。

在撰寫本章的時候，這項功能還尚未對 Visual Studio 的 GitHub Copilot 開放，但這項功能在本書出版後的某個時間點，很有可能會被加入到 Visual Studio 當中。

讓我們用一個案例研究來結束本章吧，這個案例研究是虛構航空公司的 GitHub Copilot Chat。

11.8 案例研究：雲霄航空公司

在雲霄航空公司中，AI 的首次使用是從個別開發者開始的，這在生產力工具和新技術中亦是常見的情況。團隊中一位熱心的年輕開發者 James 向他的同事分享，他一直在嘗試使用 GitHub Copilot，感覺更有能力、更有信心，甚至學到了一些新事物。同事們都很興奮，但經理 Mya 卻有一些擔憂。

將 CTO（首席技術長）納入討論中，Mya 和 James 展示這項工具的功能，並講述它的運作方式。CTO 擔心法律合規性（legal compliance）和公司智慧財產權的安全。因此，在團隊調查技術影響的期間，Copilot 和其他 AI 工具的使用被暫時中止了。

經過一些研究，在 GitHub Copilot 信任中心的幫助下，雲霄航空團隊決定採取一項多階段計畫：

1. **試點計畫**：包括 James 在內的一小部分開發者將試用 GitHub Copilot 兩週，並禁用程式碼片段收集功能。
2. **審查**：團隊將評估試點計畫對生產力、程式碼品質及開發者整體回饋的影響，並決定是否應採用這項工具。
3. **推出**：如果發現 GitHub Copilot 對組織是有益的，那麼將根據技術審查的結果，在組織範圍內允許個人使用，並制定指導方針，或者透過 GitHub Copilot for Business 帳戶進行管理。

參與試點計畫的開發者表示，他們更容易集中精神撰寫程式碼，採用了一些實用的做法來加速「無聊」的程式設計工作，並從 Copilot 產生的程式碼中學到一些新的實踐和概念。

因此，雲霄航空公司接受了 GitHub Copilot，並採用了 GitHub Copilot for Business 帳戶，確保禁用了程式碼片段收集功能，並在組織層面上針對「公開原始碼」等事項制定了的適當政策。

11.9 小結

在本章中，我們看到 GitHub Copilot 和 GitHub Copilot Chat 如何協助開發者理解、重構、文件化甚至測試他們的程式碼。

我們談到，GitHub Copilot 並非智慧 AI 霸主，而是一個預測模型，它的基礎是建立在「開放原始碼存放庫」中發現的文本模式上。因此，它產生的程式碼可能無法編譯，甚至可能包含安全漏洞、錯誤、效能問題或其他不良效果。

最後，我們討論隱私和開放原始碼許可證等議題，這些是組織為了安全和合規性必須關注的事項，我們也說明如何利用 GitHub Copilot 幫助組織滿足這些需求。

在下一章中，我們將深入探討 Visual Studio 中的程式碼分析，看看程式碼分析如何協助你發現程式碼中的潛在問題，以及需要重構的目標。

11.10 問題

1. GitHub Copilot 和 GitHub Copilot Chat 是如何運作的？
2. 如何解決 Copilot 的資料隱私和合規性問題？

11.11 延伸閱讀

如果讀者想要了解更多關於 GitHub Copilot 的資訊，可以參考以下資源：

*   關於 Visual Studio 的 GitHub Copilot 擴充功能：`https://learn.microsoft.com/en-us/visualstudio/ide/visual-studio-github-copilot-extension`
*   GitHub Copilot 信任中心：`https://resources.github.com/copilot-trust-center/`
*   GitHub Copilot Chat：`https://docs.github.com/en/copilot/github-copilot-chat/about-github-copilot-chat`

12

Visual Studio中
的程式碼分析

到目前為止，我們已經介紹了如何以安全、有效、可靠和富有成效的方式重構我們的程
式碼。

在本章中，我們將利用程式碼度量和程式碼分析工具，確定那些可能需要重構的程式碼
區塊。我們將討論以下主要主題：

- 在 Visual Studio 中計算程式碼度量
- 在 Visual Studio 中進行程式碼分析
- 探索進階的程式碼分析工具

12.1 技術需求

讀者可以在本書的 GitHub 找到本章的起始程式碼：`https://github.com/PacktPublishing/Refactoring-with-CSharp`，在 `Chapter12/Ch12BeginningCode`資料夾中。

12.2 在 Visual Studio 中計算程式碼度量

我曾經接觸過的每個程式倉庫（codebase）都存在幾個維護熱點。這些區域經常需要變更，其複雜程度高於程式碼的其他區域，並對軟體專案的品質構成嚴重風險。

這些區域通常是重構最關鍵的部分，而使用**程式碼度量（code metrics）**通常可以輕鬆找到它們。

程式碼度量會對 C# 程式碼中的每一個檔案、類別、方法和屬性計算一些有用的統計資料。這讓你可以發現程式碼中「複雜性」顯著較高或「可維護性」較低的熱點。程式碼度量甚至可以幫助你找到過大的類別，它們可能違反「**第 8 章**」討論的單一職責原則（SRP）。

要計算程式碼度量，請在 Visual Studio 中打開你的解決方案，然後點擊 **Analyze** 選單，接著點擊 **Calculate Code Metrics**，然後選擇 **For Solution** 進行計算，如圖 12.1 所示：

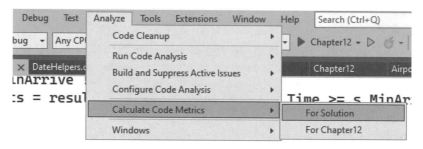

圖 12.1：計算程式碼度量

這將會開啟 **Code Metrics Results** 窗格，如圖 12.2 所示：

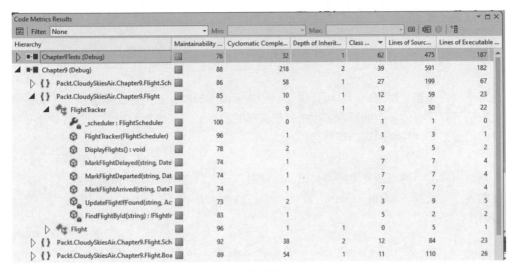

圖 12.2：程式碼度量結果

這個窗格顯示了你的解決方案的階層式檢視（hierarchical view），還有以下六個指標（metric）：

- **Lines of Source Code（原始碼行數）**：該類別或方法的程式碼行數。
- **Lines of Executable Code（可執行程式碼行數）**：忽略空白行和註解的原始碼行數。
- **Cyclomatic Complexity（循環複雜度）**：一個指標，用來確定程式碼中存在的唯一路徑數量。每個 if 陳述式、迴圈、switch case 及類似類型的分支指令（branching instruction），都會使之增加 1。
- **Maintainability Index（可維護性指數）**：一個根據「循環複雜度」、「程式碼行數」和「在方法中執行的操作數量」計算出來的值。這個值的範圍從 0 到 100，表示程式碼有多麼容易維護。0 到 9 是不佳，10 到 20 是警示區域，21 以下是應該注意的地方[54]。
- **Depth of Inheritance（繼承深度）**：在達到 System.Object 之前，這個類別包含的類別數量，所有類別最終都繼承自 System.Object。

---

54 審校註：這句話原文「21 and above are areas to watch.」應是筆誤，依微軟文件是用顏色區分，0~9 是紅色、10~19 是黃色，20~100 是綠色，且有說明這些閾值是採保守態度，意思是，閾值本身不是個絕對關係而是個相對關係。中文版將「以上」修正為「以下」。

- **Class Coupling（類別結合程度）**：程式碼依賴的其他類別的數量[55]。

這些指標各自都很有用，但合在一起，它們可以描繪出一個更全面的概覽。

「可維護性指數」為程式碼區域提供了一個快速衡量的指標。與其他欄位不同（其他欄位總結了類別、命名空間或專案中所有程式碼的值），「可維護性指數」作為一種平均值，可以幫助你快速理解問題區域。

「循環複雜度」可以識別出那些難以測試或難以理解的區域，因為它確定了一個方法中存在的不同路徑（distinct path）數量。圖 12.3 展示了 `CalculatePrice` 方法的「循環複雜度」：

```
     3 references | Matt Eland, 17 hours ago | 1 author, 1 change
10   public decimal CalculatePrice(int bags, int carryOn,
11     int passengers, bool isHoliday) {
12
13 ①  decimal total = 0;
14
15     if (carryOn > 0) {
16       decimal fee = carryOn * CarryOnFee;
17   ②   Console.WriteLine($"Carry-on: {fee}");
18       total += fee;
19
20     }
21     if (bags > 0) {
22       decimal bagFee = ApplyCheckedBagFee(bags, passengers);
23   ③   Console.WriteLine($"Checked: {bagFee}");
24       total += bagFee;
25     }
26
27     if (isHoliday) {
28       decimal holidayFee = total * HolidayFeePercent;
29   ④   Console.WriteLine("Holiday Fee: " + holidayFee);
30
31       total += holidayFee;
32     }
33
34     return total;
35   }
```

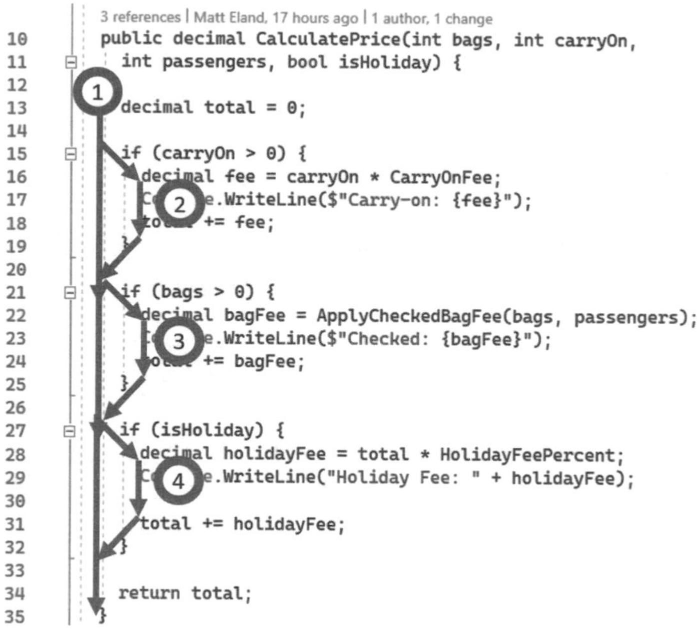

圖 12.3：計算循環複雜度

在這裡，`CalculatePrice` 方法的循環複雜度為 4。所有方法都從循環複雜度 1 開始，代表著方法中的單一路徑（single path）。每個分支陳述式，如這裡的 `if` 陳述式，都會使循環複雜度增加 1，因此總數為 4。

---

55 審校註：這裡「結合」是採用 Visual Studio 中文版的翻譯，一般稱「耦合程度」。

一般來說，我認為循環複雜度非常實用，我會盡量保持這種複雜度越低越好。請注意，循環複雜度對「使用 switch 陳述式的方法」存在偏見，因為每個 case 陳述式都會增加複雜度。簡單的 switch 陳述式只有一、兩行程式碼，通常不難維護，因此，只需將「循環複雜度」視為程式碼品質的其中一個指標即可。微軟建議每個方法的最大循環複雜度為 10，但根據我的經驗，我最滿意的循環複雜度往往是 7 或更低。

「繼承深度」和「類別結合程度」可以幫助你識別可能「過度使用繼承」或「與其他類別的耦合度過高」的地方，正如**「第 8 章」**中所述。微軟建議最大的繼承深度為 6，最大的類別結合程度為 9。

「程式碼行數」的指標非常有用。我發現，一個類別中的程式碼行數過多，經常是該類別違反 SRP 並需要重構的最大跡象之一。同樣地，如果一個方法太大，通常也很難理解、維護和測試。

我盡量將類別的程式碼控制在 200 行以下，並將方法控制在 20 行或更少。在這兩種情況下，我都會尋找可以從方法或類別中提取出來的內容，且除非我可以先從程式碼中提取出邏輯，否則我不太願意用新的邏輯來擴充一個已經很大的類別或方法。

請記住，這些只是我發現普遍有效的一般指引。這些並非你必須嚴格遵守的具體規則。

我鼓勵你花一些時間研究本章的範例程式碼，或是你維護的一些程式碼的程式碼度量。就本章的程式碼而言，我最關心以下方法：

- 在 Flight.Baggage 命名空間中的 BaggageCalculator.CalculatePrice 方法，具有可維護性指數為 58、循環複雜度為 4，以及 26 行的原始碼
- 在 Flight.Scheduling 命名空間中的 FlightScheduler.Search 方法，它接受一個 FlightSearch 物件，具有可維護性指數為 48、循環複雜度為 9、類別結合程度為 11，以及 37 行的原始碼

這兩種方法都被指標標記（flag）起來，因為它們需要執行多個 if 陳述式。這兩種方法都不是很複雜，但與此同時，如果其中一種方法需要大幅成長，我希望看到像**「第 5 章」**中應用的那種重構，將複雜性從這些方法中移出，並移入其他物件。

介紹了程式碼度量之後，讓我們來看看程式碼分析如何為我們提供另一種觀察程式碼的方式。

12.3 在 Visual Studio 中進行程式碼分析

微軟深知，隨著 C# 和 .NET 不斷變化，要在這種廣泛且持續演變的語言中跟上不斷發展的標準，是非常困難的。

為了應對這個問題，微軟為我們提供了程式碼度量之外的工具，以分析器（analyzer）的形式，檢查我們的 C# 程式碼是否存在問題。這些分析器會檢查我們的程式碼，並標記潛在的問題和最佳化。這有助於確保我們的程式碼符合標準，並且是安全、可靠、可維護的。

12.3.1 使用預設規則集分析你的解決方案

要查看分析器的運作，請在 Visual Studio 中建置本章的解決方案，並注意在 **Output** 窗格中出現的三個警告，如圖 12.4 所示：

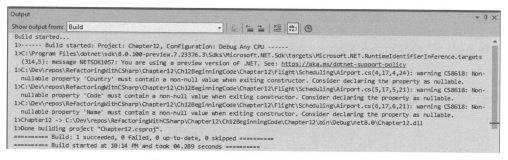

圖 12.4：顯示了「警告」的建置結果概覽

這三行分別代表 CS8618 程式碼分析規則的編譯器警告（compiler warning），我們很快就會討論。

在繼續之前，請先點擊 **View** 選單，然後選擇 **Error List**。你應該會看到相同的警告，格式更容易閱讀，如圖 12.5 所示：

圖 12.5：Error List 中的「編譯器警告」概覽

如果這些警告沒有出現,請確保已核取 **Errors**、**Warnings** 和 **Messages** 按鈕,如圖 12.5 所示 [56]。

由於這些警告都與 Airport.cs 相關,讓我們來審查程式碼:

```
public class Airport {
  public string Country { get; set; }
  public string Code { get; set; }
  public string Name { get; set; }
  // 省略不相關的程式碼 ...
}
```

當你在 Visual Studio 中查看這段程式碼時,會在這三個屬性下方看到「綠色波浪線」。如圖 12.6 所示,將滑鼠游標懸停在這些「波浪線」上,可以查看關於警告或建議的詳細資訊。

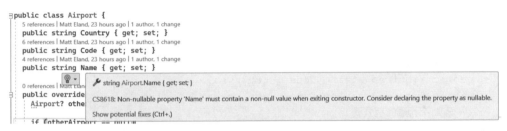

圖 12.6:與 Name 屬性相關的 CS8618 編譯器警告

在這個案例中,警告說明這三個屬性是 Non-nullable,意味著它們被宣告為 string,而不是 string?,正如我們在「**第 10 章**」探討 nullable 分析時所討論的。

由於 .NET 中任何 string 屬性的預設值都是 null,且 Airport 類別沒有任何邏輯來初始化這三個屬性,編譯器警告我們,當建立 Airport 執行個體時,「我們告訴它不能為 null 的屬性」將會有 null 值!

---

56 審校註:讀者可以按兩下 Error List 中的規則,編輯器會開啟並巡覽至此規則指出的程式碼所在地。

> **在 .NET 中的 nullable 分析**
>
> 請記住，雖然 string 是參考型別（reference type），且可以為 null，但 C# 中的 nullable 分析表示一個屬性在任何時間點是否「有可能為 null」。在這裡，string 型別指標（type indicator）表示我們永遠不會期望這些屬性有 null 值。另一方面，string? 型別指標則表示我們可能會期望有 null 值。更多關於 nullable 分析的討論，請參閱「**第 10 章**」。

有幾種方法可以解決這個編譯器的警告：

- 將這些屬性預設為 empty 字串
- 將這些屬性更改為 string?，而不是 string
- 新增一個建構函式，設定這些屬性為 non-null 的值
- 將這些屬性標記為 required，這樣在建立時就必須設定這些屬性

如這裡所示，最簡單的修復方法是把這些屬性標記為 required：

```csharp
public class Airport {
  public required string Country { get; set; }
  public required string Code { get; set; }
  public required string Name { get; set; }
  // 省略不相關的程式碼 ...
}
```

這樣就解決了三個程式碼分析警告，只剩下兩個較不嚴重的建議供我們調查，這兩個建議都與 Airport 類別的 Equals 方法有關：

```csharp
public override bool Equals(object? obj) {
  Airport? otherAirport = obj as Airport;
  if (otherAirport == null)
    return false;
  string otherName = otherAirport.Name;
  string otherCountry = otherAirport.Country;
  string otherCode = otherAirport.Code;
  return Country == otherCountry &&
         Code == otherCode;
}
```

第一個個警告是 IDE0019，它建議在宣告 `otherAirport` 時使用模式比對（pattern matching）。幸好，這個分析器提供了 **Quick Action**，可以處理這個建議。將滑鼠懸浮在 `Airport?` 型別下方的三個點上，即可顯示 **Use pattern matching** 的 **Quick Action**，如圖 12.7 所示：

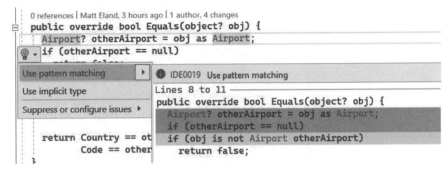

圖 12.7：套用 Use pattern matching 重構

套用這種重構可以解決建議，讓程式碼更簡潔：

```
if (obj is not Airport otherAirport)
  return false;
```

剩下的最後一個警告是「IDE0059: Unnecessary assignment of a value to 'otherName'」。這突顯出我們已經宣告一個變數，並分配了值給該變數，但之後就再也沒有使用過該變數了，如這裡的 `otherName` 所示：

```
string otherName = otherAirport.Name;
string otherCountry = otherAirport.Country;
string otherCode = otherAirport.Code;
return Country == otherCountry &&
       Code == otherCode;
```

看著這段程式碼，我們可能會糾結於「是否應該將 `otherName` 納入相等檢查（equality check）中」，或者「根本就不需要這個變數」。在這種情況下，你可能需要詢問商業利害關係人（business stakeholder），看看一個機場（Airport）是否可以有多個名稱，但仍然是指同一個機場。如果你得到的答案是「Yes」，那麼解決方案就是刪除 `otherName` 變數，而「No」則表示應該在 `return` 陳述式中加入一個 `Name` 檢查。

若沒有進一步收集更多背景資訊，沒有深入了解你正在建立模型的商業領域，那麼程式碼問題的正確修復方案，往往不是一目了然的。

12.3.2 設定程式碼分析規則集

.NET 中有大量的分析器,且數量還在不斷增加,但並不是每個分析器都具有相同的重要性。正因為如此,微軟提供了不同的分析器組合,讓你可以從一小部分最實用的子集開始,隨著你越來越熟練,再逐漸將範圍發展到其他的分析器組合中。

讓我們查看 Chapter12 專案的程式碼分析設定吧,做法是在 **Solution Explorer** 中右鍵點選 Chapter12 專案,然後選擇 **Properties**。

這將打開專案的 **Properties** 視窗。這個視窗列出了與專案相關的所有可設定屬性,可以從上到下滾動查看,或者使用左側的巡覽窗格(navigation pane)進行巡覽。

在巡覽窗格上點擊 **Code Analysis**;你應該能看到專案的程式碼分析設定,如圖 12.8 所示:

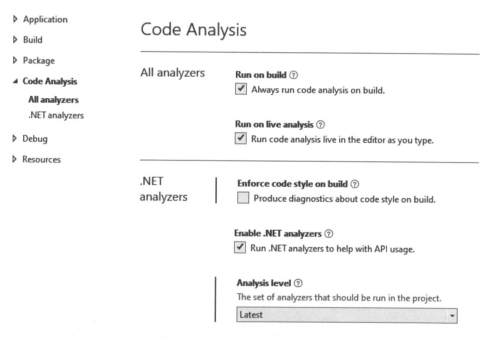

圖 12.8:專案的程式碼分析設定

從 **Run on build** 設定中,你可以看到,每次專案建置時,編譯器將分析程式碼。

Analysis level 設定則控制著「使用的確切分析器集合」，新專案在預設情況下為 **Latest**。

Visual Studio 支援多種分析規則集（analysis rule set），但讓我們重點關注以「Latest」開頭的四個規則集，因為這些是最新的規則集，而這些規則中的模式將協助你理解其他規則選項。這些選項如下：

- **Latest（最新）**：預設的規則集。這是一套廣泛適用於「任何類型的專案」的規則。
- **Latest Minimum（最新最低限度）**：包括 **Latest** 中的所有規則，再加上一些額外的規則。這代表微軟建議在專案中使用的「最小規則集」。
- **Latest Recommended（最新推薦）**：包括 **Latest Minimum** 中的所有規則，再加上一些額外的規則。它包含一套強健的規則，目標是協助你維護一個商業應用程式，使之能夠安全、可靠地在任何場所執行。
- **Latest All（最新全部）**：所有可用的規則都已啟用。雖然並非每一條規則都適用於你試圖建置的應用程式，但它將最大化你建立強健可靠應用程式的機會。

讓我們將專案從 **Latest** 更改為 **Latest Recommended**，然後建置它，看看會發生什麼事。

12.3.3 回應程式碼分析規則

在將專案更改為使用 **Latest Recommended** 的規則集後，會出現三個新的警告，如圖 12.9 所示：

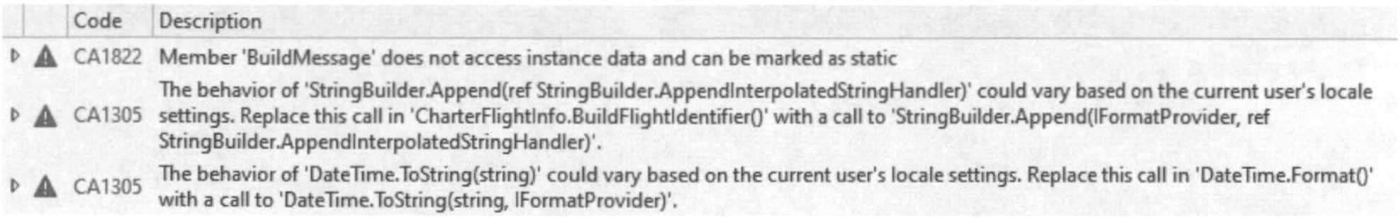

	Code	Description
▷ ⚠	CA1822	Member 'BuildMessage' does not access instance data and can be marked as static
▷ ⚠	CA1305	The behavior of 'StringBuilder.Append(ref StringBuilder.AppendInterpolatedStringHandler)' could vary based on the current user's locale settings. Replace this call in 'CharterFlightInfo.BuildFlightIdentifier()' with a call to 'StringBuilder.Append(IFormatProvider, ref StringBuilder.AppendInterpolatedStringHandler)'.
▷ ⚠	CA1305	The behavior of 'DateTime.ToString(string)' could vary based on the current user's locale settings. Replace this call in 'DateTime.Format()' with a call to 'DateTime.ToString(string, IFormatProvider)'.

圖 12.9：移至「更嚴格的規則集」後，出現的新編譯器警告

讓我們從第一個警告開始。這對應於 Flight 類別，目前只在幾行程式碼中定義：

```
public class Flight {
  public string BuildMessage(string id, string status) {
    return $"Flight {id} is {status}";
```

```
        }
    }
```

CA1822 警告說明：'BuildMessage' 成員並未存取執行個體資料，可以標記為靜態的（Member 'BuildMessage' does not access instance data and can be marked as static）。

這個分析器建議我們將 BuildMessage 方法設為 static 的，因為它並未處理整體 Flight 類別的任何具體資訊。

在這種情況下，將方法設定為靜態的，可以使測試變得容易，同時也允許編譯器進行一些效能最佳化。

我們可以透過執行「**第 4 章**」中介紹的「Make static 重構」來解決這個警告，但我們還是來探討一下，如何抑制（suppress）特定的警告。

在這個案例中，假設我們打算讓 BuildMessage 在未來某個時間點處理「特定於執行個體的屬性」，但現在還沒有實作這一點。因此，我們希望警告消失，卻又不使方法變為靜態的。

在 BuildMessage 方法上使用 **Quick Action** 選單，然後選擇 **Suppress or configure issues** 子選單。在那裡，選擇 **Suppress CA1822**。這將顯示抑制該問題的三種不同選項，如圖 12.10 所示：

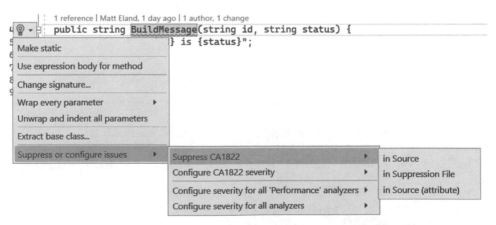

圖 12.10：抑制「程式碼分析警告」的選項

以下是這些選項：

- **in Source**：這會在程式碼上方和下方加入幾個 #pragma 陳述式，暫時禁止程式碼分析警告
- **in Suppression File**：這將建立一個單獨的抑制檔案，抑制檔案中的程式碼會告訴程式碼分析，不需理會這個特定方法的特定問題
- **in Source (attribute)**：這會在方法上方加入 SuppressMessageAttribute，抑制程式碼分析問題

這三種方法都會抑制這個問題，但它們的風格各不相同。我通常傾向於避免使用 #pragma 等預處理器指令（preprocessor directive），這樣程式碼更整潔、更容易維護。這就留下了使用「抑制檔案」和「屬性」這兩個選項。

「抑制檔案」的優勢是，程式碼分析的抑制不會使你的原始碼變得混亂，而是保存在另一個檔案中。然而，這也是它們的劣勢。透過將「抑制內容」隱藏在另一個檔案中，會降低將來解決它們的可能性，因為它們是「眼不見為淨」的。

使用 **in Source (attribute)**，然後為 System.Diagnostics.CodeAnalysis 加入一條 using 陳述式，會建立以下檔案：

```
using System.Diagnostics.CodeAnalysis;
namespace Packt.CloudySkiesAir.Chapter12.Flight;
public class Flight {
  [SuppressMessage("Performance",
    "CA1822:Mark members as static",
    Justification = "打算在將來的版本中使用執行個體資料")]
  public string BuildMessage(string id, string status) {
    return $"Flight {id} is {status}";
  }
}
```

方法上方的 SuppressMessage 屬性將程式碼分析問題的分類標記為 "Performance"。然後，它命名了被抑制的那個分析規則，並提供了一個理由（Justification）。

這個理由是一段解釋，告訴你的同事（以及未來的你），為什麼你認為現在不應該處理程式碼分析規則，並說明應該從程式碼分析結果的清單中排除它。

我絕不會在不提供有效理由的情況下抑制程式碼分析警告。如果有人認為某條規則非常重要，並為此提供分析器，那麼我應該解決它，或者我應該有一個合理的理由來解釋為什麼我選擇忽視它。假如你感到好奇，「我不想處理它」（I don't feel like addressing it）並不是一個有效理由。

解決了第一個警告後，讓我們一起來看看另外兩個相關的警告。

第一個警告是 CA1305，它與 DateHelpers 類別相關，如下所示：

```
public static class DateHelpers {
  public static string Format(this DateTime time) {
    return time.ToString("ddd MMM dd HH:mm tt");
  }
}
```

這個警告指出，ToString 的呼叫可能會根據使用者的地區和語言設定，而產生不同的結果。在執行相同的程式碼時，如果我是一位在美國講「英語」的人，我的設定可能會與另一位使用「法語」作為主要語言的使用者不同。

下一個警告是在 CharterFlightInfo 的 BuildFlightIdentifier 上：

```
public class CharterFlightInfo : FlightInfoBase {
  public List<ICargoItem> Cargo { get; } = new();
  public override string BuildFlightIdentifier() {
    StringBuilder sb = new(base.BuildFlightIdentifier());
    if (Cargo.Count != 0) {
      sb.Append(" carrying ");
      foreach (var cargo in Cargo) {
        sb.Append($"{cargo}, ");
      }
    }
    return sb.ToString();
  }
}
```

這個警告抱怨了一個類似的本地化（localization）問題，指出 StringBuilder.Append 的行為可能會根據「使用者的語言環境」而有所不同。

---

recommended 規則 vs. minimum 和 default 規則

這些格式化規則（formatting rules）是不適用於所有專案的規則範例。這些規則在 default 或 minimum 規則集中並未啟用，這是有原因的：你建立的所有應用程式，並非都需要保持始終如一的行為，無論它們在哪裡執行。如果你正在建置一個業餘應用程式，或是應用程式只需在單一伺服器或辦公室內執行，那麼這條規則對你來說可能並不重要。不過，如果你正在開發的東西，要分佈至全球各地、面對各種文化的客戶，這將是你關心的一條規則。

解決這兩個警告的做法是在格式化字串時提供一個明確文化（explicit culture），確保使用特定的文化背景。這樣一來，我們的附加程式碼（append code）就會變成以下這一行：

```
sb.Append(CultureInfo.InvariantCulture, $"{cargo}, ");
```

我們的日期格式化程式碼也以相似的方式進行了變更：

```
CultureInfo culture = CultureInfo.InvariantCulture;
return time.ToString("ddd MMM dd HH:mm tt", culture);
```

經過這些變更後，我們就擺脫程式碼分析警告了。在本節的最後，讓我們來看看如何確保不會出現警告。

12.3.4 將警告視為錯誤

我遇過很多開發者，他們對待警告的態度就像他們開車時對待速限一樣：忽視它們，並以不安全的速度經過。

有幾種做法可以確保開發者的程式碼不會出現警告。或許最容易的做法就是告訴 C# 編譯器將任何警告視為編譯器錯誤。

你可以透過在專案上點擊右鍵，然後選擇 **Properties**（如我們之前所做的那樣），讓 C# 編譯器將所有警告視為錯誤。在那裡，展開巡覽窗格裡的 **Build**，然後點擊 **Errors and warnings**。一旦你這麼做了，你應該會看到像圖 12.11 的東西：

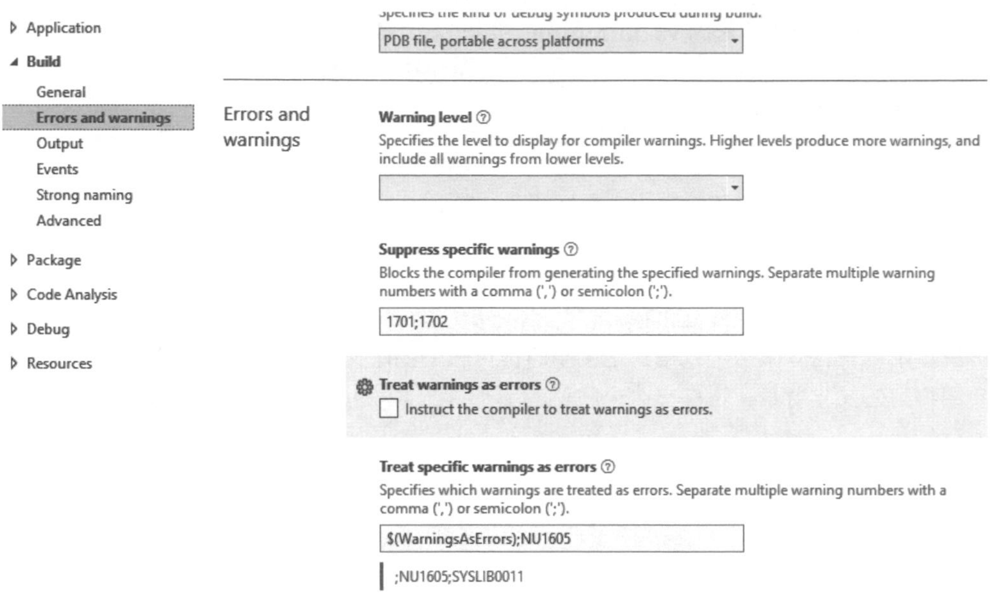

圖 12.11：為專案設定 Errors and warnings

你可以選擇 **Treat warnings as errors**（將警告視為錯誤），這樣所有的警告都會被視為錯誤。

由於開發者會特別關注那些阻止程式碼執行的事物，因此任何「阻止他們建置程式碼」的警告，肯定會引起他們的注意！但是，在使用這種做法時要小心，因為開發者可能會對這種中斷的嚴重程度感到不滿。

另一種比較沒那麼極端的選擇是設定 **Treat specific warnings as errors**（將特定警告視為錯誤），並包含你認為必須處理的特定警告的識別碼。

舉例來說，如果我們希望強制開發者回應「將方法設定為 static（CA1822）的」建議，可以將 **Suppress specific warnings** 的值設定為 $(WarningsAsErrors);NU1605; CA1822；這樣做的話，任何「警告出現且未被抑制」的地方都會導致編譯器錯誤。

介紹了 Visual Studio 的程式碼分析功能後，讓我們來看看兩個額外的選項，它們以第三方工具的形式存在，並與 C# 程式碼配合得很好。

12.4 探索進階的程式碼分析工具

內建的程式碼分析和程式碼度量工具非常適合「希望精確找出不良程式碼，並確保程式碼遵循 .NET 專案最佳實踐」的工程師，但它們缺乏一些企業級功能。

在本節中，我們將檢視兩種不同的商業分析工具，我發現它們能為 .NET 專案提供額外的價值：**SonarCloud** 和 **NDepend**。

我不會介紹如何設定這些工具，因為這兩種工具都有完善的文件，讀者可以參閱本章結尾的**「延伸閱讀」**小節。反之，我們將重點介紹專用程式碼分析工具，以及它們可以提供的、相較於 Visual Studio 來說更深入的見解。

12.4.1 使用 SonarCloud 和 SonarQube 追蹤程式碼度量

SonarCloud 和 SonarQube 是 SonarSource 提供的一對商業程式碼分析工具。這兩種產品都會查看各種熱門程式語言的 Git 存放庫，並產生一系列建議。

SonarCloud 和 SonarQube 的主要區別在於，SonarCloud 是在 SonarSource 維護的伺服器上託管和進行分析的，而 SonarQube 則是可以在你的伺服器上安裝的軟體。

這兩款軟體都可以分析 Git 存放庫中的程式碼，並提供有關程式碼「可靠性」、「可維護性」、「安全性」和「程式碼重複性」等問題區域的熱點地圖（heat map）。這些檢視以簡單的圖形表示你的程式碼，可以幫助你輕鬆標記問題區域，如圖 12.12 所示：

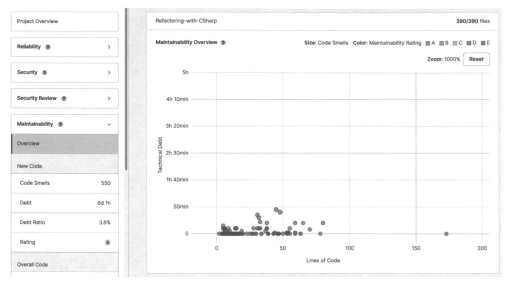

圖 12.12：SonarCloud 分析醒目提示技術債區域

這些工具擁有內建的分析器，可以分析你的程式碼，並標記出可修復的可靠性、安全性和效能問題。

一旦標記出問題，你就可以使用圖 12.13 中顯示的網頁使用者介面（web user interface），將其分配給團隊成員，對其加入評論，或將其標記為已解決或已忽略：

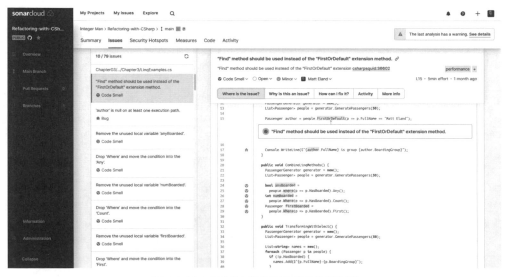

圖 12.13：每行程式碼的程式碼分析建議

對我而言，SonarCloud 和 SonarQube 有幾個重要的賣點：

- 將技術債公諸於眾，供「非開發者」理解，對使用者來說相當友善。一位工程經理或 CTO 可以在他們的網頁瀏覽器中查看專案，而無需安裝 Visual Studio，這就能讓他們理解這些弱點區域。此舉有助於使技術債透明化。
- SonarCloud 和 SonarQube 標記的專案往往值得研究，甚至可能比 Visual Studio 程式碼分析器標記的專案更值得關注。
- 使用這些工具，無需進行額外設定就能得到很好的結果，不過如果你希望這樣做，你也可以進行自訂 [57]。

SonarCloud 和 SonarQube 是根據「你的專案中的程式碼行數」來定價的商業產品。SonarCloud 也可以免費用於任何公開的 GitHub 存放庫 [58]。

由於本書的程式碼在 GitHub 上是公開的，因此你可以在 https://sonarcloud.io/summary/overall?id=IntegerMan_Refactoring-with-CSharp 查看程式碼分析結果。我強烈建議你建立一個帳戶，讓 SonarCloud 分析一些你寫過的程式碼或熟悉的開放原始碼，藉此走一遍設定與分析流程，看看它給你的建議。

雖然 SonarCloud 和 SonarQube 不是專為 .NET 而生的工具，但我發現它們與 .NET 專案配合得十分良好，這也是為什麼本書要特別介紹它們的原因。

接下來，讓我們來看看一個專為 .NET 和 C# 專案特別打造的工具：NDepend。

12.4.2 深度 .NET 分析與 NDepend

NDepend 是一款強大的工具，目標是協助架構師和軟體工程師充分利用他們的 C# 專案。

NDepend 可以這樣運作：它可以是一項 Visual Studio 擴充功能，就像 GitHub Copilot Chat 一樣；它還可以是一個獨立的應用程式；或者，它也可以是整合到 Azure DevOps 建置管線中的建置代理（build agent）。

---

57 審校註：依使用經驗，要很好地在大量專案中導入 SonarQube，裡面的規則是需要團隊花費時間去討論與定義的。這過程並無法一步到位，而是某條規則出現疑慮就立即提出來討論。

58 審校註：SonarQube 也有提供免費的 Community Edition。

當 NDepend 執行分析時，它將產生一份 HTML 報告（如圖 12.14 所示），並在 Visual Studio 當中使用相同的資訊填充儀表板檢視（dashboard view）：

圖 12.14：NDepend 報告顯示程式碼分析結果

這份報告醒目提示這個專案違反的程式碼分析規則數量、目前單元測試程式碼涵蓋率百分比，以及隨著時間推移指標的變化情況。

試試看

讀者可以在本書 GitHub 存放庫中的 Chapter12/Ch12FinalCode/
NDependOut/ 目錄下打開 NDependReport.html 檔案，查看本章的
NDepend 報告範例。

如果你和工程團隊正在嘗試回答這些問題，例如『我們是在進步還是在退步？』、『我們的主要問題是什麼？』、『哪些區域最需要修復？』，那麼 NDepend 將協助你們解決這些問題。

如同 SonarCloud，NDepend 也是在一系列被稱為「規則」（rules）的分析器上運作的。這些規則是使用 LINQ 撰寫的，對應代表「你的原始碼」的模型。預設的規則會附帶自己的原始碼，且可以根據團隊需求進行自訂。你也可以撰寫自己的規則——就像我們即將在接下來的兩章中撰寫自己的 Roslyn 分析器一樣。

這些規則也允許你比較自上次設定基準以來，你的程式碼如何變化，並估算解決它們所代表的技術債將需要多少時間。

NDepend 的優勢不僅僅在於它的主要報告、規則清單及違反規則清單。NDepend 的真正優勢在於其資料可視覺化。

依賴關係矩陣（dependency matrix）是 NDepend 一開始最知名的功能，它讓你能夠看到不同命名空間和型別的二維矩陣，如圖 12.15 所示：

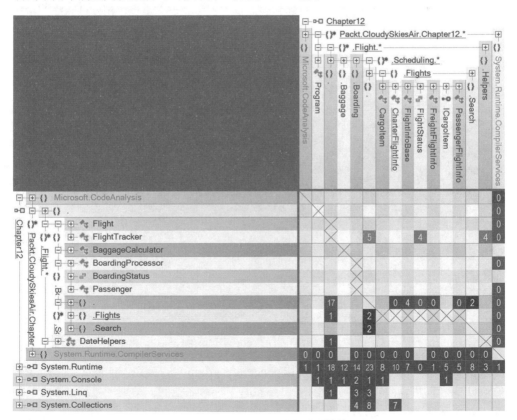

圖 12.15：NDepend 依賴關係矩陣

這個矩陣會幫助你檢查相互依賴的命名空間或型別。當不同的型別或命名空間相互依賴時，這通常代表著軟體架構分割不正確，而當違規存在時，NDepend 會將這種情況顯著地呈現出來。

然而，NDepend 的視覺化功能不僅如此。我最喜歡的 NDepend 內建視覺化功能是熱點檢視（heat view），它讓你能夠在專案內以「階層樹（hierarchical tree）的形式」查看不同的型別或方法，不同的「矩形」代表不同的型別或方法。

這個檢視與資料視覺化工具中的樹狀圖（tree map）類似，但每個矩形的顏色和大小都是根據 NDepend 計算的各種指標來上色並調整的。這些指標遠遠超過 Visual Studio 自行計算的指標，還包括如程式碼行數、循環複雜度、單元測試涵蓋率百分比，甚至是檔案中的註解數量等事項。

這個熱點檢視，如圖 12.16 所示，是我認為最符合直覺的方法，它可以幫助我關注可能存在問題的程式碼，並將問題區域以「視覺化的方式」傳達給關鍵利害關係人：

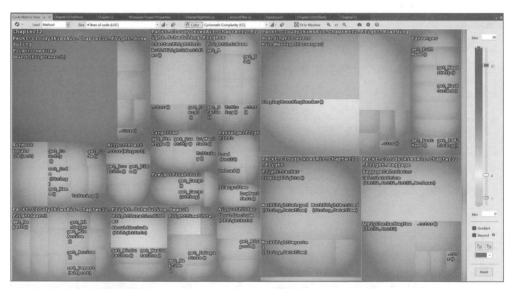

圖 12.16：一個 NDepend 熱點圖，展示程式碼行數和循環複雜度

NDepend 還提供了依賴關係圖表（dependency graph）的檢視。如圖 12.17 所示，透過圖表，你可以清楚地看到組件（assembly）、命名空間、型別、方法、屬性、事件，甚至欄位之間豐富的互動關係：

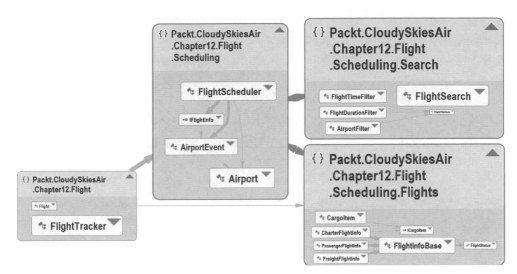

圖 12.17：Chapter12 專案中命名空間與型別的互動

這樣一來，你就能夠視覺化你的軟體架構，並將該架構傳達給團隊中的其他成員。這在培訓新進開發者時特別方便。

圖表檢視也讓你能注意到問題區域，例如「依賴過多其他型別的型別」、「不同命名空間相互依賴」，以及「可能違反了 SRP 的類別」等等。

根據我的經驗，NDepend 需要額外的時間來設定和研究，但它是一種非常有效的方法，可以視覺化、交流和巡覽程式碼中的問題區域。

在本章的最後，讓我們來探索一下虛構航空公司的程式碼分析吧。

12.5 案例研究：雲霄航空公司

雲霄航空公司知道他們有大量的技術債和程式碼問題，但他們不確定應該優先處理哪些區域。每位工程師對於最重要的事情都有不同的看法。像你所預料的，這些意見通常會受到每位工程師「最近的工作內容」影響。

為了解決這個問題，工程管理階層轉向資料。他們開始分析 Visual Studio 中可用的程式碼度量，找出並記錄大多數程式碼分析警告出現的位置。

工程管理階層隨後將「問題區域」與「過去三個月內發生變化的區域」進行比較，以及與組織預計需要改變，用以支援團隊即將展開的任務的「那些區域」進行比較。這種做法幫助工程管理階層在支援商業目標的戰略區域（strategic area）中，優先處理「技術債」。

為了協助解決累積（backlog，待辦）的警告問題，開發者被賦予了新的任務：你的每一次提交（commit），都不應該增加目前程式碼分析警告的數量。「減少」警告數量或「保持不變」都可以，但是在程式碼審查中，「增加」是不可以接受的。

這項政策加強了對程式碼分析警告的認知，並使警告在一段時間內逐漸減少。一旦團隊習慣了關注警告，他們便轉向更大的程式碼分析規則集。這導致了一系列新的警告，但這些警告有助於識別潛在或實際的問題，以及對應用程式進行最佳化。

為了深入理解程式碼的健康狀況，組織目前正在評估 SonarCloud 和 NDepend，以便為團隊提供一個品質儀表板（quality dashboard），這有助於他們專注於關鍵區域，確保未來的品質始終保持在最高水準。

12.6 小結

在本章中，我們看到程式碼度量和程式碼分析工具如何幫助你「找出程式碼中的問題區域」、「遵循最佳實踐」，以及「優先處理技術債區域」。這有助於了解你和團隊所遇到的問題。一旦釐清了問題區域，你就可以集中精力，在後續的工作中修復它們。這也有助於你思考技術債區域的優先順序，並與其他人溝通這些問題。

這些內建的分析器非常方便，而且你會發現，你自己也可以建立一些。在接下來的兩章中，我們將做到這一點，因為我們要建立自己的程式碼分析器，可以偵測並自動修復問題。

12.7 問題

請回答以下問題，來測試你對本章的理解：

1. 你認為自己的程式碼中，哪些區域問題最大？
2. 程式碼度量對於這些問題區域有何說明？
3. 什麼是循環複雜度，以及如何計算它？
4. 在選擇程式碼分析規則集時，你應該考慮的事項有哪些？

12.8 延伸閱讀

如果讀者想要了解更多關於程式碼分析的資訊，可以參考以下資源：

* 程式碼度量值：`https://learn.microsoft.com/en-us/visualstudio/code-quality/code-metrics-values`
* .NET 原始碼分析概覽：`https://learn.microsoft.com/en-us/dotnet/fundamentals/code-analysis/overview`
* SonarCloud：`https://www.sonarsource.com/products/sonarcloud/`
* NDepend：`https://www.ndepend.com/`

13

建立一個Roslyn分析器

在上一章中，我們介紹了如何使用程式碼分析器來檢測程式碼中的問題。但如果有些問題在你的團隊中相當常見（普遍存在），這些問題卻又無法被任何現有的分析規則檢測出來時，該怎麼辦呢？

事實上，現代 C# 提供了一種方式，可以使用所謂的 **Roslyn 分析器**（**Roslyn Analyzer**）來建置自訂的分析器。在本章中，我們將透過建立自己的分析器來親身體驗 Roslyn 分析器的運作方式。

在本章中，你會學到下列這些主題：

- 理解 Roslyn 分析器
- 建立一個 Roslyn 分析器
- 使用 RoslynTestKit 測試 Roslyn 分析器
- 將分析器分享為 Visual Studio 擴充功能

13.1 技術需求

與其他章節不同，我們不會從範例程式碼開始。反之，我們將從一個空白的解決方案開始，逐步向解決方案新增專案。

讀者可以在本書的 GitHub 找到本章起始的空白解決方案和最終程式碼：`https://github.com/PacktPublishing/Refactoring-with-CSharp`，在 `Chapter13` 資料夾中。

13.2 理解 Roslyn 分析器

在介紹 Roslyn 分析器之前，我們先來談談 Roslyn。

Roslyn 是重新構想的 **.NET Compiler Platform（.NET 編譯器平台）** 代號，與 Visual Studio 2015 一起發佈。由於「.NET 編譯器平台」這個名稱說起來比較長，大多數人都稱它為 Roslyn 編譯器，或簡稱為 Roslyn。

在 Roslyn 之前，如果一個工具想要理解 C#、VB 或 F# 的原始碼，開發者需要為這些程式碼檔案撰寫它們自己的語言解析器（language parser）。這需要大量的時間和複雜性，且每次這些程式語言變化時，這種努力都需要重複再來一次。這導致工具支援新語言功能的速度變慢、工作效率降低，錯誤（bug）也增多了。

Roslyn 編譯器的明確目標之一就是以標準化的方式提供「程式碼結構」的可見性（visibility，又譯能見度）。這樣，外掛程式就可以使用 Roslyn API 獲取有關程式碼的即時資訊，而無需自己撰寫解析器。

為了做到這一點，專案可以建立 **Roslyn 分析器（Roslyn Analyzers）**，它將融入到程式碼分析和編譯過程中。這讓你可以做到以下幾點：

* 當程式碼中出現反模式時，提供警告和錯誤（error）訊息
* 整合到 **Quick Actions** 選單中，允許開發者使用「已建立的解決方案」自動修復已知問題
* 提供重構能力，進而提高開發者的生產力

在這段時間以來，透過使用 Visual Studio 中的各種程式碼警告、建議和 **Quick Actions** 重構，你一直在使用 Roslyn 分析器。

你可以進入 **Solution Explorer**，然後展開專案的 **Dependencies** 節點，接著是其 **Analyzers** 節點和特定的分析器組件，來探索專案中的內建分析器，如圖 13.1 所示：

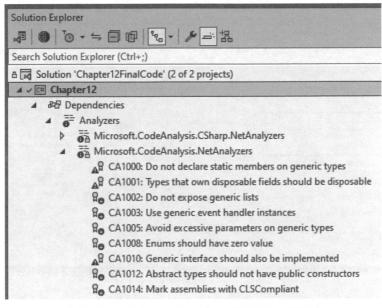

圖 13.1：Solution Explorer 中的程式碼分析器

在本章的其餘部分，我們將建立一個自己的 Roslyn 分析器，但在我們這樣做之前，我們先來討論 Roslyn 是如何理解 C# 程式碼的。

13.2.1 安裝 extension development 工作負載與 DGML 編輯器

使用 Roslyn 分析器進行開發時，Visual Studio 的兩個新功能可以協助你建立和偵錯你自己的分析器。讓我們從 Windows 開始選單啟動 **Visual Studio Installer** 來安裝這些功能。接下來，選擇你的 Visual Studio 安裝，並點擊 **Modify**。

這會帶出一個可用的工作負載（workloads）和功能（features）的清單。這些會隨著時間變化，但你需要確保在 **Workloads** 頁籤中，已經勾選了 **Visual Studio extension development**，如圖 13.2 所示：

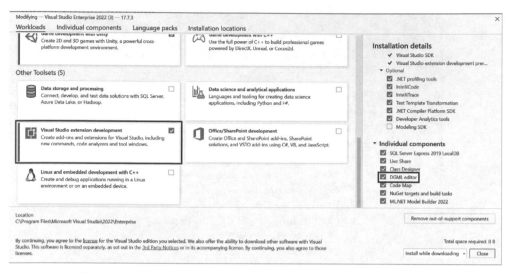

圖 13.2：安裝 Visual Studio extension development 與 DGML editor

接下來，在 **Individual components** 頁籤中找到 **DGML editor**，選中它，然後再點擊 **Modify** 安裝額外元件。

在你嘗試為 Visual Studio 建立 VSIX 擴充功能專案（extension project）時，Visual Studio extension development workload（擴充功能開發工作負載）非常有用。這種類型的專案允許你為 Visual Studio 加入自訂的使用者介面元素、分析器和新功能。我們將在本章後續以及下一章中，定期講解更多關於 VSIX 擴充功能的內容。

DGML 編輯器透過使用**有向圖形標記語言（Directed Graph Markup Language，DGML）**，在 Visual Studio 中展示互動式的視覺化效果。它還安裝了一個非常有用的檢視，這有助於我們更好地理解 Rosyln：**Syntax Visualizer**。

13.2.2 介紹 Syntax Visualizer

Syntax Visualizer（語法視覺化工具）是 Visual Studio 中的一種檢視（view），讓你能夠從 Roslyn API 的角度看到原始碼的結構。

要查看這項功能的運作，請在你的編輯器中打開一個 C# 檔案，然後點擊 **View** 選單，接著選擇 **Other Windows**，然後再打開 **Syntax Visualizer**。

這應該會顯示出與「編輯器中的程式碼」相對應的各種節點的階層，如圖 13.3 所示：

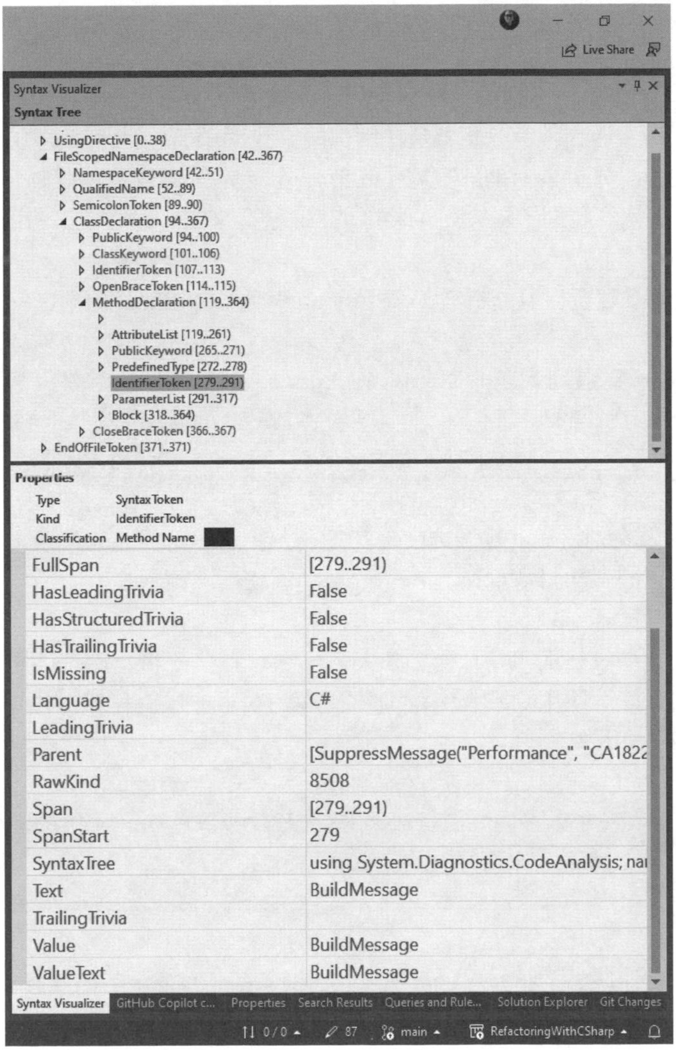

圖 13.3：Syntax Visualizer 與「目前選取的程式碼」同步

點擊程式碼中的各種關鍵字、變數、方法和值，觀察 **Syntax Visualizer** 如何改變，以反映你所選擇的內容。

這是一種非常好的方式，能夠協助理解 Roslyn API 中的程式碼結構；當你不確定 Roslyn API 中的哪個類別是「你想要處理的程式碼元素類型」時，這項工具也會很有幫助。

現在我們更了解 Roslyn API 了，讓我們來建立第一個 Roslyn 分析器吧。

13.3 建立一個 Roslyn 分析器

當人們在程式碼中遇到現有分析器無法解決的常見問題時，他們會建立自訂的 Roslyn 分析器。這些自訂分析器有助於實施（enforce）特定組織或團隊認為有用的規則。然而，這些組織特定的規則，對於更廣大的 .NET 社群來說，往往較不適用。

以下是你可能需要建置自訂分析器（custom analyzer）的幾個範例：

- 你的團隊一直遇到太多的 `FormatException` 錯誤（這些錯誤大多數來自於類似 `int.Parse` 這樣的程式碼），並且想要將 `int.TryParse` 設為他們的標準
- 由於檔案過大且記憶體有限，你的團隊希望避免使用 `File.ReadAllText` 方法，而改為使用基於資料流（stream）的方法
- 你的團隊強制規定所有類別都必須覆寫 `ToString` 方法，以改善偵錯（debugging）和日誌記錄（logging）的體驗

請注意，以上這些做法與風格或語法無關。反之，這些分析器處理的是團隊特定的決策，關於如何最好地運用 .NET。我們將在「**第 16 章，採用程式碼標準**」中，探討如何執行風格和語法選擇。

假設雲霄航空公司花了很多時間對程式碼進行偵錯和疑難排解，他們認為在更多地方覆寫 `ToString`，會為團隊帶來更好的開發者體驗。

> **Note**
> 在所有類別中覆寫 `ToString`，這並非一種既定（確立）的最佳實踐。這樣做可能會有一些效能上的劣勢，但在本章中，我們將假設這條規則對於雲霄團隊來說是合理的。

在本章的其餘部分，我們將從一個空白的解決方案開始建立這個分析器。

13.3.1 將分析器專案加入到解決方案中

雖然 Visual Studio 內建了「建立 Roslyn 分析器」的範本，但這些是較舊的範本，並且隱藏了一些實作細節。反之，我們要走一遍所有的步驟，從一個空白的解決方案建立並部署一個 Roslyn 分析器。

首先，我們要新增一個包含分析器的 Class Library（類別庫）。類別庫是一種特殊的專案類型，它為其他專案提供程式碼，但不能獨立執行。

從 Chapter13BeginningCode 解決方案開始，我們將在 **Solution Explorer** 中右鍵點擊解決方案，然後選擇 **Add**，接著選擇 **New Project...**。

在那裡，我們將選擇要建立的專案類型，選擇使用 C# 語言的 **Class Library** 專案，如圖 13.4 所示，然後點擊 **Next**：

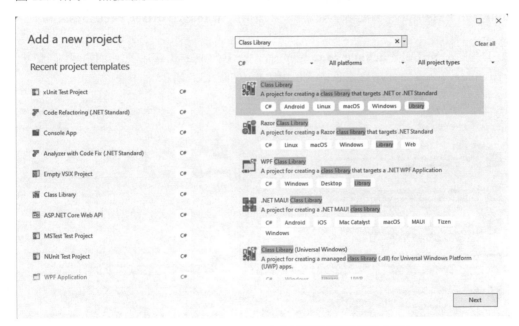

圖 13.4：將 C# Class Library 專案新增至我們的解決方案中

> **警告**
>
> 有多個以不同語言命名的 Class Library 專案。請在清單中尋找綠色的 C# 圖示和帶有 C# 標籤的專案。

接下來，我們需要為類別庫提供一個名稱。這個類別庫將儲存我們在本章建立的程式碼分析器，所以讓我們稱它為 `Packt.Analyzers`，因為專案的名稱將成為專案的預設命名空間。

之後，系統會要求你選擇專案應使用的 Framework（架構）。請選擇 **.NET Standard 2.0**，然後點擊 **Create**。新的專案將加入到你的解決方案中。

> **為什麼選擇 .NET Standard ？**
>
> 與本書中的其他專案不同，我們在這裡使用的是 .NET Standard。這是一種特殊版本的 .NET，被設計成「能在各種不同的 .NET 執行階段中執行」。當你不知道程式碼將在哪個版本的 .NET 中執行時，.NET Standard 是一個不錯的選擇。更多資訊，請參閱「**延伸閱讀**」小節 [59]。

要建立一個 Roslyn 分析器，我們需要在類別庫中加入一些 NuGet 套件。為此，請在 **Solution Explorer** 中右鍵點擊類別庫，然後選擇 **Manage NuGet Packages...**。

一 旦 進 入 **NuGet Package Manager**，請 至 **Browse** 頁 籤，然 後 搜 尋 並 安 裝 `Microsoft.CodeAnalysis` 套件的 4.0.1 版本，如圖 13.5 所示：

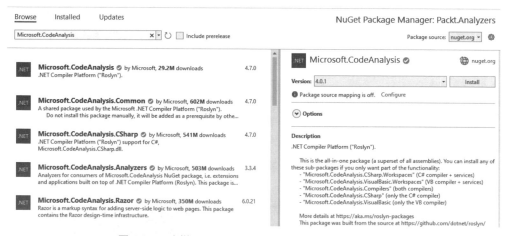

圖 13.5：安裝 Microsoft.CodeAnalysis 的 4.0.1 版本

---

59 審校註：審校的經驗中碰到過 .NET Standard 成為技術債的一部分。.NET Standard 通常是為了特殊目的而採用的選擇，開發者應先了解它之後，才來決定是否選用它，並不是在一無所知的情況下都採用它。

請注意，4.0.1 版本並不是這個套件的最新版本。我們選擇此特定版本是為了避免與稍後使用的測試函式庫產生衝突。

現在套件已經安裝完成，我們準備開始建立我們的 Roslyn 分析器。

13.3.2 定義程式碼分析規則

我們首先將 `Class1.cs` 檔案重命名為 `ToStringAnalyzer.cs`，並用以下的程式碼替換其內容：

```
using System;
using System.Linq;
using System.Collections.Immutable;
using Microsoft.CodeAnalysis;
using Microsoft.CodeAnalysis.Diagnostics;
namespace Packt.Analyzers {
  [DiagnosticAnalyzer(LanguageNames.CSharp)]
  public class ToStringAnalyzer : DiagnosticAnalyzer {
  }
}
```

這是擁有「一個可編譯的分析器」所需的最低要求。讓我們來探索其中的內容吧。

首先，`ToStringAnalyzer` 類別繼承自 `DiagnosticAnalyzer`，後者是所有 Roslyn 分析器的基底類別（base class），而這些分析器的主要功能是向使用者提供警告。

這個類別具有一個 `DiagnosticAnalyzer` 屬性（attribute），表示分析器適用於「用 C# 撰寫的程式碼」。

> **Note**
> 可以撰寫適用於「C#、F#、Visual Basic 或這些語言的某種組合」的分析器。

從抽象的 `DiagnosticAnalyzers` 類別繼承，迫使我們必須覆寫 `SupportedDiagnostics` 屬性和 `Initialize` 方法。現在讓我們用最簡單的方式來做這件事 [60]：

---

60 審校註：在 `ToStringAnalyzer` 會出現紅色波浪線，使用 **Quick Actions** 選項，選擇 Implement abstract class，以快速產生需要實作的程式碼。

```
public override ImmutableArray<DiagnosticDescriptor>
  SupportedDiagnostics => null;
public override void Initialize(AnalysisContext con) {
}
```

SupportedDiagnostics 屬性（property）回傳 ImmutableArray，其中包含分析器提供給編輯器的所有診斷規則。在我們的情況中，我們希望它回傳「當違反規則時，使用者可能看到的警告」。

讓我們新增一個新屬性並更新我們的 SupportedDiagnostics 屬性，如下所示：

```
public static readonly DiagnosticDescriptor Rule =
  new DiagnosticDescriptor(
    id: "CSA1001",
    title: "Override ToString()",
    messageFormat: "Override ToString on {0}",
    category: "Maintainability",
    defaultSeverity: DiagnosticSeverity.Info,
    isEnabledByDefault: true,
    description: "Override ToString to help debugging.");
public override ImmutableArray<DiagnosticDescriptor>
  SupportedDiagnostics => ImmutableArray.Create(Rule);
```

在這裡，我們新增了一個靜態的 Rule 屬性，該屬性定義了 DiagnosticDescriptor 物件，這個物件正在定義我們的規則。然後，這個規則被包含在 SupportedDiagnostics 屬性當中。

本地化注意

DiagnosticDescriptor 物件既可以使用原始字串（raw string）來建立（就像我們在這裡使用的），也可以使用 LocalizableString 參數來建立。LocalizableString 在不同語言中的效果更佳，所以如果你打算建立一個在全球範圍內使用的 Roslyn 分析器，你會想要使用它。

違反規則時，這段程式碼所定義的 DiagnosticDescriptor 物件，將在 **Error List** 窗格和建置 **Output** 中出現。這個規則需要以下部分：

- **ID**：一段以首字母開頭的代碼，代表提供者（provider），然後是數字代碼。我們選擇 CSA 來表示雲霄航空公司（Cloudy Skies Airlines）。

- **Title**：程式碼分析警告的簡稱。違反規則時，這將出現在工具提示（tooltip）中。
- **Message format**：將出現在 Visual Studio 工具提示中的可格式化字串。
- **Category**：廣泛的規則類別。常見的類別包括 Naming、Performance、Maintainability、Security、Reliability、Design 和 Usage。
- **Default severity**：使用者未調整的情況下，程式碼分析規則的嚴重性。這將是 Hidden、Info、Warning 或 Error。
- **Enabled by default**：規則是否從一開始就啟用。
- **Description**：規則的詳細描述及其重要性。當展開（expand）被違反的規則時，這將顯示在 **Error List** 窗格中。

將你的規則定義為一個單獨的屬性，有助於其他程式碼參考規則的確切定義。

現在我們的規則已經定義好了，讓我們來撰寫「違反規則時，能夠偵測出來」的程式碼。

13.3.3 使用 Roslyn 分析器分析符號

我們先從建置 Initialize 方法開始：

```
public override void Initialize(AnalysisContext con) {
    con.ConfigureGeneratedCodeAnalysis(
        GeneratedCodeAnalysisFlags.None);
    con.EnableConcurrentExecution();
    con.RegisterSymbolAction(Analyze, SymbolKind.NamedType);
}
```

這個方法現在還有一些額外的功能：

- 首先，我們將分析器設定成忽略任何自動產生的程式碼，不對它們進行分析。這些檔案不是使用者寫的，而是各種工具產生的，所以沒有必要分析它們。
- 其次，我們告訴 Roslyn，可以使用這條規則同時評估多個程式碼區塊。從效能角度來看，這始終是首選方案。
- 最後，我們告訴分析器，只要在程式碼分析過程中遇到一個具名 Type，我們會希望得知這項資訊。具體來說，程式碼應該為「檢測到的每個 Type」呼叫一個新的 Analyze 方法。

我們還沒有撰寫這個 `Analyze` 方法，現在就來做吧：

```
private static void Analyze(SymbolAnalysisContext con) {
  INamedTypeSymbol sym = (INamedTypeSymbol)con.Symbol;
  IMethodSymbol toString =
    sym.GetMembers()
      .OfType<IMethodSymbol>()
      .FirstOrDefault(m => m.Name == "ToString"
                        && m.IsOverride
                        && m.Parameters.Length == 0);
  if (toString == null) {
    Diagnostic diagnostic = Diagnostic.Create(
      Rule, sym.Locations[0], sym.Name);
    con.ReportDiagnostic(diagnostic);
  }
}
```

這段程式碼不容易撰寫或閱讀，所以在討論如何撰寫分析器程式碼之前，讓我們先來了解它。

首先，由於我們知道這種方法是在具名型別（named type）上呼叫的，因此，我們可以將「Roslyn 提供的符號」強制轉換（cast）為 `INamedTypeSymbol`，這讓我們可以進一步查詢。

利用這個符號（symbol），我們可以使用 `GetMembers` 請求所有成員，例如屬性和方法。接下來，我們可以使用 LINQ 來過濾出那些是「方法」的成員。有了這些成員後，我們就可以使用 `FirstOrDefault` 來檢查，看看是否有一個名為 `ToString`、不接受任何參數並且是覆寫（override）的方法。

> **為什麼不檢查回傳型別呢？**
>
> 我們可以檢查回傳型別（return type）是否為字串，但是 C# 編譯器不允許多個方法擁有相同的參數和不同的回傳型別。我們也知道所有物件都具有 `string ToString()`，所以回傳型別將是 `string`。

如果我們沒有找到一個 `ToString` 覆寫，分析器就會把它標記為違反規則。分析器會建立一個 `Diagnostic` 物件，參考「我們之前定義的 `Rule` 屬性」以及「違反規則的符

號名稱和位置」，來實作這一點。在這裡，這個符號將是一個沒有覆寫 `ToString` 的 `Type` 定義。

在驗證分析器是否運作正常之前，我們先來談談如何撰寫分析器程式碼。

13.3.4 撰寫 Roslyn 分析器的小提醒

根據我的經驗，Roslyn 分析器是最難撰寫的程式碼之一。有了 Roslyn，你將以全然不同的角度來看待你的 C# 程式碼。

你撰寫的每一個分析器，都可能會分析出與「前一個」完全不同的東西，這使得討論「Roslyn 提供的廣泛選項」變得困難。

我發現有兩項關鍵事物，對於「撰寫 Roslyn 分析器」來說非常有幫助：

- **瀏覽其他的 Roslyn 分析器**：市面上有許多其他的 Roslyn 分析器（包括 .NET 內建的），而且大多數都是開放原始碼的。這表示你可以找到一個現有的分析器，這個分析器與你感興趣的相似，然後查看原始碼，並撰寫類似的內容。
  請參閱本章的**「延伸閱讀」小節**，了解一些熱門的 Roslyn 分析器集合。
- **GitHub Copilot Chat**：從一個空的 `Analyze` 方法開始，你可以給 Copilot 一個提示，比如說「I want to find all methods contained in this type」（我想找到這個型別中包含的所有方法），或是「How would I check if this type is marked as public?」（我應該如何檢查這個型別是否被標記為 public ？）。
  雖然你仍然需要提供高階指引，但根據我的經驗，在撰寫複雜和不熟悉的分析器程式碼時，Copilot 是非常有幫助的。

現在我們已經建立了 Roslyn 分析器，讓我們來看看如何確保它能正常運作。

13.4 使用 RoslynTestKit 測試 Roslyn 分析器

我們會在接近本章尾聲時說明，如何在你自己的專案中使用 Roslyn 分析器，但我們先從撰寫單元測試開始，為我們現有的分析器撰寫單元測試。

從大方向來看，我們希望用分析器來測試兩件事：

- 分析器在「沒有違反其規則的程式碼」上不會觸發。
- 分析器正確地標記了「它應該標記的程式碼」。

我們將在一個新的單元測試專案中實作這兩個單元測試。

13.4.1 新增一個 Roslyn 分析器測試專案

我們的測試可以用 **MSTest**、**xUnit** 或 **NUnit** 來撰寫。為了保持一致性，我們將使用 xUnit。

首先，在解決方案上點擊右鍵，然後選擇 **Add**，再選擇 **New Project...**，將新的 xUnit 專案加入到解決方案中，就像我們之前所做的那樣。

接著，請選擇 C# 版本的 **xUnit Test Project**，然後點擊 **Next**。將你的專案命名為 `Packt.Analyzers.Tests`，然後點擊 **Next**。當被提示選擇 Framework 時，請選擇 **.NET 8.0**，然後點擊 **Create**。

專案建立後，透過在 `Packt.Analyzers.Tests` 專案中點選 **Dependencies** 節點並選擇 **Add Project Reference...**，來加入對 `Packt.Analyzers` 的專案參考，如圖 13.6 所示：

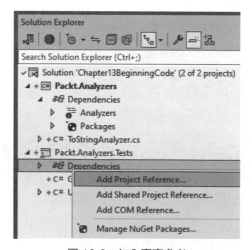

圖 13.6：加入專案參考

在 `Packt.Analyzers` 旁邊的框框中打勾，然後點擊 **OK**。這將允許你從測試專案中參考你的分析器。

接著，我們需要加入對 **RoslynTestKit** NuGet 套件的參考。這是一個與測試框架無關（framework-agnostic）的函式庫，讓我們能夠透過擴充某些測試夾具類別（test fixture class），來對 Roslyn 分析器進行單元測試，我們馬上就會看到 [61]。

在 `Packt.Analyzers.Tests` 上按滑鼠右鍵，然後點選 **Manage NuGet Packages...**，接著前往 **Browse** 頁籤，並安裝 `SmartAnalyzers.RoslynTestKit`。

排除安裝問題

`Microsoft.CodeAnalysis` 和 `SmartAnalyzers.RoslynTestKit` 這 兩 者之間的最新版本可能會有衝突。讀者若遇到這個問題，請參考 GitHub 上本章的最終程式碼，查看建議的 NuGet 套件版本 [62]。

完成專案設定後，讓我們來建立測試夾具類別。

13.4.2 建立 AnalyzerTestFixture

我們首先將 `UnitTest1.cs` 重新命名為 `ToStringAnalyzerTests.cs`，並用以下的程式碼替換其內容：

```
using Microsoft.CodeAnalysis;
using Microsoft.CodeAnalysis.Diagnostics;
using RoslynTestKit;
namespace Packt.Analyzers.Tests;
public class ToStringAnalyzerTests : AnalyzerTestFixture {
  protected override string LanguageName
    => LanguageNames.CSharp;
  protected override DiagnosticAnalyzer CreateAnalyzer()
```

---

61 審校註：夾具（fixture）是製造業中的一種固定裝置，也是一種定位器設備。簡單來說，它會向測試框架提供一個定位功能，說明這裡有個單元測試類別，測試框架需要來此類別進行測試驗證作業。

62 審校註：審校當下，安裝 RoslynTestKit 5.0.2，Installed 索引會出現黃色驚嘆號，不用緊張，那是某些依賴套件版本過舊，因此含有風險的提示。你可以勾選 Show only vulnerable 快速找出有風險的套件並處理。目前就學習本書而言，可以先放著不用處理它，但正式專案請不要忽略它。

```
    => new ToStringAnalyzer();
}
```

這個類別繼承自 RoslynTestKit 中的 AnalyzerTestFixture。這將迫使這個類別提供「它所使用的語言」以及「一個方法」，這個方法會建立我們要測試的分析器。由於我們正在使用 C#，因此我們回傳 LanguageNames.CSharp 作為語言。在 CreateAnalyzer 中，我們執行個體化並回傳來自 Packt.Analyzers 專案中的 ToStringAnalyzer 執行個體。

這樣，RoslynTestKit 就知道如何建立我們的分析器，以及我們正在使用的語言，但我們還沒有定義一個測試。現在讓我們撰寫第一個測試吧。

13.4.3 確認 Roslyn 分析器不會標記出良好程式碼

我們的第一個測試將確保「不違反分析器的程式碼，不會被標記為違規」。我們將透過定義一個包含有效程式碼的字串來測試這一點，然後驗證分析器是否沒有找到任何問題。

我們以下列方式宣告 Good（良好）程式碼：

```
public const string GoodCode = @"
using System;
public class Flight
{
  public string Id {get; set;}
  public string DepartAirport {get; set;}
  public string ArriveAirport {get; set;}
  public override string ToString() => Id;
}";
```

這個多行字串用 C# 定義了一個 Flight 類別的簡單宣告，其中包括一個 ToString 方法的覆寫。因為 ToString 被覆寫，我們的規則不會在這個類別定義中找到問題。

我們可以用以下的程式碼來驗證這一點：

```
[Fact]
public void AnalyzerShouldNotFlagGoodCode() {
  NoDiagnostic(GoodCode, ToStringAnalyzer.Rule.Id);
}
```

在這裡，我們使用 `RoslynTestKit` 的 `AnalyzerTestFixture` 類別中的 `NoDiagnostic` 方法，來檢查程式碼是否違反了我們的規則。

`RoslynTestKit` 需要知道我們正在檢查的規則的 ID，所以我們使用之前在 `ToStringAnalyzer` 上定義的 `Rule` 屬性來提供其 `Id` 值。

既然我們的測試已經順利通過，接下來，讓我們繼續進行第二個測試吧。

13.4.4 驗證 Roslyn 分析器是否標記出錯誤程式碼

為了驗證錯誤程式碼是否能觸發分析器規則，我們將使用相似的方法：我們會輸入已知的錯誤程式碼，並確保該規則被觸發。

這稍微複雜一些，因為我們想確保規則是針對程式碼中的正確符號（right symbol）觸發的。因此，當我們定義 Bad（不良）程式碼時，我們需要加入 [| 和 |] 標記來表示哪個符號應該被標記，如下所示：

```
public const string BadCode = @"
using System;
public class [|Flight|]
{
  public string Id {get; set;}
  public string DepartAirport {get; set;}
  public string ArriveAirport {get; set;}
}";
```

這段程式碼沒有覆寫 `ToString`，因此應將 `Flight` 類別標記為違反規則。我們可以使用 `HasDiagnostic` 方法來驗證這一點：

```
[Fact]
public void AnalyzerShouldFlagViolations() {
    HasDiagnostic(BadCode, ToStringAnalyzer.Rule.Id);
}
```

這段程式碼與我們驗證良好程式碼的做法非常相似，如果該規則沒有被觸發，或者沒有明確地針對 `Flight` 符號觸發，那麼它將無法運作。

我們可以繼續延伸我們的測試，加入更多的範例和反例，但讓我們簡短地討論一下如何對 Roslyn 分析器進行偵錯。

13.4.5 偵錯 Roslyn 分析器

當你撰寫一個 Roslyn 分析器時，你很可能無法一次就做對。

單元測試有助於檢測分析器中的失敗，但讓我們討論一下如何對 Roslyn 分析器進行偵錯。

針對使用 Roslyn 分析器，我建議的做法是遵循本章的方向：建立一個包含你的分析器的類別庫，並有一個測試專案來測試它。

如果你的分析器對某些程式碼無法正確觸發，你可以在分析器程式碼中設定中斷點（breakpoint），然後透過右鍵點選特定測試並選擇 **Debug**，來逐步偵錯特定執行個體的程式碼，如圖 13.7 所示：

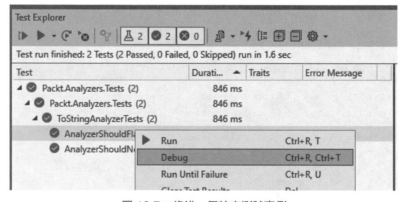

圖 13.7：偵錯一個特定測試案例

在分析特定測試案例時，我發現這種做法通常非常有幫助。在這些情境中，我可以看到分析器在「測試情境」中遇到的確切物件。在這個基礎上，我撰寫了足夠的程式碼，讓分析器能夠處理那種情境。當分析器處理完那個測試案例後，我通常已經準備好，要在「範圍更廣的程式碼」上嘗試使用分析器，而這就是我們接下來要討論的內容。

13.5 將分析器分享為 Visual Studio 擴充功能

一旦你準備好，要在更多的程式碼上嘗試分析器，或者與你的同行分享，有幾個選擇可供考慮：

- 將分析器部署為 NuGet 套件，下一章會討論
- 建立一個 **Visual Studio Installer**（**VSIX**），在本地端安裝分析器
- 建立一個新專案，透過編輯 .csproj 檔案並加入一個 Analyzer 節點，用以明確參照分析器，如下所示：

```
<ItemGroup>
  <Analyzer Include="..\some\path\Your.Analyzer.dll" />
</ItemGroup>
```

如果你有一個大型的解決方案，並且希望你的分析器只應用於該解決方案中的其他專案，你可能會考慮最後一種做法。不過，我發現這種做法存在很多問題，需要經常重新載入 Visual Studio 才能使分析器的變更生效，因此，在本章的最後，我們將使用 VSIX 方法。

13.5.1 為 Roslyn 分析器建立一個 Visual Studio 擴充功能（VSIX）

Visual Studio 擴充功能專案（**Visual Studio extension project**，**VSIX 專案**）允許你將多元的功能集結成一個擴充功能，然後安裝到 Visual Studio 中。

讓我們建立一個新的 VSIX 專案，將我們的分析器加入到其中，然後在新的 Visual Studio 執行個體中使用它。

我們將如同往常一樣開始：在 **Solution Explorer** 中右鍵點選解決方案，選擇 **Add**，然後選擇 **New Project...**。

接下來，選擇以 C# 為語言的 **Empty VSIX Project** 範本。將這個專案命名為 Packt. Analyzers.Installer，然後點擊 **Create**。

這個空的專案只包含一個名為 `source.extension.vsixmanifest` 的檔案，我們稱之為 manifest。我們只需要這個 manifest 檔案。對它按兩下，打開 designer，如圖 13.8 所示：

圖 13.8：設計檢視（design view）中的 manifest 檔案

這將打開中繼資料檢視（metadata view），其中包含你可以設定的不同設置。我們將忽略那些設置，點擊左側側邊欄的 **Assets** 選項。

Assets 窗格指定了包含在擴充功能中的不同元件。我們希望包含我們的分析器，所以點擊 **New** 來打開 **Add New Asset** 對話框。

接下來，指定 Analyzer 的 **Type**，將 **A project in current solution** 作為你的來源，然後選擇 `Packt.Analyzers` 專案，如圖 13.9 所示：

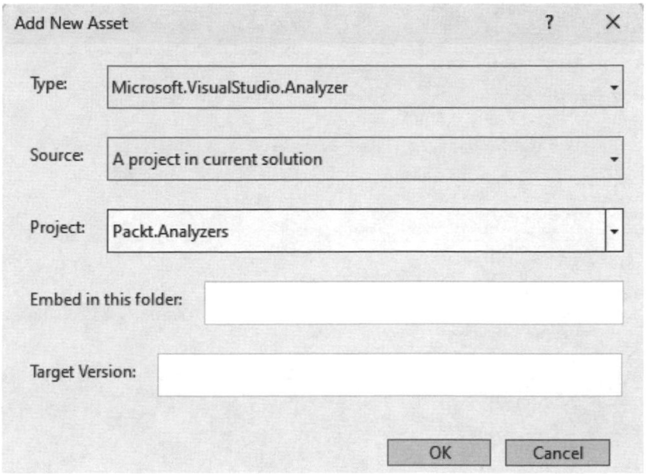

圖 13.9：將 Roslyn 分析器作為 Asset 加入到你的 VSIX 專案中

點擊 **OK**；你的分析器現在應該出現在 **Assets** 清單中。

變更完成後，我們的 VSIX 專案現已準備好供我們使用。要測試這個專案，請右鍵點擊 `Packt.Analyzers.Installer` 專案並選擇 **Set as Startup Project**。接著，執行你的專案——這將開啟一個新的 Visual Studio 實驗執行個體。

> **Note**
>
> 執行專案後，Visual Studio 可能需要幾分鐘的時間才能打開。打開的 Visual Studio 版本是專為開發擴充功能所建置的，需要額外的啟動時間。我們不建議你在實際的開發中使用這種版本的 Visual Studio。反之，你可以使用它來測試你的擴充功能，然後關閉它。

幾分鐘後，一個新的 Visual Studio 執行個體會開啟，你的 VSIX 專案將被安裝。使用這個 Visual Studio 執行個體，你可以開啟任何其他專案，而你在本章中建置的 Roslyn 分析器將會啟動 [63]。

具體來說，我們的分析器會在「那些沒有覆寫 `ToString` 的類別」上顯示為一個建議（藍色驚嘆號），例如在圖 13.10 中的 `SkillController` 類別：

---

63 審校註：在這個新開啟的 Visual Studio 中，開啟 Extensions 的 Manage Extensions 的 Installed 索引，可以確認「剛剛開發的 Roslyn 分析器」有被安裝到此 Visual Studio 執行個體內。

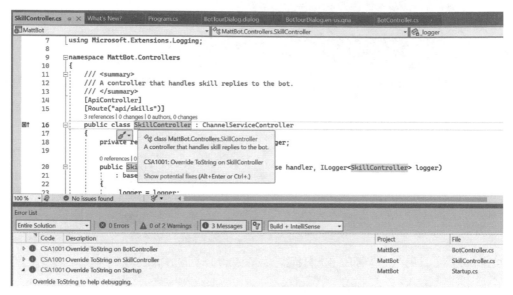

圖 13.10：我們的 Roslyn 分析器建議覆寫 ToString

分析器的警告也會顯示在錯誤清單（Error List）中，不過，如果你像我們在本章所做的那樣，將它們標記為具有嚴重性，你就需要確保這些（嚴重性的）訊息能夠顯示在這些結果中。請見圖 13.10 中醒目提示的訊息過濾器（message filter）按鈕。

> **DebuggerDisplay 屬性 vs. ToString 覆寫方法**
>
> 本章以 ToString 為例，覆寫 ToString 可以改善偵錯器（debugger）的體驗。另一種做法是在你的類別定義上方加入 [DebuggerDisplay] 屬性（attribute），用以描述類別在偵錯器中的顯示方式，而不需要覆寫 ToString。

一旦你滿意測試結果，請關閉新的 Visual Studio 執行個體。

建置和測試安裝程式（installer），將在你的擴充專案的 bin/Debug 資料夾中建立一個 Packt.Analyzers.Installer.vsix 檔案。這個 .vsix 檔案讓其他人能夠安裝你的自訂擴充功能，並在他們的專案中使用你的分析器。

> **Note**
> 你也可以在 Visual Studio marketplace 上發佈你的安裝程式。這樣，擴充功能就可以被大眾找到，方便其他人下載它。

每次更新你的分析器時，你都需要共享擴充功能的新版本，你的團隊也需要升級（upgrade）。這使得透過 `.vsix` 檔案管理 Roslyn 分析器成為挑戰。

幸運的是，NuGet 套件提供了一種更好的方案來分享 Roslyn 分析器，我們將在下一章中看到。

13.6 小結

在本章中，我們建立了第一個 Roslyn 分析器、使用 `RoslynTestKit` 進行測試，並建置了一個 VSIX 擴充功能，把 Roslyn 分析器整合到 Visual Studio 中。

我們看到 Roslyn 分析器如何驅動（power，即支援）我們在 Visual Studio 中與之互動的所有警告，以及你和團隊如何建立新的 Roslyn 分析器，來檢測和標記團隊及其程式倉庫中獨有的問題。

在下一章中，我們將了解如何使用 Roslyn 分析器來修正它們找到的問題，並幫助你安全地重構你的程式碼。

13.7 問題

1. Roslyn 分析器是如何運作的？
2. 你何時會想要建立自己的 Roslyn 分析器？
3. 你如何確認 Roslyn 分析器的運作是否正確？

13.8 延伸閱讀

如果讀者想要了解更多關於本章討論的資訊，可以參考以下資源：

- Roslyn 分析器：`https://learn.microsoft.com/en-us/visualstudio/code-quality/roslyn-analyzers-overview`
- 安裝第三方分析器：`https://learn.microsoft.com/en-us/visualstudio/code-quality/install-roslyn-analyzers`
- awesome-roslyn：`https://github.com/ironcev/awesome-roslyn`

- .NET Standard：`https://learn.microsoft.com/en-us/dotnet/standard/net-standard`

以下是 GitHub 上一些熱門的開放原始碼 Roslyn 分析器：

- Roslyn 分析器：`https://github.com/dotnet/roslyn-analyzers`
- StyleCop：`https://github.com/DotNetAnalyzers/StyleCopAnalyzers`

14

使用Roslyn分析器
重構程式碼

在上一章中，我們介紹如何建立 Roslyn 分析器來標記程式碼中的問題。在本章中，我們將提升分析器的能力，透過提供「使用者可以叫用的 **Quick Actions**」來修改他們的原始碼，進而使分析器具備修復程式碼問題的能力。我們還會討論部署 Roslyn 分析器的其他方式，這將增進你為團隊成員提供一致體驗的能力。

在本章中，你會學到下列這些主題：

- 建立一個 Roslyn 分析器程式碼修正
- 使用 RoslynTestKit 測試程式碼修正
- 將 Roslyn 分析器發佈為 NuGet 套件

14.1 技術需求

本章將接續「第 13 章」最後一節的討論。

讀者可以在本書的 GitHub 找到本章的起始程式碼：https://github.com/PacktPublishing/Refactoring-with-CSharp，在 Chapter14/Ch14BeginningCode 資料夾中。

14.2 案例研究：雲霄航空公司

在「第 13 章」中，我們建置了一個 ToStringAnalyzer，用於檢測「沒有覆寫 ToString 方法」的類別。這將在 Visual Studio 編輯器中出現建議（suggestion），並在錯誤清單中顯示訊息（message）。

雲霄航空公司已在內部部署了這個系統，並發現它大致上是有幫助的，但還是有一些地方需要改進：

- 雖然分析器會標記出違反了 ToString 規則的情況，但並非所有開發者都會去處理這個問題。在內部討論時，有些開發者表示他們不想花時間來解決這個問題。此外，一些新人開發者並不完全理解這個規則，或者他們不知道該如何修正這個問題。
- 每當建立一個新的分析器或解決現有分析器中的錯誤時，都必須建立一個新的 VSIX 檔案。然後，開發者需要下載並安裝它，以獲得更新的版本。正因為如此，團隊很難知道哪些開發者已經安裝了分析器，或是每個開發者正在使用哪個版本。

在本章中，我們將討論這些問題。我們將研究如何建立並測試一個「程式碼修正提供者」（code fix provider），這個「程式碼修正提供者」能夠自動解決檢測到的問題。然後，我們將探索「透過 **NuGet 套件**發佈分析器」的做法，並展示它們如何幫助團隊擁有一致的分析器體驗。

14.3 建立一個 Roslyn 分析器程式碼修正

Roslyn 分析器讓你為使用者提供選項，來自動修復分析器在程式碼中檢測到的問題。它們透過一個叫做**程式碼修正提供者（code fix provider）**的東西來實作這一點，這個提供者能夠以自動化的方式修改你的文件，以解決診斷警告。

可以這麼想：診斷分析器（diagnostic analyzer），如 OverrideToStringAnalyzer，可以協助檢測出團隊程式碼中的問題。另一方面，「程式碼修正提供者」則提供一種修復這些問題的方式。

並非所有的診斷分析器都會有「程式碼修正提供者」，但根據我的經驗，那些同時也提供「程式碼修正提供者」的分析器，通常會更早且更穩定地解決問題。

讓我們來看看它是如何運作的。

14.3.1 建立一個 CodeFixProvider

首先，我們將在 `Packt.Analyzers` 類別庫中加入一個新類別。我們稱之為 `ToStringCodeFix`。使用以下的程式碼替換其內容，作為基本的程式碼修正（basic code fix）：

```
using Microsoft.CodeAnalysis;
using Microsoft.CodeAnalysis.CodeActions;
using Microsoft.CodeAnalysis.CodeFixes;
using Microsoft.CodeAnalysis.CSharp;
using Microsoft.CodeAnalysis.CSharp.Syntax;
using Microsoft.CodeAnalysis.Text;
using System.Collections.Immutable;
using System.Composition;
using System.Linq;
using System.Threading.Tasks;
namespace Packt.Analyzers {

  [Shared]
  [ExportCodeFixProvider(
    LanguageNames.CSharp,
    Name = nameof(ToStringCodeFix))]
  public class ToStringCodeFix : CodeFixProvider {
    public override ImmutableArray<string>
      FixableDiagnosticIds =>
        ImmutableArray.Create(ToStringAnalyzer.Rule.Id);
    public override FixAllProvider GetFixAllProvider()
      => WellKnownFixAllProviders.BatchFixer;
    public async override Task RegisterCodeFixesAsync(
      CodeFixContext context) {
      throw new NotImplementedException();
    }
  }
}
```

這是我們為了擁有可以編譯的「程式碼修正提供者」所需的最少量程式碼。在建置這個類別的其餘部分之前，讓我們先了解一下目前的內容。

首先，我們正在宣告一個繼承自 CodeFixProvider 的 ToStringCodeFix 類別。CodeFixProvider 是抽象類別（abstract class），用於提供一個或多個診斷的修復。

請注意，我們將程式碼修正命名為 ToStringCodeFix，以配對它提供程式碼修正的 ToStringAnalyzer 類別。這是我喜歡遵循的慣例，有助於清楚地將「分析器」與「它們的程式碼修正」關聯起來。

這個類別已分配了兩個屬性：

- ExportCodeFixProviderAttribute 告訴 Roslyn 這個類別代表一個程式碼修正、程式碼修正的名稱，以及程式碼修正適用的語言。
- SharedAttribute 本身沒有任何作用，但是 Roslyn 需要它，才能順利在 Visual Studio 中註冊你的程式碼修正。

你建立的每一個程式碼修正都應該包含這兩種屬性。如果忘記使用它們，將導致你的「程式碼修正提供者」在某些使用者那裡不會出現（不要問我怎麼知道的）。

目前，ToStringCodeFix 類別有三個成員：

- **FixableDiagnosticIds**：它列出了「這個程式碼修正可以提供給解決方案的所有分析器規則」的唯一識別碼。在我們的案例中，它使用的是 ToStringAnalyzer 規則的 ID，這表示它可以修正這個 ID 的問題。
- **GetFixAllProvider**：預設情況下，程式碼修正並不支援 Visual Studio 中的「fix-all」功能。透過覆寫這個方法並回傳 WellKnownFixAllProviders. BatchFixer，我們告訴 Visual Studio 允許使用者嘗試修復檔案、專案，甚至是整個解決方案中所有該類型的問題。
- **RegisterCodeFixesAsync**：在這裡，我們可以註冊我們的程式碼修正，並告訴 Visual Studio 如果使用者選擇要套用它，應該做什麼。

我們的邏輯主體將在 RegisterCodeFixesAsync 中進行，所以現在讓我們來實作這個方法吧。

14.3.2 註冊程式碼修正

RegisterCodeFixesAsync 的工作是解釋違反了「我們設定的診斷規則」的程式碼,並註冊一個讓使用者修復的動作(action)。

進行此動作的程式碼相當繁複,所以讓我們一次只看一個部分。第一個部分與解釋「診斷違規(diagnostic violation)發生在文件中的哪個位置」有關:

```
public async override Task RegisterCodeFixesAsync(
  CodeFixContext context) {
  Diagnostic diagnostic = context.Diagnostics.First();
  TextSpan span = diagnostic.Location.SourceSpan;
  Document doc = context.Document;
```

在這裡,我們獲得一個 CodeFixContext 物件,這個物件包含了這項資訊:程式碼分析診斷違規。

這些 Diagnostic 物件包含了這項資訊:在文件中,觸發該規則的確切文本範圍(the exact span of text)。在我們的案例中,這應該是指那個沒有覆寫 ToString 方法的類別名稱的文本。

接著,我們獲得「包含了違規內容的 Document」的參考。可以將 Document 視為解決方案中某處的原始碼檔案。分析器和程式碼修正工具有可能會查看整個解決方案,因此這個 Document 有助於縮小範圍,將範圍限定在「包含了違規程式碼的檔案」當中。

透過這份 Document,我們可以存取語法樹狀結構(syntax tree)及其 Type 宣告:

```
SyntaxNode root = await doc
  .GetSyntaxRootAsync(context.CancellationToken)
  .ConfigureAwait(false);
TypeDeclarationSyntax typeDec =
  root.FindToken(span.Start)
    .Parent
    .AncestorsAndSelf()
    .OfType<TypeDeclarationSyntax>()
    .First();
```

在這裡,我們正在獲得代表文件基礎的 SyntaxRoot 元素,然後透過該文本範圍在文件中的「位置」找到類別的宣告。

這讓我們可以從「範圍內的原始文本（raw text）」跳轉到「代表 Type 宣告的物件」。有了這個物件，我們就可以進行變更並提供修復。

方法的最後一部分註冊了用於修復問題的程式碼動作（code action）：

```
CodeAction fix = CodeAction.Create(
  title: "Override ToString",
  createChangedDocument: c => FixAsync(doc, typeDec)
);
context.RegisterCodeFix(fix, diagnostic);
}
```

這段程式碼建立一個 CodeAction，並把它註冊為診斷規則的修復。這個修復有一個標題（title），代表使用者在試圖執行程式碼修正時，會在 **Quick Actions** 選單中看到的文本（text），以及使用者在試圖叫用程式碼修正時，要叫用的一個動作（action）。在這個案例中，程式碼修正會叫用我們尚未介紹的 FixAsync 方法。

額外選項

CodeAction.Create 有多個「多載」和「選擇性參數」，讓你可以改變整個解決方案，而非單一檔案，或是在多個程式碼修正有相同標題時解決衝突。

既然我們已經註冊了程式碼修正，讓我們來看看修復動作（fix action）是如何運作的。

14.3.3 使用程式碼修正修改文件

程式碼修正的最後一步是 FixAsync 方法。這個方法的工作是修改 Document，使其不再違反診斷規則。

在我們的情況下，修復就是產生這樣的程式碼：

```
public override string ToString()
{
  throw new NotImplementedException();
}
```

遺憾的是，在這裡直接撰寫原始（raw）的 C#，要比使用 Roslyn API 建立它容易得多。

要在 Roslyn 中加入這個部分，我們需要遵循以下步驟：

1. 建立一個方法主體，它會拋出一個 NotImplementedException。
2. 建立一個與方法相關的修飾詞清單（public 和 override）。
3. 建立一個具有合適名稱和回傳型別的方法宣告，並確保這個方法有所需的修飾詞清單和方法主體。
4. 建立一個新版本的 Type 宣告，這個版本包含新方法。
5. 在 Document 中找到 Type 宣告，並用我們的新版本替換它。

讓我們來看看這是如何運作的，從宣告新方法主體的程式碼開始：

```
private Task<Document> FixAsync(
  Document doc, TypeDeclarationSyntax typeDec) {
  const string exType = "NotImplementedException";
  IdentifierNameSyntax exId = SyntaxFactory.IdentifierName(exType);
  BlockSyntax methodBody = SyntaxFactory.Block(
    SyntaxFactory.ThrowStatement(
      SyntaxFactory.ObjectCreationExpression(exId)
                   .WithArgumentList(SyntaxFactory.ArgumentList())
    )
  );
```

如你所見，在 Roslyn 中宣告任何東西的程式碼可能會有點密集。然而，往後退一步來看，這段程式碼實際上只是在宣告一個方法區塊，這個方法區塊執行個體化並拋出一個 NotImplementedException。

接下來，我們將定義使用這個方法主體的方法定義：

```
SyntaxToken[] modifiers = new SyntaxToken[] {
  SyntaxFactory.Token(SyntaxKind.PublicKeyword),
  SyntaxFactory.Token(SyntaxKind.OverrideKeyword)
};
SyntaxToken returnType =
  SyntaxFactory.Token(SyntaxKind.StringKeyword);
MethodDeclarationSyntax newMethod =
```

```
SyntaxFactory.MethodDeclaration(
    SyntaxFactory.PredefinedType(returnType),
    SyntaxFactory.Identifier("ToString")
).WithModifiers(SyntaxFactory.TokenList(modifiers))
    .WithBody(methodBody);
```

這段程式碼幾乎和上一個區塊一樣密集，但其實它只是在宣告方法。這個方法將「string 的回傳型別」、「ToString 的名稱」、「public 和 override 修飾詞」以及「上一個區塊中宣告的主體」組合在一起。

修復的最後一步是將「我們的程式碼修正」加入到編輯器的程式碼中。我們使用以下的程式碼來實作這一點：

```
TypeDeclarationSyntax newType = typeDec.AddMembers(newMethod);
SyntaxNode root = typeDec.SyntaxTree.GetRoot();
SyntaxNode newRoot = root.ReplaceNode(typeDec, newType);
Document newDoc = doc.WithSyntaxRoot(newRoot);
return Task.FromResult(newDoc);
}
```

這段程式碼建立了一個新版本的 Type 宣告，其中包含我們的新方法。接著，我們在 Document 中找到舊的 Type 宣告，並用新的替換它。這樣就建立了一個新的 Document，然後我們從程式碼修正中回傳它。之後，Visual Studio 會相應地更新我們的程式碼。

有了這個，我們現在擁有一個可以運作的程式碼修正。我們如何知道它運作正常呢？我們測試它！

14.4 使用 RoslynTestKit 測試程式碼修正

在「第 13 章」中，我們介紹 RoslynTestKit 函式庫如何協助「診斷分析器」適時地標記出程式碼問題。在本章中，我們將重新審視這個函式庫，來驗證新的程式碼修正。

首先，在我們的測試專案中建立一個名為 ToStringCodeFixTests 的新類別，以符合我們通用的命名慣例。

這個類別會先宣告一個測試夾具（test fixture），就像它在分析器中所做的那樣：

```
using Microsoft.CodeAnalysis;
using Microsoft.CodeAnalysis.CodeFixes;
using Microsoft.CodeAnalysis.Diagnostics;
using RoslynTestKit;
namespace Packt.Analyzers.Tests;
public class ToStringCodeFixTests : CodeFixTestFixture {
  protected override string LanguageName => LanguageNames.CSharp;
  protected override CodeFixProvider CreateProvider()
    => new ToStringCodeFix();
  protected override IReadOnlyCollection<DiagnosticAnalyzer>
    CreateAdditionalAnalyzers() => new[] { new ToStringAnalyzer() };
```

就像之前一樣，我們的測試類別繼承自一個測試夾具，但這次它是一個 CodeFixTestFixture，因為我們正在測試一種程式碼修正。

同樣地，我們需要指定我們的程式碼修正會影響 C# 程式設計語言，並透過 CreateProvider 方法提供對「我們的類別」的參考。

與之前不同的是，我們還需要透過 CreateAdditionalAnalyzers 方法提供「我們正在測試的程式碼分析器」。編譯器允許你不覆寫這個方法，但如果你忘記覆寫，你的分析器將永遠不會在接下來的步驟中觸發，所以請確保在這裡包含你的分析器。

接著，我們測試我們的程式碼修正，做法是提供「一段錯誤程式碼」和「一段正確程式碼」，並驗證程式碼修正能成功地從「錯誤程式碼」轉變為「正確程式碼」：

```
  public const string BadCode = @"
using System;
public class [|Flight|]
{
    public string Id {get; set;}
    public string DepartAirport {get; set;}
    public string ArriveAirport {get; set;}
}";

  public const string GoodCode = @"
using System;
public class Flight
{
```

```
      public string Id {get; set;}
      public string DepartAirport {get; set;}
      public string ArriveAirport {get; set;}

      public override string ToString()
      {
          throw new NotImplementedException();
      }
}";
  [Fact]
  public void CodeFixShouldMoveBadCodeToGood() {
    string ruleId = ToStringAnalyzer.Rule.Id;
    TestCodeFix(BadCode, GoodCode, ruleId);
  }
}
```

這段程式碼有些熟悉，看起來與上一章的內容相似。就像使用分析器一樣，我們需要使用 [| 和 |] 標記來表示觸發修復的位置，正如 [|Flight|] 所示。

實際的驗證步驟是透過呼叫 TestCodeFix 方法來完成的。這個方法呼叫會使用程式碼修正將「錯誤程式碼」轉換為「新形式」，然後將「結果」與「預期的正確程式碼」進行比較。

這種比較非常敏感，任何額外的空白、換行或者差異，都將導致測試失敗，並突顯出兩個字串之間觀察到的差異，如圖 14.1 所示：

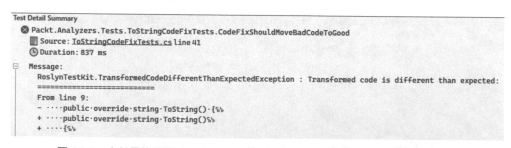

圖 14.1：由於風格選擇（styling choices）造成的字串差異，進而導致測試失敗

假設你的格式是一致的，你的測試現在應該能夠通過，這證明你有一個良好的程式碼修正。

如果需要，現在就可以啟動你的 VSIX 擴充功能專案，並在 Visual Studio 中驗證程式碼修正。之後，你可以將 VSIX 檔案分享給同事或 .NET 社群的開發者，他們就可以使用你的分析器及其修復。

然而，VSIX 部署也有一些缺點，我們很快就會看到。在本章的最後，讓我們來看看如何使用 NuGet 套件，以更受控的方式分享你的程式碼修正。

14.5 將 Roslyn 分析器發佈為 NuGet 套件

使用 VSIX 檔案來分享程式碼分析器是可行的，但並非理想的解決方案。

由於 VSIX 檔案必須手動安裝和更新，這表示對於一個軟體工程師團隊來說，你永遠無法確定誰已經安裝了這個擴充功能，或者誰正在使用擴充功能的哪個版本。

由於每個開發者都必須自行安裝 VSIX 並保持更新，這使得「新團隊成員的接手」、「釋出新的分析器或程式碼修正」，或是為現有分析器中發現的問題「發佈修補程式（patch）」變得更加困難。

幸好，我們有更好的選擇：NuGet 套件部署（package deployment）。

14.5.1 理解 NuGet 套件部署

分析器和程式碼修正可以包裝為 NuGet 套件，並部署到 NuGet 摘要（feed），以便其他人找到它們。一旦進入 NuGet 摘要，團隊中的任何開發者都可以將套件安裝到一個或多個專案中。

安裝 NuGet 套件後，任何開啟專案的開發者都會透過 NuGet 套件還原步驟（restore step）自動下載套件（這個還原步驟大多是不可見的）。如果你安裝了一個 NuGet 套件，然後加入、提交並推送變更，那麼其他開發者在拉取你的變更並在 Visual Studio 中打開專案時，就會看到套件已自動安裝。

這意味著在你的團隊中，只需要有一位開發者安裝任何 NuGet 套件，這包括「已包含 Roslyn 分析器的套件」。此外，如果你需要更新套件來包含新的分析器，團隊中的任何開發者都可以更新「已安裝套件的版本」。

使用 NuGet 套件部署 Roslyn 分析器，你的分析器將變得：

- 容易安裝
- 容易更新
- 對於整個開發團隊來說，始終可以使用
- 刻意與專案相關聯

最後一點非常有趣。使用 VSIX 部署時，分析器可以應用到開發者在他們的機器上打開的任何程式碼。分析器與你的團隊原始碼之間沒有正式的關聯，但如果開發者安裝了 VSIX 分析器，他們就會看到分析器的建議。

有了 NuGet 套件，你就可以明確指定哪些分析器應該分析哪些專案，因為你透過 NuGet 安裝流程明確地將它們關聯起來。這意味著你可以查看解決方案中的任何專案，並了解在你的專案中「哪些分析器規則」適用於「所有的開發者」，而這是透過 VSIX 部署很難達到的。

由於這些因素，我強烈建議將你的分析器和程式碼修正部署為 NuGet 套件。

讓我們來看看如何做到這一點。

14.5.2 建立一個 NuGet 套件

Visual Studio 提供了一種輕鬆包裝大多數 .NET 專案的方式：只需在 **Solution Explorer** 中右鍵點擊一個專案，選擇 **Properties**，然後在巡覽索引中找到 **Package** 下的 **General** 窗格。在這裡，你可以勾選 **Produce a package file during build operations** 核取方塊，如圖 14.2 所示：

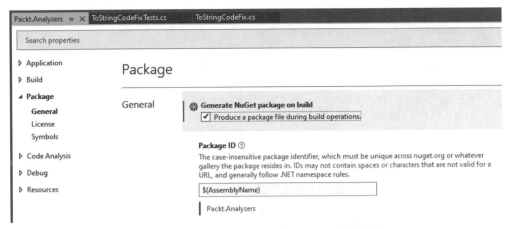

圖 14.2：在 Visual Studio 中啟用 NuGet 套件製作

勾選這個核取方塊後，你應該會在建置後的建置輸出（build output）中看到如下的東西：

```
1>Successfully created package 'C:\PacktBook\Chapter14\
Ch14BeginningCode\Packt.Analyzers\bin\Debug\Packt.Analyzers.1.0.0.nupkg'.
1>Done building project "Packt.Analyzers.csproj".
```

General 窗格還能讓你設定「與套件相關的許多中繼資料（metadata）」部分。這讓你可以指定一個 Readme 檔案或一個 Logo 標誌、輸入任何你需要的法律資訊等等。考慮安裝套件的使用者將在稍後看到這些資訊。

在設定一個發佈給大眾的 NuGet 套件時，需要考慮許多事項，這超出了本書的範圍，有興趣的讀者可以參考本章結尾「**延伸閱讀**」小節列出的其他資源。

可惜的是，在為 Roslyn 分析器建置套件時，你需要自訂更多的內容，而這些內容是 Visual Studio 在 **Properties** 使用者介面中無法提供的。

在 **Solution Explorer** 中按兩下 Packt.Analyzers，開啟它的 .csproj 檔案，並用以下的程式碼替換其內容：

```
<Project Sdk="Microsoft.NET.Sdk">
  <PropertyGroup>
    <TargetFramework>netstandard2.0</TargetFramework>
    <GeneratePackageOnBuild>True</GeneratePackageOnBuild>
```

```
    <IncludeBuildOutput>false</IncludeBuildOutput>
    <Authors>YourName</Authors>
    <Company>YourCompany</Company>
    <PackageId>YourCompany.Analyzers</PackageId>
    <PackageVersion>1.0.0</PackageVersion>
    <PackageLicenseExpression>MIT</PackageLicenseExpression>
    <Description>
      Sample analyzer with fix from "Refactoring with C#"
      by Matt Eland via Packt Publishing.
    </Description>
    <PackageProjectUrl>
        https://github.com/PacktPublishing/Refactoring-with-CSharp
    </PackageProjectUrl>
    <RepositoryUrl>
        https://github.com/PacktPublishing/Refactoring-with-CSharp
    </RepositoryUrl>
  </PropertyGroup>
  <ItemGroup>
    <PackageReference Include="Microsoft.CodeAnalysis"
                      Version="4.0.1" />
    <None Include="$(OutputPath)\Packt.Analyzers.dll"
          Pack="true"
          PackagePath="analyzers/dotnet/cs"
          Visible="false" />
  </ItemGroup>
</Project>
```

這些額外的中繼資料自訂了套件的安裝方式。讓我們分別討論每一個相關的變更：

- **GeneratePackageOnBuild** 與這是同一件事：在 **Properties** 頁面上勾選「在建置時建置套件」的核取方塊。
- **IncludeBuildOutput** 告訴包裝過程（packaging process）不要將「編譯結果」包含在產生的套件內。反之，我們將利用 ItemGroup 部分來包含這些檔案。
- **PackageId** 是 NuGet 套件的唯一識別碼。雖然本書的程式碼使用 Packt.Analyzers，但我建議你使用沒有空格或標點符號的名稱來取代 Packt，以避免在發佈時出現衝突。
- **PackageVersion** 是套件的釋出版本號碼（release version number）。套件的最新版本通常是人們利用 NuGet 進行安裝的版本。

- **PackageLicenseExpression** 是可選的，但它可以讓你告訴其他人，如果有的話，哪種開放原始碼許可證適用於你的套件。各種許可證類型及其法律涵義超出了本書的範圍。
- **Description** 是簡短易懂的描述，關於「套件的功能」以及「為何想要安裝它」。
- **RepositoryUrl** 是可選的，告訴其他人在哪裡可獲得套件程式碼。

這個檔案中真正關鍵的部分是 `ItemGroup` 中的 `None` 元素。這個步驟告訴包裝過程，將分析器專案的「已編譯 DLL」放入 NuGet 套件的 `analyzers/dotnet/cs` 目錄中。

這個目錄是一個特殊的目錄，.NET 會在「從各種來源載入 Roslyn 分析器」時查看它。如果它沒有看到你的分析器在那裡，那些分析器將不會被載入。

按照這些設定好步驟並儲存好檔案後，重新建置專案，你應該會在 `Packt.Analyzers` 專案的 `bin\Debug` 或是 `bin\Release` 目錄中看到你的 NuGet 套件已經建立。

偵錯版 vs. 正式版建置

發佈軟體時，你可能會想要使用 Release 設定，而非 Debug 設定。Debug 設定會抑制某些編譯器最佳化，並加入有助於偵錯應用程式的額外建置產物。Release 版本往往更小、更快，一般推薦使用。你可以在 Visual Studio 的主要工具欄中變更要啟用的設定。

建立 `.nupkg` 檔案後，你就可以發佈它，供其他人使用了！

14.5.3 部署 NuGet 套件

現在我們有了一個 `.nupkg` 檔案，我們可以把它部署到任何 NuGet 摘要當中。這可以是你在組織中設置的摘要、GitHub 上的私有 NuGet Registry，或是像 `NuGet.org` 這樣的公開 NuGet 摘要。

因為 `NuGet.org` 是分享開放原始碼碼套件的標準地點，我們將在本章探討這條路徑。如果你的程式碼是專有的，且你只希望在你的組織內分享，那麼它就不應該放在 `NuGet.org` 上。

NuGet 託管選項

如果你希望在 NuGet.org 之外託管你的 NuGet 套件，你有幾個選擇，包括設定「一個私有的 NuGet 伺服器」，或是使用「團隊共享的 NuGet 存放庫服務」，如 GitHub 上提供的那些服務。更多資訊，請參考**「延伸閱讀」小節**。

要開始使用，請瀏覽至 NuGet.org，建立一個使用者，然後以該使用者身分登入。

獲得身分驗證後，點擊 **Upload** 頁籤，開始「上傳 NuGet 套件」的流程。這讓你可以拖放或者點擊 **Browse...** 找到你的 NuGet 套件，如圖 14.3 所示：

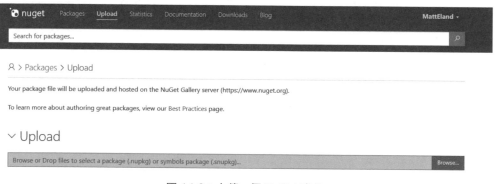

圖 14.3：上傳一個 NuGet 套件

如果你需要幫助找到你的 .nupkg 檔案，它應該位於 Packt.Analyzers 專案的 \bin\Debug 或是 \bin\Release 資料夾中，這取決於你是在 Debug 模式還是 Release 模式下建置你的專案。

Tip

與其他人分享程式碼時，最好總是發佈 Release 版的建置。

選擇你的 NuGet 套件後，該頁面將根據「系統檢測到的套件資訊」進行更新。這包括版本號、許可證檔案、Readme 檔案及其他資訊。雖然能在 Visual Studio 中設定這些值是最好的，但有些事情（如 Readme 檔案）就可以在這裡自訂，然後再發佈。

如果某些事情看起來不對，你可以建立一個新的 .nupkg 檔案並上傳該檔案。

一旦你對預覽畫面上的資訊感到滿意，點擊 **Submit**，NuGet.org 將開始檢查你的檔案是否包含有害的內容，並對套件進行索引（indexing），以便其他人可以導入它。

這個過程通常需要 5 到 15 分鐘，但實際時間可能會有所不同。如果你想查看套件的狀態，可以重新整理「如圖 14.4 所示的套件詳細資訊頁面」來檢查狀態。

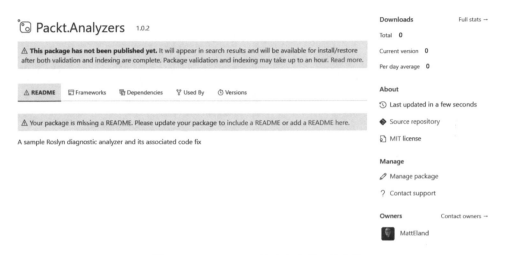

圖 14.4：NuGet.org 檢查和索引一個套件

完成後，你就可以在 Visual Studio 中參考套件了。

14.5.4 參考 NuGet 套件

在 NuGet.org 上發佈你的套件後，就可以在任何相容的 .NET 專案中參考它。

要證明這一點，請打開上一章的解決方案，或建立一個新的控制台應用程式。接下來，在 **Solution Explorer** 中替該專案選擇 **Manage NuGet Packages...**。

NuGet Package Manager 出現後，請前往 **Browse** 頁籤，並根據套件的名稱進行搜尋。假設名稱正確，且你的套件已完成索引，你應該會看到套件，如圖 14.5 所示：

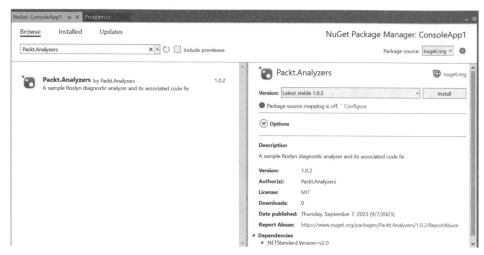

圖 14.5：在 NuGet 套件管理器中參考你的套件

點擊 **Install** 來安裝套件的最新發佈版本，並留意那些根據「建立 NuGet 套件時的選擇」而出現的依賴關係和許可條款。

安裝套件後，你的分析器現在將被啟動，並出現在 **Solution Explorer** 中，位於專案的 **Dependencies** 節點的「巢狀 **Analyzers** 節點」內，如圖 14.6 所示：

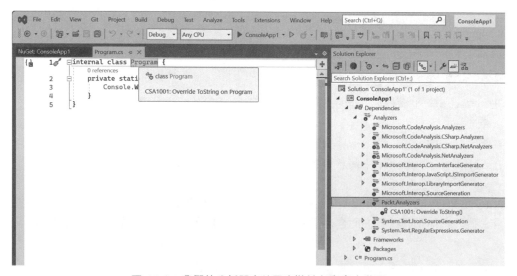

圖 14.6：我們的分析器套件已安裝並在專案中啟用

針對你的專案中的任何類別，分析器也將保持啟用，並提供建議和程式碼修正。

提交並推送你對專案的變更後，團隊其他成員將拉取新的 NuGet 依賴關係參考。然後，Visual Studio 會還原（restore）你的 NuGet 套件，並將分析器安裝到專案的本機環境中，供你的同事使用。

如果你需要更新 NuGet 套件，可以建立一個新版本的套件，並把它上傳到 `NuGet.org`。一旦新版本被建立索引，你就能夠從 NuGet 套件管理器更新已安裝的套件版本。

NuGet 部署流程讓你可以輕鬆地在專案中安裝和更新套件，這樣一來，團隊中的每一位開發者都可以使用這些套件。這就是為什麼我強烈建議「使用這個流程來與團隊共享你的 Roslyn 分析器」的原因。

14.5.5 將 CodeFixProvider 包裝為擴充功能

如果你想將「程式碼修正」包裝為「VSIX 擴充功能」，你可以按照「**第 13 章**」的方式進行，只需要額外修改一處即可。

為了讓你的 `CodeFixProvider` 在這個擴充功能中運作，你需要在安裝程式清單中加入一個 **Managed Extensibility Framework（MEF）** 資源。

要做到這一點，請前往安裝程式專案清單中的 **Assets** 窗格，然後點擊 **New**。

接下來，選擇 **Microsoft.VisualStudio.MefComponent** 作為 Type，將 Source 指定為 **A project in current solution**，並將「你的分析器專案」指定為 Project（請見圖 14.7 中的範例）。

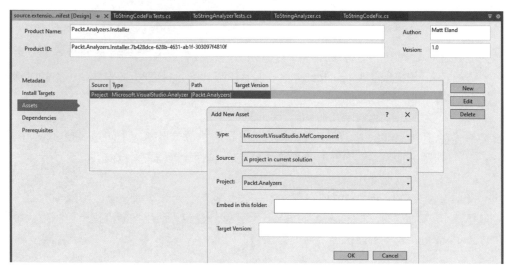

圖 14.7：將 MEF 元件資源（component asset）加入到安裝程式清單（installer manifest）中

這項變更將確保安裝程式正確地註冊了你的程式碼修正。

根據我的經驗，使用「NuGet 套件」來維護分析器，通常比使用「VSIX 安裝程式」更簡單，但兩種部署模型各有優點。請選擇最符合你的安裝、更新和安全需求的做法。

14.6 小結

在本章中，我們學到如何擴充 Roslyn 分析器，以便在提供診斷資訊的同時，也提供配套的程式碼修正。

程式碼修正的工作方式是解釋程式碼的樹狀結構，並對這種結構進行修改，進而產生新的文件或解決方案。然後，Visual Studio 會更新原始碼，來對這些變更做出反應。

這代表程式碼修正可以自動對程式碼進行「預先設定好的修改」（pre-configured modification），以可重複且安全的方式解決已知的問題。

我們也討論 NuGet 套件部署如何讓你將 Roslyn 分析器包裝為一個套件，並與其他開發者分享──不論是團隊內的其他開發者，或是全球的其他開發者。

本書的 **Part 3** 到此結束。在本書的 **Part 4**，即最後一部分，我們將探討在真實組織和實際團隊中重構程式碼時，會遇到的一些獨特挑戰和機會。

14.7 問題

1. DiagnosticAnalyzer 和 CodeFixProvider 之間的關係是什麼？
2. 如何測試一個程式碼修正？
3. NuGet 部署與 VSIX 部署相比，有哪些優勢？

14.8 延伸閱讀

如果讀者想要了解更多關於本章討論的資訊，可以參考以下資源：

* 開始使用語法轉換：https://learn.microsoft.com/en-us/dotnet/csharp/roslyn-sdk/get-started/syntax-transformation
* 設定與發佈 NuGet 套件：https://learn.microsoft.com/en-us/nuget/quickstart/create-and-publish-a-package-using-visual-studio?tabs=netcore-cli
* 託管你自己的 NuGet 摘要：https://learn.microsoft.com/en-us/nuget/hosting-packages/overview
* 在 GitHub 上使用 NuGet：https://docs.github.com/en/packages/working-with-a-github-packages-registry/working-with-the-nuget-registry

Part 4

企業中的重構

在本書的 **Part 4**，也是最後一部分中，我們將重點關注重構的社會層面（social aspect，也可以理解為人際關係層面）：如何與其他人溝通技術債、作為一個工程組織所採用的程式碼標準，以及在敏捷環境中進行重構。

說服一個大型團隊或組織意識到「重構」的重要性，這個過程會是一場關鍵的戰鬥，因此 **Part 4** 將著重於探討「軟體工程師」如何與「商業領導者」合作。這些章節包含關鍵的提示和技巧，來確保兩件事：確保重構真的發生，以及優先對技術債中的正確區域進行重購。

我們特別關注敏捷環境中的重構，以及如何處理那些規模如此龐大、讓人感覺有必要完全重寫的重構情境。

Part 4 包含了以下內容：

- 第 15 章：溝通技術債
- 第 16 章：採用程式碼標準
- 第 17 章：敏捷重構

15

溝通技術債

大部分的開發者都曾在無法償還技術債（technical debt）的環境中工作過，這並不是因為任務所需的技術有多困難，而是因為組織的優先考慮、恐懼、急迫的截止日期，以及對「技術債對軟體產生的全面影響」缺乏清楚的理解。

在本章中，我們將探討一些阻礙你和團隊解決技術債的因素，並介紹一些協助組織理解和重視重構流程的方法。

在本章中，你會學到下列這些主題：

- 克服重構的障礙
- 溝通技術債
- 優先處理技術債
- 獲得組織的認同

15.1 克服重構的障礙

當我與技術社群中的開發者交流時，幾乎每個人都有「被告知不能花時間重構程式碼」的經歷。

有時這種命令是來自上級管理層，有時則來自產品經理或參與敏捷流程的某人。然而，同樣頻繁的是，這項指示也可能來自工程領導者，例如團隊負責人或工程經理。

不同的組織和專案會有不同的原因，但常見的原因包括以下幾點：

- 存在一個急迫的截止日期（urgent deadline），團隊必須專注於達成它
- 「重構程式碼」這件事被認為無法提供任何商業價值（business value）
- 變更的是應用程式中「存在大量技術債的危險區域」，有導入錯誤的風險
- 開發者被告知『不用擔心程式碼的品質；這只是原型驗證，不會投入生產環境』（通常會投入生產環境）
- 向團隊保證『不用擔心程式碼的品質；我們將完全重寫這個應用程式』（通常不會重寫）

讓我們來討論其中的一些反對意見吧。

15.1.1 急迫的截止日期

對於許多團隊來說，『我們在趕時間』是一個很常見的反對理由。有時候，團隊確實面臨著不能錯過的關鍵截止日期。在這些時候，經常會是「全員齊心協力」，人們在高壓環境中工作，通常會加班到很晚。在這種情況下，花時間處理技術債可能會對團隊造成干擾，降低趕上截止日期的機會。

換句話說，有時候，這種反對意見是一個合情合理的異議，在特定且有限的時間內對企業是有意義的。

然而，這些高度緊張的時期會導致技術債以非常快的速度累積，因為開發者沒有足夠的時間以正確的方式做事。雖然團隊可能會在短時間內取得驚人的成就，但這些成就幾乎不會產生可維護的程式碼，經受不起時間的考驗。

此外，許多組織必須面對一個又一個急迫的截止日期，導致團隊在很長一段時間內以驚人的速度累積技術債，卻無法償還。

有時截止日期是無法改變或避免的，例如「會計年度（又稱財政年度）結束的截止日期」，或是「展覽或其他會議的截止日期」。在短期內累積技術債，藉此換取在特定日期之前完成關鍵商業目標，也可以是一種戰略上的好處。

然而，身為軟體工程師或工程領導者，你有責任清楚、簡短、定期地向管理層溝通技術債及其影響。一旦管理層充分理解了這個障礙，你必須與他們一起研究長期補救步驟，並安排所需的工作。

我們將在本章後面更詳細地介紹這個補救流程。

15.1.2 『不要碰高風險的程式碼』

有些反對意見認為，程式碼中的某些部分太脆弱了，不能再碰，所以我們不應該修改它們，仔細想想，這種說法實在是有些可笑。畢竟，如果程式碼已經腐爛到你甚至害怕嘗試去改善它的地步，那麼重構的需求很可能是你已經拖延一段時間的事情了。

雖然這些程式碼碰起來是有危險的，但如果不進行重構，當團隊最終被迫對它們進行修改時，可能會導致災難性的結果。讓我們來檢討一下反對重構這些程式碼的論點。

在這種情況下，主要顧慮通常是以下幾種恐懼的組合：

* 修改這段程式碼很可能會導入錯誤
* 我們不理解這段程式碼應該如何運作
* 沒有任何測試能捕捉到可能導入的缺陷

我發現，這種反對意見經常在關鍵人物離開團隊之後出現，而其他人對「那些人手中維護的複雜區域」一無所知。相關的程式碼幾乎沒有文件說明，也很少有單元測試，如果有的話也是極少數。

這些顧慮並不代表你無法成功地改善或替換有問題的程式碼。事實上，本書的 **Part 2** 討論過一些關於測試程式碼的策略，就可以大幅消除這種反對意見背後的恐懼。

首先，你可以在進行任何修改之前，針對你即將修改的程式碼撰寫單元測試。「**第 9 章**」討論過一些進階測試工具，如 Snapper 和 Scientist .NET，都可以在這方面提供幫助。

藉由分階段部署軟體，或是提供回復（rolling back）選項，也可以幫助緩解一些恐懼，後續我們會在「**第 17 章，敏捷重構**」中看到，並介紹功能旗標（feature flag）、藍 / 綠部署（blue/green deployment）等內容。

15.1.3 『這段程式碼會被移除，不要浪費時間在它上面』

有些反對意見認為，這些程式碼是暫時的，你不應該擔心它們的品質，這種看法通常會出現在「軟體專案開始時」（開發原型階段），或是出現在「軟體專案結束時」（這時你已經確定是否必須替換或退役整個應用程式）。

這種情況通常發生在團隊希望透過建立一個快速的「拋棄式原型」（throwaway prototype）來測試一個概念時，這個「一次性使用的原型」可以探索某個概念或證明某種行動方案是可行的。

不幸的是，儘管許多「即用即棄的原型設計」是為了快速證明某個概念而建置的，且在設計時刻意不考慮效能、安全性或可靠性，但它們最終卻成為了未來應用程式的基礎。

一個好的原型能讓人們對於專案感到非常興奮，導致出現以下情況：

- 他們忘記自己正在處理的並不是「真實」的軟體，原型本意上只是一個暫時的「拋棄式用品」
- 他們認為原型中提供的功能已經是完整的
- 專案有一個急迫的截止日期

當然，將拋棄式原型提升（promote）為真正的應用程式，這是管理不善的一種表現，這種論點確實是合理的，但我們還是要談談開發團隊成員可以為此做些什麼有建設性的事情。

首先，要了解你的「拋棄式原型」很可能會被視為正常運作的軟體。有些團隊會使用粗糙的樣式或草圖式的使用者介面，如圖 15.1 所示的介面，來協助其他人記住「這個應用程式只是一個原型」：

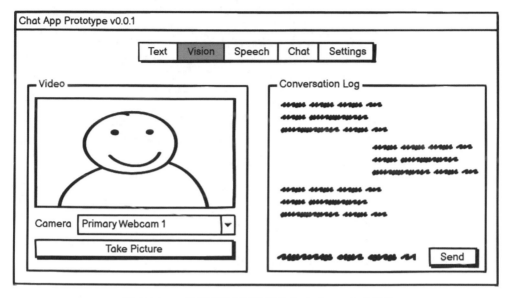

圖 15.1：一個使用者介面線框圖（wireframe）的範例

其次，你可以把所有程式碼都視為值得重構、測試和文件化的生產環境程式碼
（production code），這樣就會相應地降低你開發原型的速度，某種程度上破壞了快
速建置原型的想法。

第三，如果一個拋棄式原型被提升為一個可運行的軟體，那麼首先要做的工作應該是根
據需求重新製作（rework）原型，使其成為應用程式未來發展的基礎。

15.1.4 終止服務的應用程式

程式碼被視為非永久性（non-permanent）的另一個情況是，你正在開發的應用程式即
將結束其生命週期（lifespan）並準備退役，或是某些人決定目前的技術債已累積到需
要完全重寫的程度。

如果應用程式真的到了終止服務（end-of-life）階段，不會再繼續維護，那麼技術債可
能不會是一個嚴重的問題──前提是應用程式確實會在不久的將來離線。在這種情況
下，團隊應該掌握應用程式大概會在何時離線，並定期確認這個日期。

> **Tip**
> 定期與管理層確認應用程式的終止服務狀態（end-of-life status）是非常重要的。如果「停用日期」被延後了，或者「完全退役應用程式的決定」似乎不太確定，你就可以改變態度，更積極地進行你的重構工作。

如果你的應用程式存在著大量技術債，且你認為不重寫就無法解決問題，那麼你必須格外謹慎。我見過許多團隊，他們都認為應用程式即將退役並由後繼者取而代之，結果卻發現重寫（rewrite）的工作被一再延後，甚至完全取消。

如果你依賴「重寫」來結清你的技術債，我強烈建議你應該對「重寫開始的時間」和「舊專案退役的時間」有一個預估的日期。雖然軟體估算（software estimation）很有難度（正如許多相關書籍所述），但如果沒有一個可信的替代版本（replacement）上線時間表，不改進你現有的程式倉庫就是不負責任的態度。

身為軟體工程師，我在過去的 20 年內見過數十個軟體專案。在這段時間裡，我只看到兩個專案被完全重寫。其中一個專案是由於技術上的需要，因為其技術在某個特定日期後將無法運行；另一個則是一位主管工程師的非凡努力，他因為維護「舊版的應用程式」而感到困擾。

如果你能假設「重寫」完全不會發生，而是集中精力一點一點地償還「技術債」，那麼你和團隊的日子會更好過。

「**第 17 章，敏捷重構**」會進一步討論逐步更新和替換應用程式的策略。

15.1.5 『只需做最基本的要求』

有時候，你會聽到一些像這樣的話：『你為什麼要花這麼多時間重構或測試？只要做完任務所需的工作就好了。』

這些說法可能有幾種不同的原因：

- 專案進度落後
- 由於過去的延遲，導致對開發團隊缺乏信任
- 對重構的重要性理解不足

每當我遇到這種反對意見時，我都會想到以前聽過的一個露營比喻。

當你去露營時，離開營地前，你應該把營地收拾整齊，恢復成你來時的狀態，甚至整理得更好。在營地時，儘管花時間清理垃圾的速度，遠遠趕不上自己製造垃圾的速度，你也不應該亂丟垃圾。這有時被稱為**童子軍規則**（**Boy Scout Rule**）。

其次，如果你去露營，卻發現營地一團混亂，那麼花點時間整理營地，而不是直接把帳篷搭在垃圾堆上，這是完全理智的行為！

把這個比喻應用到軟體開發中，當你進行某項變更時，你可能需要修改一些程式碼區域，這些區域可能「不符合目前的標準」、「未經測試」，或是「需要整體清理」。對檔案進行變更時，包括「對其他無關工作的修復」，這種情況並不是不合理的。

假設你正在處理一些小型變更，這些變更影響了應用程式中的許多地方。你發現其中一個地方有大量的技術債，可能需要幾天的清理工作（cleanup），才能達到目前的標準。在這種情況下，適當的做法是在該區域實作小型變更，並在下一次的站立會議（stand-up meeting）中討論所需的額外重構。一般來說，團隊會為那個更大的重構工作建立一個新的獨立工作項目（work item）。

> **敏捷重構**
>
> 我們將在本章後面詳細討論如何追蹤技術債，並在「**第 17 章，敏捷重構**」討論敏捷環境中的重構。

雖然清理程式碼非常重要，但請盡量讓「你正在進行的清理工作量」與「你正在處理的工作項目大小」成正比。

15.1.6 『重構無法提供商業價值』

反對重構的意見當中，我聽過最危險的假設之一就是重構「在開發團隊之外」無法提供任何價值。

也就是說，人們經常有這樣的預設心態：潛意識中，他們認為開發者只有在加入功能或修復錯誤時，才能為組織提供價值。在這種心態下，諸如單元測試、重構、文件化等活動，都會被認為是開發者在浪費時間，並不能為組織帶來有意義的價值。

這是一種危險的假設，因為管理者通常會因為「最大限度地減少浪費」和「最大限度地為組織創造價值」而獲得獎勵。當領導層不重視重構和測試時，組織就會用「技術債的累積」來換取「他們所重視的短期振興」，例如新功能的交付。這將導致長期的後果，因為技術債會越來越多，開發速度會越來越慢，而且幾乎每次變更都會導入錯誤。

導致重構工作貶值的原因之一是「新功能」對於管理層來說是可見的，也是可以理解的，而「技術債」對於他們來說，則是聽過但無法看到的東西。

身為開發者或工程領導者，只要你能協助管理層理解技術債的範圍和影響，就能協助解決這個異議。

在下一節中，我們將探討如何協助提高技術債對「非開發者」的可見性（visibility，又譯能見度）。

15.2 溝通技術債

向「非開發者」解釋**技術債**是一項挑戰。即使管理層信任開發團隊，管理者也很難理解工程師面臨的問題，或是技術債如何拖慢軟體開發流程，並在變更應用程式時帶來巨大的品質風險。

15.2.1 技術債作為風險

在我的職業生涯中，我了解到，雖然管理層很難理解技術債，但有一件事他們更容易理解：風險。

這聽起來可能很奇怪，但我發現幫助管理層理解技術債的最佳方式，就是用風險管理（risk management）的方式來呈現。

系統中技術債的每個層面（aspect）都有一定的**機率**（**probability**）和**影響**（**impact**）。

機率是指：在開發過程中，或是應用程式在生產環境中執行時，這個技術債影響開發團隊的可能性（likelihood）。

影響是指：如果技術債確實影響到開發者或已部署的應用程式，那麼它會對事物造成多大的傷害。

舉例來說，一段位於關鍵區域的、複雜性中等的程式碼，如果缺乏測試，可能產生問題的「機率」是低或中等，但如果問題真的發生了，影響將是嚴重的。也就是說，雖然這段程式碼目前並未造成問題，但我們認為，由於系統的複雜性，這些程式碼「在未來被修改並導入我們無法捕捉到的錯誤」的機率是中等的。如果真的發生這種情況，我們相信「對終端使用者的影響」將是嚴重的。

當你能夠用「影響」和「機率」來表示程式倉庫中的每一種風險時，管理層就能開始理解目前的技術債所代表的風險程度。

15.2.2 建立風險登記簿

這些風險條目（risk entry）應該被整理成一份試算表（spreadsheet）或其他一系列的追蹤項目（例如系統中的工作項目），稱之為**風險登記簿（risk register）**。風險登記簿成為管理層與開發領導者審查「軟體工程專案中目前存在的風險」的集中處。

包含以下資訊，會讓你的風險登記簿更有幫助：

- **ID**：風險的唯一識別碼
- **Title**：風險的名稱，如「`FlightManager` 的 `ScheduleFlight` 方法中高複雜性的程式碼」
- **Status**：風險是開放的（Open）、正在進行補救的（In Progress），還是已經關閉（Closed）
- **Probability**：風險影響「未來發展」或「系統使用者」的機率
- **Impact**：如果風險發生，其影響的嚴重程度
- **Priority**：根據「機率」和「影響」來確定風險的優先順序

雲霄航空公司的風險登記簿範例，可能如下所示：

ID	Title	Status	Area	Probability	Impact	Priority
RISK-1	High complexity code in FlightManager	In Progres	Flight	Medium	Medium	Medium
RISK-2	Scalability Concerns in Booking System	Open	Booking	Medium	High	High
RISK-3	Untested complex logic in staff scheduler	Open	Staff Scheduling	Low	Medium	Low
RISK-4	High quantity of regression bugs in luggage router	Closed	Luggage	High	Medium	High

圖 15.2：風險登記簿範例

你的登記簿不一定只有這些欄目。被指派處理風險的人員、風險所在的區域或元件，以及解決風險所需的預估工作量等等，都是你可以考慮加入的欄位，這取決於你的需求。

當延遲或正式環境問題無法避免時，你就可以指出風險登記簿中已經存在的風險。這有助於管理層了解這些風險已經轉化為實際**問題**（issue）。

> **風險 vs. 問題**
>
> 在風險管理術語中，風險（risk）是可能發生的事情，而問題（issue）是「一個風險變成現實並產生實質影響」的情況。

這有助於避免歸咎於參與變更的工程師，反而使對話的焦點集中在「現有技術債中存在的風險」上。

透過與管理層建立一個共享的風險登記簿，你可以積極地讓他們參與技術債的管理和解決過程。這是一個持續的過程，需要定期舉行風險審查會議（risk review meeting），在會議中，團隊必須主動維護登記簿，因為新的風險會被發現，甚至對「現有風險的潛在影響或機率」的看法也會發生變化。

在這些風險審查會議中，小組應該審查目前的風險登記簿，並討論自上個月以來發生的任何變化。

15.2.3 風險登記簿的替代方案

我明白，並不是每位開發者、工程領導者，甚至是上級管理者都願意使用正式的風險登記簿。

如果你希望流程更簡單一些，你可以嘗試以下幾種方式來獲得相似的價值：

- 在 Word 文件中列出一個簡單的項目符號清單（bulleted list）──或許可以按主要專案或區域來組織
- 在工作項目追蹤軟體（work item tracking software）中，如 **Jira** 或 **Azure DevOps**，建立一種新的技術風險（technical risk）類型項目
- 定期向開發者和商業利害關係人發佈一份新聞通知（newsletter），列出「最需要解決的前 10 大技術債問題」

風險登記簿的格式並不是流程中最重要的部分。流程中最重要的部分是，你的團隊積極地逐項登記技術債，並定期與管理層一起審查，讓他們參與解決問題的過程。

15.3 優先處理技術債

追蹤和溝通技術債,是償還債務過程中的一個關鍵部分。然而,這只是過程中的一個步驟而已。

雖然在修改相關程式碼的同時重構程式碼,是償還技術債的可行策略,但這種方法並不適合處理「大量的技術債」或「與軟體整體設計相關的債務」。

在「**第 17 章,敏捷重構**」中,我們將更詳細地討論如何在敏捷環境中管理這些較大型的工作,但現在,我們先來看看你該如何確定「哪些技術債應優先解決」。

你要優先處理「那些最有可能發生的問題」,以及「那些一旦發生就會帶來最大損失的問題」。換句話說,如果你面對的是「高機率」(high probability)的風險,就應該優先處理它。此外,你也應該優先處理那些「影響較大」(high impact)的技術債。

15.3.1 使用風險分數計算風險的優先順序

我看過一些組織這樣做:根據他們追蹤的每一項技術風險的「影響」和「機率」,建立一個**風險分數**(risk score)。這個風險分數是一個數學公式,其中技術債的發生機率被寫成一個從 0 到 1 的數字:1 表示 100% 確定會發生,0 則表示它永遠不會發生。

這產生一個公式:透過將「技術債的機率」與「技術債的影響」相乘,你就可以計算「技術債的優先順序」。這個公式如下:

```
risk = impact * probability
```

舉例來說,一項高機率、低影響的技術債,可能具有 0.9 的機率分數和 3 的影響,所以風險分數為 2.7。

> **單位和風險分數**
>
> 確切地說,2.7 是什麼呢?其實我們並沒有真的在衡量(measure)任何具體的東西,除非你選擇用「小時」或「美元」來表示影響,因此,我將這個數字簡單地稱為「風險分數」,代表「擁有這項技術債,企業預期會帶來的整體負面影響」。在比較兩種風險時,這個數字很有用。

讓我們來看看一個不同的情況：這是一項影響較大，但發生機率較低的技術債項目，其機率為 0.15，影響為 21，所以風險分數為 3.15。

在這裡，組織通常會專注於第二個項目，因為它的整體風險分數（3.15）高於第一個項目的風險分數（2.7），這意味著它對組織構成更大的威脅。

若希望進一步完善這種做法，還可以考慮「解決一項技術債」所需的預計時間，這樣就可以優先考慮那些能夠更快解決的項目，而不是那些相似但需要更長時間解決的項目。

15.3.2 「直覺」方法

要用數字對任何事物進行精確的量化，這是相當困難的，估算有時更像是一廂情願的想法，而非科學準確的預測。我確實認為，對風險進行一些粗略的數值分析是有價值的，但一般來說，團隊成員會對某些項目的重要性（嚴重性）有更深刻的「直覺」。

我的立場是，數值指引可以是有幫助的，但你的大腦也會指出其他重要但難以衡量的事物。

> **Tip**
> 我的經驗法則是，你應該專注於解決讓你感到最擔心的事情。如果你的程式碼中有某個部分讓你輾轉難眠，通常最好從那裡開始。

這並不是說你應該停止所有新的開發，直到技術債得到解決（雖然嚴重情況下有時是必要的）。我的意思是，當你可以選擇要解決哪些問題時，你應該挑選你的團隊認為對組織成功「威脅最大的區域」。一旦你解決了最大的問題，就繼續解決下一個，然後再解決下一個，同時繼續滿足商業需求。

15.4 獲得組織的認同

我們學到如何追蹤和優先處理「技術債」，我們也學到如何讓管理層參與追蹤「技術風險」的過程，由此建立信任和理解，接下來，讓我們來談談開發領導層必須向管理層「提案」（推銷）重大重構工作的情況。

這些對話可能帶來壓力，也代表軟體專案的關鍵轉折點。在這些事關重大的對話中，你的目標是簡潔且尊重地傳達以下事項：

- 團隊面對的問題，以及若未能解決的影響
- 提出的（建議的）解決方案（或提供一組解決方案，供他們考慮）
- 以開發者工時計算的重構成本
- 重構工作的時間表
- 你希望管理層做些什麼

請注意，你的目標不是讓他們同意你的建議。你的目標是讓他們理解問題，並與你一起確定「何時」以及「如何」解決這個問題。

如果你的重點是堅持己見，不惜一切代價按自己的方式做事，這可能會導致信任流失，開發與管理之間的敵意增加，讓人覺得開發者無法站在商業需求的角度思考問題。

反之，如果你將管理層的夥伴視為具有合理的洞察力並能為企業帶來價值的人，那麼雙方的對話就會變得不同——這是一種工程和管理為了「企業的長期和短期需求」而共同努力的夥伴關係。

15.4.1 設定對話

在就問題開始對話之前，你必須能夠有效地傳達問題及潛在解決方案的範圍。

這需要一些考慮和規劃。你不需要為此制定詳細的專案計畫，但你需要仔細考慮專案的範圍（scope）、需要改變的部分，以及需要參與的人員。

你還需要考慮團隊目前的專案，以及你希望參與的人員目前正在進行（或即將進行）的工作。

請記住，為了讓組織對你的重構工作說「Yes」，他們需要在重構期間對其他工作說「No」。

一旦你對問題及其解決方案的範圍有充分的理解，就應該向管理層提出。這可以作為工程領導者與管理層定期檢查會議（check-in meeting）的一部分，也可以單獨召開會議。

你如何邀請他們參加會議，取決於你接觸的人員。

有些領導者可能會接受你走進他們的辦公室，或直接向他們傳送訊息，並說些類似『我對這個專案有點擔心。你有 30 分鐘的時間，可以詳細討論這個問題嗎？』這樣的話。

另一方面，其他領導者可能會希望在你一提及這個話題時就開始對話。出於這個原因，我建議你為對話做好準備，找一個他們行事曆上看起來比較空閒的時間。

15.4.2 預期問題與反對意見

當你向管理層提出你的擔憂和選擇時，你應該考慮他們可能提出的各種問題或反對意見。請做好準備，深入探討目前問題的技術細節以及你提出的解決方案。

管理層通常也希望了解關於專案時間表的細節。這不僅包括「你預計重構工作需要多長時間」，還包括「專案可以等待多久才開始」。

請記住，大多數組織往往已經規劃好下一個季度的重大專案。若要進行重構工作，通常需要調整其他區域「目前和計畫中的工作」。舉例來說，圖 15.3 示範了 Web、Services 和 Integrations 這三個團隊按每個季度分配的主要計畫（major initiative）：

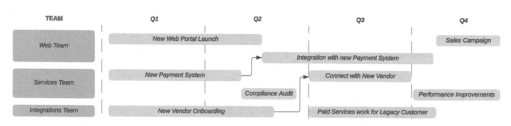

圖 15.3：按「團隊」和「季度」劃分的專案路線圖（project roadmap）

雖然 Integrations 團隊希望在第二季度（Q2）花時間處理一項技術債，但這樣做可能會危及 Services 團隊原定計畫與新供應商接洽的工作（Connect with New Vendor），並有可能延遲 Integrations 團隊自己原定計畫的付費服務工作（Paid Services work for Legacy Customer），這兩項工作都計畫在第三季度（Q3）開始。

請誠實面對團隊所面臨的問題的急迫性。有時候，答案是可以等待，但延遲的時間越久，團隊面臨的損失就越大。在其他時候，重構工作是為了解決團隊在目前系統中已經遇到的、緊急且迫在眉睫的問題。

此外,請記住你正在與之交談的人的背景,以及他們所交談的人的背景。如果你正在跟一位非常注重安全性的人交談,而你卻沒有深思變更對安全性的影響,那麼這次對話可能不會進行得很順利。

你不需要對每個問題都有答案,說『我不知道,讓我調查一下再回答你』也是可以接受的。

最重要的是,專案進度表的變更是一件嚴肅的事情,如果你看起來沒有花時間思考最明顯的顧慮,就無法獲得管理層的信心與信任。

15.4.3 針對不同領導者的不同途徑

我遇過許多不同的管理者,令人驚訝的是,兩位技術熟練的領導者之間竟然會有如此大的差異。

有些領導者分析能力極強,又極度依賴資料,他們喜歡詳讀報告和試算表。另一些領導者則以人為本,不完全受數字驅動,他們在乎的是具體故事(specific stories),即某件事對某個人的影響。

針對那些注重整體資料的領導者,我通常會呈現關鍵指標,並突顯出有趣的發現。我經常會主動或在被要求的情況下,提供所有相關資料給他們進一步分析。

例如,『我們在過去的 3 個衝刺(sprint)中花費了 15 個小時來處理這個問題』,或者『上一個季度 15% 的錯誤可以追溯到這個區域』。

至於分享具體故事,我通常會事先準備兩到三個範例,說明問題如何影響開發者、終端使用者或其他相關的利害關係人。比方說,『上一個衝刺,Priya 試圖開發一個我們認為只需要幾個小時的新功能,但由於架構的問題,實際上她花了 3 天的時間』,或者『Garret 是一位非常優秀的開發者,但他嘗試修改這塊程式碼區域,結果由於程式碼缺乏可維護性,導致這個重大的生產錯誤。』

對一個人很有效的方法可能對另一個人沒有太大影響。因此,我發現每次針對「重大重構工作」進行關鍵對話時,最好能有一些有趣的指標和一些相關的場景。

15.4.4 溝通的重要性

在本章中，我希望你已經明白的一點是，雖然你希望解決技術債，但你的目標是組織的短期和長期成功。

這意味著，任何有關技術債的對話應該是雙向的，雙方都要傾聽對方的意見，並讓對方聽見自己的聲音。

有時候，企業會有一些合理的短期需求，像是盡快交付某些東西（產品），或是趕上外部合作夥伴或機構指定的截止日期。

身為工程領導者，你的目標是確保管理層理解技術債所帶來的影響、急迫性和風險，以及小規模和大規模重構工作的重要性。然而，你的重心通常會在「程式碼」上，而管理層的重心則是「戰略計畫」，維持企業的正常運作和穩定發展。對於一個健康的組織而言，這兩種角色及其觀點都非常重要。

總而言之，你真正追求的是工程部門和管理層之間開放與誠實的溝通，讓管理層能夠理解技術債的風險和影響，讓工程部門能夠理解組織面臨的壓力。

這種溝通方式始於信任，始於尊重管理層所帶來的貢獻，這些貢獻包括引導整個組織朝著目標前進，以及平衡經常彼此相互競爭的優先事項和需求。

15.5 案例研究：雲霄航空公司

在本章的最後，讓我們來看看雲霄航空公司的案例研究。

Brian 是一位 Lead Developer（主要開發者），他一直在調查應用程式中預訂（reservation）和付款處理（payment processing）部分日漸增加的問題。

這些問題最初被認為是獨立的，似乎總是在高峰期出現，也就是眾多客戶試圖訂購航班或修改他們現有的航班預訂時。

經過調查，Brian 和他的團隊發現問題與系統目前的設計和架構有關。雖然系統可以處理舊的使用者數量，但是由於目前的效率不足，它無法有效處理高峰期的工作負載，無法充分地延伸（scale）。

一般來說，這種系統可以延伸為擁有多個伺服器平行執行（running in parallel），而負載平衡器（load balancer）會在它們之間分配流量（請見圖 15.4）：

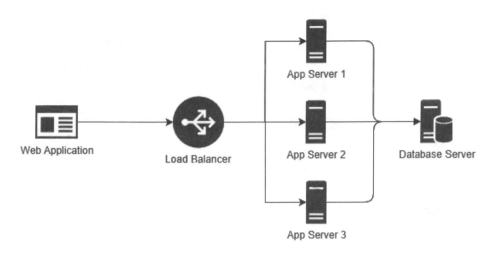

圖 15.4：負載平衡器將「請求」分配至不同的應用程式伺服器

然而，系統在設計時，並沒有考慮到「不需進行大規模的重寫，即可支援多個應用程式同時執行」的情況。

雖然團隊能夠在短期內改善效能和穩定性，解決目前的問題，但他們明白，隨著企業成長，這些問題只會再次浮現——特別是在旅遊旺季。

經過慎重考慮，團隊提出一個方案，這個方案將允許系統同時執行多個副本，但需要進行大量重寫工作。

其中一位工程師還建議：從「伺服器完成所有工作，並向使用者回傳成功回應」的模型，轉向另一種「迅速驗證請求，然後放入佇列（queue）進行處理」的模型。這種方法可以處理突然增加的請求，但需要改變目前處理請求的方式。

收集了這些想法，理解了目前問題的範圍和可能的解決方案後，Brian 與 CTO（首席技術長）Maddie 安排了一次會議。

在會議中，Brian 說明了效能問題、團隊最近為了恢復服務所採取的步驟，以及隨著企業成長和旅遊旺季來臨，問題可能再次發生的機率。

確定 Maddie 理解問題的基本情況後，Brian 提供兩種可能的補救計畫（remediation plan），還有他個人的建議；他的建議是堅持採用相對簡單的變更方式，即努力讓應用程式伺服器平行支援多個副本。

Maddie 問了幾個有關可延伸性（scalability）的技術問題，特別是為什麼現有的系統不能同時執行多個副本。在 Brian 解釋這會引起的問題後，Maddie 了解原因和補救計畫的必要性，於是對話轉向了安排事宜。

團隊的下一個重點是將「近期收購的子航空公司」整合到雲霄的系統中，如圖 15.5 所示：

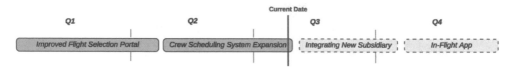

圖 15.5：按季度與目前日期（Current Date）顯示「主要專案」的預定時間表

在檢討問題後，Maddie 和 Brian 一致認為，針對可延伸性問題，有一個長期的解決方案更加重要，尤其是在一些旅遊旺季即將到來之時。

Maddie 邀請其他管理層就計畫的具體細節進行對話，Brian 則回答他們的問題，同時團隊開始規畫所需的架構變更，以及「如何根據需要延伸應用程式，來處理額外的流量負載」等技術細節。

經過短暫的延遲，專案已獲得批准，Brian 團隊的大部分成員被分配到這項工作中，他們理解「原先規劃的任務」將會比「原定計畫的時間」晚一些開始，以便為「新的可延伸性專案」騰出空間，如圖 15.6 所示：

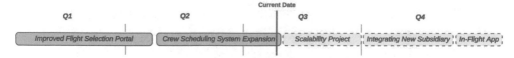

圖 15.6：調整後的時間表，近期增加了「可延伸性專案」（Scalability Project）

Brian 和 Maddie 繼續關注工作的進展，並在旅遊旺季到來之前解決了可延伸性問題。

與此同時，一些團隊成員在將新的子公司整合到雲霄系統方面也取得進展。在工程師們完成可延伸性問題方面的工作後，他們將重心轉移到這個專案上，只對這個專案最初計畫的交付日期造成微小的延遲。

最終，企業獲得了更穩定和可延伸的系統，並按計畫完成了新子公司的整合工作，此外，管理層與軟體工程團隊之間的溝通管道也得到了改善。

15.6 小結

在本章中，我們探討重構程式碼和償還技術債的常見反對意見，以及一些原因和補救流程。

我們也討論如何向管理層溝通技術債及其影響，特別是強調「技術債就是組織的系統和生產力的風險」這個觀點。我們還介紹「使用風險登記簿來追蹤技術債的變化」，以及「提高技術債對非開發者的可見性」等概念。

最後，我們說明如何確定技術債的優先順序、如何從管理層獲得進行重大重構工作的許可，以及在補救流程中，「信任」、「有效溝通」和「與管理層建立夥伴關係」的重要性。

在下一章中，我們將探討「程式碼標準」在最大限度地減少技術債方面的價值，以及如何選擇現有的標準或建立自己的標準。

15.7 問題

1. 在優先處理技術債這方面，你目前遇到什麼阻礙？
2. 如果管理層理解你正在處理的問題，他們如何在時間、資源、組織支援等方面幫助你？
3. 你和團隊如何與管理層建立協作關係？
4. 管理層對技術債及其風險了解有多深？
5. 對你來說，將技術債作為風險來進行正式追蹤，這樣做是否合理？

15.8 延伸閱讀

如果讀者想要了解更多關於技術債作為風險、與工程領導層溝通、一般風險管理等資訊，可以參考以下資源：

- 技術債作為風險：https://killalldefects.com/2019/12/24/technical-debt-as-risks/
- 逃離技術債的黑洞：https://www.atlassian.com/agile/software-development/technical-debt
- 如何使用技術債登記簿：https://blog.logrocket.com/product-management/how-to-use-technical-debt-register/
- 向管理層溝通技術債問題：https://devops.com/communicating-with-management-about-technical-debt/

16

採用程式碼標準

在本章中，我們將討論建立清晰的**程式碼標準**（**Code Standard**）以及確保適當彈性的重要性。我們也將介紹 Visual Studio 中的一些內建工具，這些工具將幫助你的團隊採用一致的程式設計標準。這反過來有助於在程式碼審核期間專注在正確的事物上。

在本章中，你會學到下列這些主題：

- 理解程式碼標準
- 建立程式碼標準
- 在 Visual Studio 中進行格式化和程式碼清除
- 使用 EditorConfig 套用程式碼標準

16.1 技術需求

讀者可以在本書的 GitHub 找到本章的起始程式碼：https://github.com/PacktPublishing/Refactoring-with-CSharp，在 Chapter16/Ch16BeginningCode 資料夾中。

16.2 理解程式碼標準

在本章中，我們將探討程式碼標準的概念。

程式碼標準是一組經團隊一致認同的標準，團隊決定要把這組標準應用在團隊建立的所有新程式碼上。

這些標準在解決爭議、專注於真正重要的領域、減少團隊自然累積的技術債，以及幫助償還現有技術債等方面都扮演重要的角色。

16.2.1 程式碼標準的重要性

在我的開發者職涯中，我遇過最沮喪的一次經驗，就是當我把一項經過慎重考慮的變更傳送給另一位開發者進行審查時，卻聽到像這樣的回饋或評論：

- 我不喜歡你的大括號格式。
- 你的縮排與我的不一致。我使用 space 而不是 tab。
- 我希望你使用 var 而不是型別。

在這些情境中，開發者忽略了變更的本質，反而更關注變更的樣式——特別是當樣式與他們的喜好不同的時候。

解決這個問題的方法是採用一套你和團隊都同意的程式碼標準。這些標準確定了團隊對未來新程式碼的關注點。這些標準可能也包含「團隊樣式和程式碼偏好」背後的理論依據。

程式碼標準決策的一些範例，可能包括以下內容：

- 我們使用檔案範圍（file-scoped）的命名空間，因為這樣可以減少巢狀結構
- 單元測試類別應該根據它們測試的類別來命名
- 執行個體化物件時，我們更喜歡使用目標型別（target-typed）new
- 類別定義應清晰組織，並從欄位開始，然後是建構函式、屬性，最後是方法

這些標準不必過於死板，讓開發者過於拘謹，以至於他們無法做任何決定，或是常常擔心違反這些標準。

你的程式碼標準應該有足夠指導性，以解決主要的爭議和混淆點。這有助於你專注於建立和維護程式碼，最大化提供給組織的價值。

16.2.2 程式碼標準如何影響重構

當你和團隊達成共識，確定一套標準時，這將為重構工作打開大門。

如果沒有一套標準，當你談論舊程式碼時，你可能會說『我不太喜歡這個』，或是『這並不是我會寫的方式』，或是『這看起來組織得很糟糕』。

這些說法可能是對的，但它們並不是重構的有力論證。

反之，當你可以說『這個類別在這些區域違反了我們的程式碼標準』時，對話會變得更有成效。當你可以確定一些規範是關鍵且不容忽視的，而其他規範雖然也重要，但相對來說不是那麼關鍵或那麼緊急時，情況更是如此。

我認為程式碼標準的某些方面非常關鍵，值得進行變更，以便使程式碼符合新的標準。對我來說，這些區域通常與「處理 IDisposable 資源」和「使用正確的例外管理實踐」有關。

無論你和團隊達成什麼共識都是非常重要的。這些標準將影響你的優先事項和在維護程式碼時做出的決定。違反標準的問題，可能會成為需要指派人員去修正的專門的工作項目，而這些修正主要是為了使程式碼遵循標準，而非因為其他變更或修復的需求。我們會在本書的最後一章更詳細地談論這一點。

16.2.3 將程式碼標準套用於現有程式碼

非關鍵性的標準用於指導開發者的日常工作。所有的程式碼變更都應該符合這些程式碼標準。通常，這些標準會鼓勵開發者更新附近（nearby）不符合標準的現有程式碼。

舉例來說，團隊可能有一個程式碼標準，就是「盡量不使用 var 關鍵字」（或者如果這是你的偏好，那就是「總是優先使用 var 關鍵字」）。團隊的期待是開發者在撰寫新程式碼時，新程式碼將遵守此規則。

當標準被定義後，團隊有時會期望你正在修改的程式碼「附近的程式碼」也將被更新，以符合標準。這尤其適用於「相同方法中的程式碼」。畢竟，你已經花費精力測試了新程式碼，以驗證你所做的變更。這種測試工作有助於捕捉「因為對方法的其他部分進行重構」而引入的任何問題或錯誤。

隨著時間過去，這些程式碼標準將有助於降低團隊累積技術債的速度。對現有程式碼的持續改進也將幫助償還「經常變更的區域」中已存在的技術債。

16.3 建立程式碼標準

所以，現在我已經說服你如何透過程式碼標準來減少團隊中的衝突、集中程式碼審查，以及指導重構工作，讓我們來談談這些標準從何而來，以及我們如何在團隊中採用它們。

16.3.1 共同程式碼標準

每個軟體開發團隊都已經有程式碼標準。

我這麼說是因為根據定義，每個軟體開發團隊都至少有一位開發者。每位開發者，不論他們是否意識到，都有自己內化的程式碼標準。

他們可能沒有思考過他們的偏好，也無法列出它們，但是如果你觀察團隊中的每位開發者以及他們獨自撰寫的程式碼，就會發現其中有一定的一致性。

團隊面臨的問題不是他們沒有標準，而是標準太多。每位開發者都依據自己的內化標準和偏好進行操作，而現在團隊必須匯集每個人的獨特樣式和偏好，並與其他成員互動。

通常，團隊會受某些樣式吸引，這是因為開發者傾向於模仿（mimic）程式碼檔案中現有的樣式。隨著時間過去，團隊持續壯大，往往會在某些選擇上出現衝突。當這種情況發生時，你的團隊需要決定，沒有定義任何共同標準所帶來的創新自由，是否值得這些由於不同偏好所引起的摩擦和分心。

最終，大部分團隊會就「對團隊來說真正重要的事物」制定一套正式的標準。讓我們來討論哪些事物應該被列入清單中。

16.3.2 選擇重要的事物

程式設計是一項創新的工作，因此我們不希望對開發者撰寫程式碼的方式設定太多限制。然而，當規則過少時，就會導致程式碼的某些區域過於獨特，可能符合某一開發者的偏好，卻不適合整個團隊。

那麼，開發團隊如何決定應該在標準中包含什麼內容呢？

我喜歡先從能保障團隊「安全」的標準開始。這些包括遵循已確立的最佳實踐，例如在 .NET 的 **Framework Design Guidelines** 中定義的那些（更多資訊請參考「**延伸閱讀**」小節）。這些做法不太依賴於個人觀點。這些實踐讓它們能夠產生較大影響，同時相對較少引起戲劇性的爭議或麻煩。

接下來，看看你的團隊在程式碼審查中遇到的主要問題。如果你厭倦了關於 tab 與 space 的討論，那麼像是 { 是否應該自成一行、var 的使用等等——這些都是你需要考慮加入團隊標準的事情。

如果這些區域是爭議的主要來源，你有幾種選擇：

- 在有爭議的區域選擇一種立場，並在團隊中採用它
- 團隊的官方立場是針對該議題「不採取明確立場」

選擇一種立場並在團隊中採用它，可能會引起短暫的爭論，傷害彼此的感情。然而從長遠來看，採取一種立場通常是有利的，因為你的團隊可以保持一貫的樣式。雖然開發者可能會覺得他們的看法不被重視，或者他們的立場很少被賞識，但是隨著時間過去，大多數人往往會逐漸適應新的樣式，儘管在某些情況下，當開發者對某個主題有強烈的看法，或是覺得他們的意見沒有得到考慮時，這可能會導致人員流動。

你可能會覺得，不對某方面的程式碼採取明確立場（即團隊在特定主題上不做硬性規範），並不會為團隊帶來太多好處。然而，我見過這種做法對團隊之間的對話產生了巨大的影響。透過明確表示在這個主題上沒有具體政策，這個有爭議的主題很快就能得到解決。

與其爭論 var 是否應該出現在程式碼中，團隊可以指向其規範，然後表示各位開發者可以在這個問題上做出他們自己的選擇。這將使你的團隊避開有爭議的區域，轉而討論更有生產力的話題。這樣做的主要的缺點是整體程式碼會變得不那麼一致。

> **一致性的價值**
>
> 遵循一致的樣式和設計決策的程式碼感覺更專業，讓開發者更容易在他們以前沒有接觸過的區域工作，保持開發者的生產力，讓他們專注於程式碼的功能而非形式。

在制定程式碼標準和確定這些標準的內容時，請確保工程團隊有派代表參與。為此，可以讓整個團隊參與進來，也可以選擇一小群工程師，他們能代表組織中的各種經驗水準和 coding 偏好。另外，如果有些人對新樣式的反應特別強烈，應確保充分聽取他們的意見，在可能的情況下，盡量讓他們參與到這個過程中。

16.3.3 程式碼標準的來源

有時候，建立一個自己的標準可能過於困難，或產生極端的意見，或者你可能會感到茫然，不知道從何開始建立程式碼標準。

當這種情況發生時，我建議從一套既定的程式碼標準開始，並根據需要進行自訂。

在「**第 12 章**」中，我們討論了內建的程式碼分析規則集，以及如何逐步將你的規則集從 Latest 規則集更改為使用 Latest Minimum 規則集，然後是 Latest Recommended 規則集，最後是 Latest All 規則集。這些程式碼分析規則有助於執行最佳實踐。

如果你想要更正式的指南，微軟提供了「C# 程式設計慣例」和「框架設計指南」等文件，這對你的團隊來說是一個很好的起點。本章的「**延伸閱讀**」小節有提供這兩份文件的網址，它們是 .NET 和 C# 卓越且不會過時（evergreen）的知識和指引。

16.3.4 演變中的程式碼標準

我之所以提到不會過時（evergreen）這個字，這是因為 C# 不是一種不活躍（dormant）的語言。每年 11 月，微軟都會推出新版本的 C#，在前一年改進的基礎上增加新的語言功能。這使得 C# 語言隨著時間不斷演變，給人一種更有機（organic）的感覺。

此外，我們寫程式的情境（context）也會隨著時間改變。.NET 剛推出時，主要是為了提高「從事 Windows 桌面開發的開發者」的生產力。從那時候起，我們看到 .NET 變成「開放原始碼」和「跨平台」。與此同時，許多組織已從地端資料中心遷移到雲端運算，像是 Azure 和 AWS 這樣的平台已成為常態。

隨著新的語言功能取代舊的語言功能，且隨著 .NET 平台的新功能持續增加，在 C# 最初的日子裡被視為最佳實踐的事物，至今已漸漸不再被人們青睞。

我從一開始就使用 .NET，並在自己的程式設計樣式中深深感受到這一點。在整本書中，我一直在討論 var，因為它是一種很容易談論的語言功能，但它也是「C# 隨著時間變化」的一個很好的範例。

在有 var 之前，你會這樣宣告一個具有 Guid 鍵值和 int 值的字典：

```
Dictionary<Guid, int> data = new Dictionary<Guid, int>();
```

在 var 被導入後，「標準」轉變為使用 var 來簡化你的宣告，因為型別是明顯的：

```
var data = new Dictionary<Guid, int>();
```

這減少了重複的語法，提高了開發者的生產力，同時仍然保持了型別的明顯性。

隨著最近加入了目標型別 new 的功能，我更偏好按照以下方式使用它：

```
Dictionary<Guid, int> data = new();
```

我在這裡分享我個人在「標準」方面的心路歷程，因為這是工程團隊將要經歷的一個縮影。

你會適應標準，而 C# 會隨著時間變化，然後你需要調整你的標準來跟上這些變化。你現在認為是「最佳」的實踐，在導入幾個月後，可能會發現並不適用。你的團隊所面臨的障礙也自然會改變。當這種情況發生時，你和團隊就必須採取新的策略來克服這些障礙。

隨著時間改變你的標準是可以的。這是正常的，也是程式語言和我們日常程式設計工作情境不斷演變的一個跡象。

16.3.5 將標準整合到你的流程中

程式碼標準會影響軟體開發中幾個不同的地方，從你著手建置新功能的方式，到你維護程式碼的方式。

你的程式碼標準應清楚地記錄並存放在一個中央位置，例如團隊 wiki 或共享文件。這些標準應傳達給新加入團隊的開發者，來幫助他們熟悉團隊對於程式碼標準的期望。

在討論完程式碼變更的所有其他關注點後，還應在程式碼審查過程中強化程式碼標準。這些問題應該在核准程式碼和完成工作項目之前得到解決，但不能以懲罰的方式進行。

理解新進開發者需要一些時間來內化程式碼標準，這是非常重要的。對於新進開發者來說，通常需要花費幾個月的時間與團隊共事，然後他們才會依照團隊的標準來思考問題。

有一個方法可以幫助你，那就是在流程中結合工具，讓你的團隊在將程式碼提交同事審查（peer review）之前，輕鬆地驗證程式碼是否符合標準。程式碼分析規則與 Roslyn 分析器可以協助這一點，但 Visual Studio 提供了更多工具，可以在進行人工審查之前先規範化（standardize）程式碼，這些工具就是：程式碼格式化（code formatting）和 .editorconfig 檔案。

16.4 在 Visual Studio 中進行格式化和程式碼清除

事實上，Visual Studio 可以透過內建功能自動地整理甚至清除你的程式碼，使其保持一致的樣式。

16.4.1 格式化文件

其中一種最簡單的方法是使用 **Format Document** 功能，做法有兩種，第一種是按下 Ctrl + K，然後按下 Ctrl + D；第二種是打開 **Edit** 選單，然後進入 **Advanced** 並選擇 **Format Document**，如圖 16.1 所示：

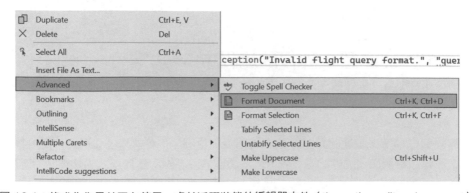

圖 16.1：格式化你目前正在使用、處於活躍狀態的編輯器文件（the active editor document）

這樣就會根據你在 Visual Studio 中設定的偏好設定，來改變目前檔案中的程式碼。

打開 **Tools** 選單，然後選擇 **Options...**，就可以設定。在那裡，展開 **Text Editor**、**C#**、**Code Style**、**Formatting** 節點，直到你看到 Indentation（縮排）、New Lines（新行）、Spacing（間距）和 Wrapping（換行）等各種偏好設定。

透過這些設定窗格，你可以設定 Visual Studio 的格式化偏好設定，還可以預覽格式化選擇，如圖 16.2 所示：

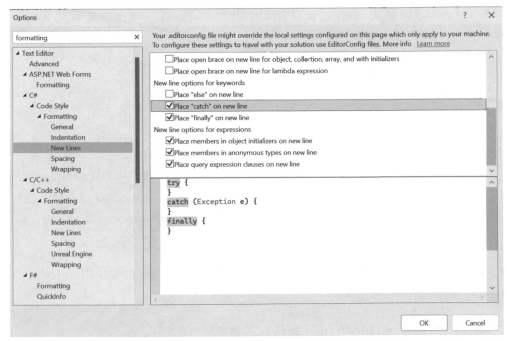

圖 16.2：變更「Visual Studio 如何格式化 catch 陳述式」

自訂了你的設定後，你每次使用 **Format Document** 功能時都將使用這些設定。

許多開發者很早就學會了 Ctrl + K 和 Ctrl + D 鍵盤快捷鍵，並習慣性地使用它們來格式化文件，但實際上，你也可以讓 Visual Studio 自動應用程式碼清除。

16.4.2 自動格式化文件

Visual Studio 有一個 **Code Cleanup（程式碼清除）**功能，允許你在儲存檔案時，手動或自動地格式化你的程式碼。

這是透過 **Code Cleanup** 設定檔來完成的。這些設定檔（profile）可以執行一些操作，例如：「刪除未使用的 using 陳述式」、「將類別中的成員排序為更一致的順序」、「將程式碼格式化偏好設定套用於一個檔案」等等。

要設定「程式碼清除設定檔」，請再次使用 **Options** 對話框，這次請在 **Text Editor** 節點中找到 **Code Cleanup**，如圖 16.3 所示：

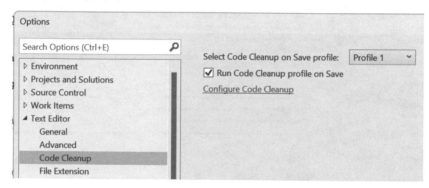

圖 16.3：在儲存檔案時啟用程式碼清除

在這裡，你可以勾選 **Run Code Cleanup profile on Save**，來自動套用你的「清除設定檔」。

我還建議你點擊 **Configure Code Cleanup** 查看你的「清除設定檔」。

這將顯示每個設定檔中會套用的修復器（fixer），如圖 16.4 所示，並允許你設定程式碼清除操作中「包含」和「不包含」的項目：

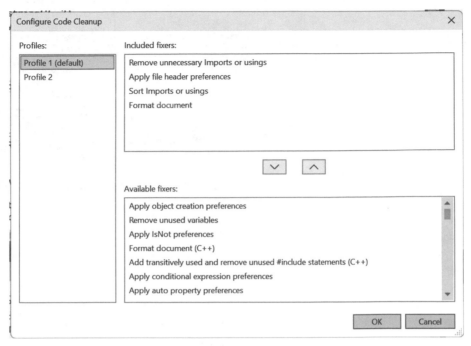

圖 16.4：設定「程式碼清除設定檔」

在儲存時自動清除程式碼，這可能很有幫助，但它確實有一些缺點。如果你的程式碼已經有一段時間沒有進行清除，那麼你的清除動作可能會在檔案中創造出許多變更。在 git 中，當多位作者嘗試修改同一個檔案，甚至查看有哪些變更時，這可能會讓情況變得混亂。

16.4.3 設定程式碼樣式設定

信不信由你：我們之前介紹過 C# 的新行和縮排設定，但這還不是 Visual Studio 可以做到的全部。

Visual Studio 提供了一個 **Code Style** 設定區（settings section），讓你可以根據個人喜好組態（configure）在 C# 中能找到的大部分語言功能。

這些設定位於 **Options** 對話框中的 **Text Editor**、**C#**、**Code Style**，然後是 **General**，如圖 16.5 所示：

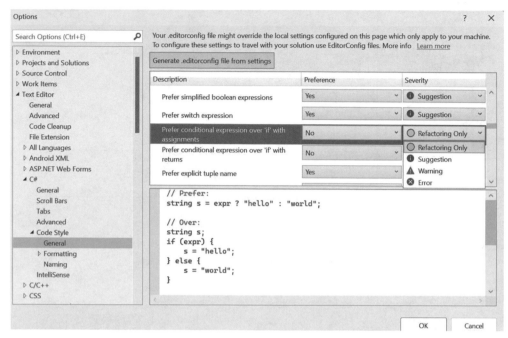

圖 16.5：在 Visual Studio 中組態 Code Style 規則

在這個使用者介面中，你可以設定你關心的規則、每個規則的偏好設定，以及你對每個規則的重視程度。另外，請注意 **Generate .editorconfig file from settings** 這個按鈕，我們稍後會更詳盡地討論這個主題。

對於每一條規則，你可以選擇：該規則是否只顯示為「重構選項」、Visual Studio 是否會透過識別碼上的「綠色波浪線」低調地建議該規則，或者 Visual Studio 是否應該更積極，例如在違反標準的地方使用「編譯器警告」或「編譯器錯誤」。

這些設定有很多，但它們可以讓你微調個人喜好，即你喜歡哪些 C# 功能以及你喜歡的格式。

不過，這些都是你的個人設定，它們被應用在你自己主機的程式碼上。在下一節中，我們將討論如何讓這些設定適用於你的整個團隊。

16.5 使用 EditorConfig 套用程式碼標準

讓我們來看看，如何將 **Options** 對話框中的程式碼樣式設定（code style settings），
透過 .editorconfig 檔案附加到一個專案中。

EditorConfig 功能使用 .editorconfig 檔案，其中包含你的專案適用的「樣式」和
「語言使用規則」。任何違反 EditorConfig 規則的情況，都將導致編譯器發出警告，
以及在 Visual Studio 編輯器中出現建議。

> **在 Visual Studio 之外的 EditorConfig 檔案**
>
> 在撰寫本書時，.editorconfig 檔案可以直接在 Visual Studio 和 JetBrains
> Rider 中執行。在 VS Code 中，只需安裝 C# Dev Kit 和 EditorConfig for
> VS Code 擴充功能，EditorConfig 檔案就受到支援。請參考 **「延伸閱讀」**
> **小節**，有更多在 VS Code 和 JetBrains Rider 中啟用這些功能的指引。

EditorConfig 檔案的主要優點是，它們讓一個專案的所有開發者，都能使用「一致的
格式化和樣式偏好設定」來進行工作。

16.5.1 檢視我們的啟動程式碼

我們將要格式化的程式碼位於「**第 16 章**」的解決方案中，包含一個
FlightQueryDecoder 主控台應用程式，以及一個關聯的 xUnit 測試專案。這段程式碼
對於本章來說是相當簡潔的，主要與 FlightQueryParser 類別有關。

讓我們先從 FlightQueryParser 的前半段開始，它將航班搜尋字串（如 AD08FEBDENLHR）
解析為一個 FlightQuery 物件：

```
namespace Packt.FlightQueryDecoder;
public class FlightQueryParser
{
  public FlightQuery ParseQuery(string query) {
    if (query.StartsWith("AD") && query.Length == 13)
    {
      var flightQuery = new FlightQuery {
        Date = DateTime.Parse(query.Substring(2, 5)),
        Origin = query.Substring(7, 3),
        Destination = query.Substring(10, 3)
      };
```

```
      return flightQuery;
    }
    else {
      throw new ArgumentException("Invalid query format");
    }
  }
```

這裡的實際邏輯並不是重點。我想要強調給你看的是，程式碼在區塊內的格式並不一致。

讓我們看一下檔案的後半段，它處理航班搜尋結果字串（如 DEN LHR 05:50P 09:40A E0/789 8:50），並將其轉換為一個 FlightQueryResult：

```
public FlightQueryResult ParseResult(string result)
{
  var fqr = new FlightQueryResult();
  var segments = result.Split(' ',
    StringSplitOptions.RemoveEmptyEntries
    | StringSplitOptions.TrimEntries);
  fqr.Origin = segments[0];
  fqr.Destination = segments[1];
  string today = DateTime.Today.ToShortDateString();
  fqr.DepartureTime = DateTime.Parse(
    today + " "+segments[2] + 'M');
  string seg3 = segments[3];
  fqr.ArrivalTime = DateTime.Parse($"{today} {seg3}M");
  fqr.AircraftTypeDesignator = segments[4];
  fqr.FlightDuration = TimeSpan.Parse(segments[5]);
  return fqr;
  }
}
```

雖然這段程式碼刻意寫得糟糕且格式不一致，這是為了提供一個範例，但我相信你在真實世界中一定見過許多樣式同樣不一致的大型檔案。

現在我們已經介紹了這段程式碼及其不同的樣式選擇，讓我們在專案中加入一個 .editorconfig 檔案，看看它如何協助強制執行（enforce）樣式。

16.5.2 加入一個 EditorConfig

要加入 `.editorconfig` 檔案，請右鍵點擊 `Packt.FlightQueryDecoder` 專案，選擇 **Add**，然後選擇 **New EditorConfig** 或是 **New EditorConfig (IntelliCode)**。

> **什麼是 EditorConfig (IntelliCode)？**
>
> **New EditorConfig** 和 **New EditorConfig (IntelliCode)** 這兩個選項之間是有差異的。標準選項（前者）會建立一個帶有預設選項的 `.editorconfig` 檔案，IntelliCode 選項（後者）則會分析你的專案，並根據它在目前程式碼中觀察到的「慣例」產生 `.editorconfig` 檔案。兩者都是建立專案起始點的可行選項。

根據你選擇的選項，你可能需要選擇 `.editorconfig` 檔案應該存放在哪個資料夾中。如果系統提示你，請選擇 `Packt.FlightQueryDecoder` 資料夾作為預設選項。

完成後，你應該會在 **Solution Explorer** 中看到你的專案內出現了一個新的 `.editorconfig` 檔案。

在繼續使用這個 `.editorconfig` 檔案之前，值得注意的是，我們之前在 **Options** 對話框中看到的 **Code Style** 設定，可以根據「你目前的程式碼樣式選擇」產生一個 `.editorconfig` 檔案。這樣你就可以自訂你的樣式，然後根據這些選擇建立一個 `.editorconfig` 檔案。

現在我們有了一個 `.editorconfig` 檔案，讓我們來自訂它吧。

16.5.3 自訂 EditorConfig 設定

按兩下 `.editorconfig` 檔案，開啟屬性檢視（properties view）。

你會看到一個編輯器，其中的頁籤允許你自訂各種屬性，即空白（Whitespace）、程式碼樣式（Code Style）、命名樣式（Naming Style）、Roslyn 分析器。

這裡有很多選擇，所以我們只專注於幾個非常特定的選項。

點選 **Code Style** 頁籤，然後往下滾動，找到 **var preferences** 群組。

在這裡，你可以指明團隊的偏好設定以及違規的嚴重性。舉例來說，如果你的團隊想要避免使用 var，你可以將所有三個 var 規則都設定為 **Prefer explicit type**（建議使用明確型別），並將嚴重性提高到 **Warning** 或 **Error**，如圖 16.6 所示：

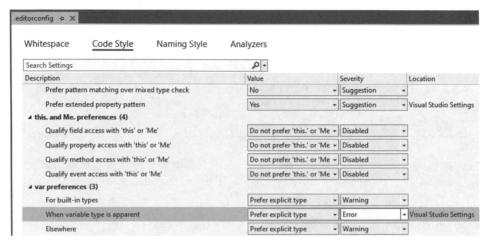

圖 16.6：為你的專案自訂 var 偏好設定

儲存這個檔案，然後回傳到 `FlightQueryParser.cs`，現在你應該能在編輯器中看到違反這些規則的警告和錯誤，如圖 16.7 所示：

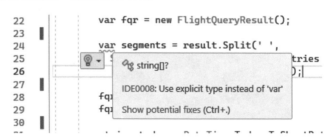

圖 16.7：依據程式碼樣式規則，Visual Studio 對使用 var 的警告

這些違規並不會導致程式碼無法編譯，但它們會出現在 **Error List** 檢視中，如圖 16.8 所示：

圖 16.8：出現在 Error List 中的程式碼違規情況

由於 .editorconfig 檔案在你提交程式碼時會被加入到原始碼控制（source control）中，因此團隊中的其他開發者提取這個檔案時，就會看到與你在自己電腦上看到的「完全相同的樣式偏好設定和警告」。

這讓程式碼標準在開發過程中清楚可見，而在同事審查中，在審查重要的程式碼變更時，這也可以減少陷入瑣碎爭論的可能性，例如討論起始大括號（opening curly brace，即左大括號）的適當位置，或是要不要使用 var。

16.6 小結

程式碼標準非常重要，它可以幫助團隊專注於有生產力的工作，並確保團隊中的所有開發者都能輕鬆維護原始程式碼。

雖然程式碼標準不需要包含所有事項，但對「常見的爭議項目」或「團隊期望的最佳實踐」進行規範，可能會有所幫助，確保每次變更都能得到遵守。

Visual Studio 提供了許多功能，有助於確保程式倉庫的一致性和高品質，這些功能包括「程式碼格式化」、「程式碼清除設定檔」、「儲存時格式化」、「程式碼分析警告設定檔」、「編輯器層級的程式碼樣式」，以及「使用 EditorConfig 來設定編輯器內的程式碼樣式」。

在本書的最後一章中，我們將討論在較大型的組織中以及在敏捷軟體開發團隊中，如何進行程式碼的重構。

16.7 問題

1. 你如何確定團隊應該採用哪種程式碼標準？
2. 你可以使用哪些方法來處理針對「樣式規則」的不同意見？
3. 有哪些設定「Visual Studio 如何格式化程式碼」的選項？
4. **New EditorConfig (IntelliCode)** 選項有什麼作用？

16.8 延伸閱讀

如果讀者想要了解更多關於本章討論的資訊，可以參考以下資源：

- 框架設計指南：`https://learn.microsoft.com/en-us/dotnet/standard/design-guidelines/`
- .NET 程式設計樣式指南：`https://learn.microsoft.com/en-us/dotnet/csharp/fundamentals/coding-style/coding-conventions`
- 使用 EditorConfig 建立可攜式自訂編輯器設定：`https://learn.microsoft.com/en-us/visualstudio/ide/create-portable-custom-editor-options`
- 初學者友善的 EditorConfig 設定：`https://newdevsguide.com/2022/11/22/beginner-friendly-csharp/`
- 利用 C# Dev Kit，在 VS Code 中使用 EditorConfig：`https://code.visualstudio.com/docs/csharp/formatting-linting#_how-to-support-editorconfig-with-c-dev-kit`
- 在 JetBrains Rider 中使用 EditorConfig：`https://www.jetbrains.com/help/rider/Using_EditorConfig.html`

17

敏捷重構

在最後一章中，我們將討論「如何在敏捷團隊中進行重構」、「如何成功執行大規模重構」、「重構出錯時的復原方式」，以及「納入部署策略，確保不再出錯」。

很有可能，我們在許多小規模的重構戰役中，擊敗了一小部分有問題的程式碼；然而，在我們無法解決大規模設計問題的情況下，卻輸掉了整個「戰爭」。本章將探討如何在每一輪衝刺（Sprint）中，繼續打贏這些小型的重構戰役。我們也將探討更大的戰略問題，即確保你的應用程式擁有正確的設計，並在設計不佳時修正為更好的設計。

在本章中，你會學到下列這些主題：

- 在敏捷環境中進行重構
- 成功應用敏捷重構策略
- 完成大規模重構
- 重構出錯時的復原方式
- 部署大規模重構

17.1 在敏捷環境中的重構

幾乎所有與我合作過的開發團隊，都使用某種形式的**敏捷軟體開發（agile software development）**，以短期衝刺（short Sprint）的形式管理一段時間內的工作，包括任何重構工作。

在這一節中,我們將介紹敏捷工作流程的基礎知識,以及重構如何適應(融入)這種環境。這一點非常重要,因為如果重構工作無法適應敏捷工作流程,重構就無法實作。

17.1.1 敏捷團隊的關鍵元素

敏捷軟體開發的理念被正式規範在《敏捷軟體開發宣言》中(通常稱為《敏捷宣言》),其核心價值如下:

- **個人與互動** 重於 流程與工具
- **可用的軟體** 重於 詳盡的文件
- **與客戶合作** 重於 合約協商
- **回應變化** 重於 遵循計劃 [64]

遵循這些指導原則,敏捷的具體「風格」會因團隊而異,但大多數團隊都採納了以下關鍵元件:

- **衝刺(Sprint)**:工作是在固定期間內進行的,這段期間被稱為衝刺。範圍可以從 1 到 4 週不等,但常態是 2 週。
- **使用者故事(User Story)**:使用工作項目(work item)或是使用者故事的形式來追蹤工作進度。許多團隊要求任何程式碼變更都必須至少與一個工作項目有關。
- **待辦清單(Backlog)**:每個衝刺的工作都來自一份使用者故事的優先待辦清單,這份清單是團隊先前已經審查和精煉過的。

事實上,具體細節、角色和事物的名稱可能會因組織而異,但這些原則普遍適用。

這個過程建立了一個迭代和循環的流程,在這個流程中,團隊在一個衝刺中處理「企業認為最重要的工作項目」,同時為下一個衝刺確定「必須優先處理和改進的項目」,如圖 17.1 所示:

---

64 審校註:台灣敏捷社群成員已將《敏捷宣言》(Agile Manifesto)翻譯成繁體中文,請參閱 https://agilemanifesto.org/iso/zhcht/manifesto.html。

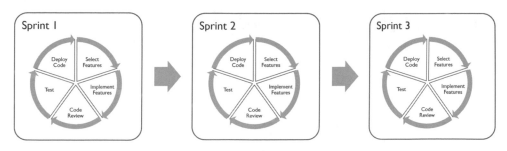

圖 17.1：敏捷軟體開發的循環

敏捷是我們目前發現最適合在「商業環境」中進行軟體開發的方法，但對重構來說，它確實帶來了一些獨特的挑戰。更多敏捷資源，請見本章的**「延伸閱讀」小節**。

17.1.2 理解重構的障礙

敏捷可以讓團隊專心處理對企業來說非常重要的項目，並按照優先順序處理待辦清單中的工作，就這方面來說，敏捷是很有幫助的。可惜的是，對於「主動（proactive）進行重構工作」來說，敏捷可能不是最佳的開發模式。

大多數組織要求所有程式碼變更都必須至少與「一個使用者故事」相關，且開發者在有空閒時間時，也要處理使用者故事。

這讓工程師們陷入了一種困境：他們知道哪些程式碼區域需要重構，他們也有重構這些程式碼的技術、技能和知識，但在團隊內部，他們卻不能「主動」改進超出「指定使用者故事」範圍的程式碼，這在團隊中是不被接受的。

因此，技術債就會累積，最終降低團隊的效率，導致工作項目的進度變慢。同時，由於團隊無法「積極」管理遺留程式碼中固有的風險，這也帶來了更多的錯誤（bug）。

這並不是說敏捷不好。在過去的經驗中，敏捷被認為是目前為止在「軟體工程團隊」中管理工作的最佳流程；不過，它也有一些限制，必須加以解決，才能幫助企業實現短期和長期的成功。

17.2 成功應用敏捷重構策略

在敏捷環境中，持續重構是非常重要的，所以讓我們來談談確保程式碼定期被重構的一些方法。

17.2.1 專門用於重構工作的工作項目

請記住，你和團隊撰寫的每一行程式碼都應該提供商業價值，包括你所做的重構工作。

重構的重點是：透過解決已知的技術風險區域，以及提高團隊未來在目標區域展開相關工作的速度，進而為企業創造價值。

正是因為如此，重構工作應該在衝刺階段以「使用者故事」的形式呈現出來。舉例來說，一位開發者可能會獲得「與合作夥伴的新外部系統進行整合」的使用者故事，另一位開發者可能會獲得「重構並建立更多資料存取層測試」的使用者故事。

在「第 15 章」中，我們探討如何在風險登記簿中追蹤技術債。我在那一章中並沒有明確說明，但你可以使用與「追蹤使用者故事」相同的系統，將「你已知的技術風險」視為一種特殊類型的使用者故事，來進行追蹤，如圖 17.2 所示：

圖 17.2：Azure DevOps 中的技術債項目

這些技術債使用者故事看起來應該就像正常的使用者故事，且它們應該擁有相同的完善和精煉程度。但是，這些使用者故事應該有一個不同的類型（type），或不同值的屬性（property），這樣你就能在「待辦事項」和「衝刺期間」識別出這些技術債項目。

此外，寫下這些技術債項目，應該是團隊中開發者的責任，而不是產品負責人（product owner）的責任，儘管團隊仍需要向產品負責人解釋「這些項目的內容」、「修復它們所需的大致努力」，以及「這項變更希望解決的風險」。

健康的敏捷團隊應該同時考慮短期與長期的項目，而技術債通常會被歸類在長期的範疇裡。

有時候，你只能做短期的工作，其他時候，產品負責人對「技術債中存在的風險」一無所知。「第 15 章」的建議可能有助於這種情況，但多數時候，並不會有簡單直接的答案。

在這些情況下，你可能需要轉變策略，即對「任何變動的程式碼」進行重構。

17.2.2 在程式碼變動時重構程式碼

在我職業生涯中，我所處理的大部分技術債，都源自於我有意識地決定重構「我接觸到的任何程式碼」。

這種「在程式碼變動時進行重構」的做法有幾個主要的優點：

- 它可以確保「變更最頻繁的區域」得到重構。
- 因為我正在這塊區域工作，所以我知道我將測試相關的程式碼。這表示這些測試工作將有助於捕捉到「任何可能在重構工作中得到解決的問題」。
- 它不需要為「小型而瑣碎的重構工作」撰寫獨立的使用者故事，這有助於減少負擔。

根據我的經驗，清理和測試「你接觸到的區域」周圍的程式碼，並把這件事納入你的策略，隨著時間過去，你的程式倉庫會變得更加整潔。

這種做法也有其局限性：當你在某個程式碼區域進行小幅變更，而程式碼需要大量重構工作時，將工作項目的範圍擴大到某種程度通常是不負責任的。

此外，有些重構工作無法在單一衝刺中完成，需要更多戰略思考和規劃來支援。

17.2.3 重構衝刺

重構衝刺（refactoring sprint）是我偶爾會遇到的一個概念。重構衝刺遵循的是農業中的輪作（crop rotation）思維。

我不是農民，但我的理解是，你可以連續數季使用一塊田地，但隨著時間過去，這塊田地開始失去土壤中的養分，年復一年，產量也會逐漸減少。為了應對這種情況，農民學會讓這些田地休耕（fallow）一段時間，在這段時間內不種植任何作物，如圖 17.3 所示：

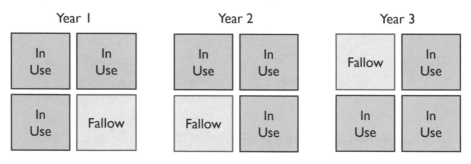

圖 17.3：多年輪作

把這個概念應用到敏捷開發中，會是這樣的：你可能會花費幾個衝刺來處理正常的工作項目，但是在幾個衝刺後，你將導入一個重構衝刺，讓團隊的精力投入到他們最擔憂的程式碼區域中，去進行重構工作。

在重構衝刺中，開發團隊可以嘗試（並承擔）比標準衝刺更大規模的工作。

這樣做還有一個副作用，那就是可以重新激勵你的開發者，讓他們準備好，為一項長期商業目標展開另一連串衝刺。

在實際的運作中，我不確定這些衝刺的常規效果如何，但我在特殊情況下看過團隊從中獲益匪淺。這些重構衝刺可以用來解決較大的問題，也可以在完成一項重大任務後作為為團隊充電的方式。我也見過在節假日期間，這些衝刺被用來保持團隊的參與和投入。

17.2.4 重構輪休

與我合作過的大多數團隊，根本沒有資源讓所有開發者主要從事重構工作，即使只是為了一個單一衝刺。

像這樣的團隊可能會想要把重構衝刺的概念縮小，使其只適用於單一團隊成員。

我把這個概念稱為**重構輪休（refactoring sabbatical）**，其中開發者會在短時間內從大團隊中獨立出來（脫離出來），專注於一個重構專案，然後在下一個衝刺期間，再重新加入大團隊。

如圖 17.4 所示，在未來的衝刺中，某位開發者將花費一個衝刺的時間來進行重構工作，而其他開發者則負責處理傳統的工作項目：

圖 17.4：開發者在多個衝刺階段中「輪休」

在這種模型下，「開發者希望進行的重構工作」應事先獲得批准，並由團隊中的其他開發者審核和測試。

處於「輪休」狀態的開發者仍應就問題提供協助，並處理緊急事項。唯一的主要變化是，他們在一個衝刺中的工作是自我指導的，致力於已知的重構目標。

在某種程度上，這與重構衝刺有相同的士氣提升效果，但規模較小。這也有助於防止團隊過度依賴團隊中的任何一個人，因為人們經常「輪流休假」。

雖然這個模型在小型和中型的重構中可能會取得成功，但在大規模重構中卻沒那麼有效。接下來，我們將討論如何在更大型的重構中取得成功。

17.3 完成大規模重構

根據我的經驗，成功執行大規模重構（large-scale refactoring）是軟體工程中最困難的挑戰之一。

我將大規模重構定義為替換「應用程式」或「應用程式的主要架構層」。將應用程式從一種資料庫技術轉移到另一種資料庫技術、用 gRPC API 替換 REST API、從 Web Forms 升級到 Blazor，或是替換整個服務層（service layer），都是這種情況的範例。

17.3.1 為什麼大規模重構很困難

這些專案具有挑戰性，因為它們通常需要超過一個衝刺的時間才能完成，且必須達到與「已開發多年的軟體」相同的功能水準。

此外，軟體工程專案是出了名的難以準確估算，這也是開發者偏好使用敏捷軟體開發，而非更傳統的專案管理方法（如**瀑布（waterfall）**模型）的原因之一。軟體開發專案中的「延遲」難以預料，並可能以意想不到的「技術障礙」呈現出來，例如其他元件或平台有「我們之前並不知道的限制」，或是「難以察覺的錯誤」拖慢了開發速度等等。

由於這些因素，大型重構工作要比中型重構工作困難得多。

這些工作的成果一旦完成，要把它們遷移到生產環境中，也會令人望而卻步，因為它們代表著巨大的改變。稍後我們會討論幾種降低這種風險的方式，但「替換或升級應用程式的主要部分」，這個決定並不是一點品質風險（quality risk）都沒有的。

如果團隊選擇完全重寫（rewrite）或替換（replace）軟體專案，而不是重構它們，那麼這個問題就會變得更加明顯。

17.3.2 重寫陷阱

重寫將大型重構工作的所有問題至少放大了 10 倍。

在這種情境下，你正在取代一個已經使用了一段時間、通常有大量活躍使用者和成熟功能的應用程式。

在重新實作「多年來的功能」的同時，還需要應對「生產環境中的錯誤」和「其他必須進行的短期工作」，以確保企業順利運作，這可能是一項挑戰。

當一個團隊積極參與重寫時，他們通常認為對目前系統進行「有針對性的重構」並沒有太大的價值。這意味著如果重寫被取消或暫停，團隊將無法從他們的投資中獲益，且仍然有一個遺留系統需要支援。

由於軟體專案的估算和管理非常困難，重寫所需的時間經常比你預期的要長很多。在這段期間，工程師們主要投入重寫工作，這影響了他們在其他計畫的執行能力。

請記住，重寫在進入生產環境並投入實際運作之前，通常不會替企業或使用者帶來任何內在價值（intrinsic value）。這也是為什麼很少有重寫專案能夠取得成功的原因。

你可以透過提供部分重寫的提早預覽（early preview）來改善這種情況，但這並非總是可行，且如果重寫中還缺少重要功能，這也可能不是最佳的使用者體驗。

17.3.3 忒修斯之船的啟示

這裡有一個關於希臘英雄 Theseus（忒修斯）的思想實驗，與重構軟體相關。

在這個名為**忒修斯之船（Ship of Theseus）**的思想實驗中，我們的英雄 Theseus 展開了一場漫長的海上之旅。在他漫長的航行途中，船員逐步使用「備用材料」和「在航行中製造或發現的材料」替換船隻的各個部分。這種情況持續了一段時間，直到他返鄉時，整艘船的零件全部都換過了。

這個思想實驗的提問是：返鄉的船是否還是原來的那艘船？如果不是，那麼它何時不再是原來的那艘船呢？

雖然這些都是有趣的哲學問題，但這個概念對於軟體工程來說是相關的。

透過重構，我們可以在各個區域出現技術債時，替換虛擬「船隻」上的「木板」。逐步重構最需要的元件，我們就能不斷地發展我們的軟體，使其與時俱進。

這就是為什麼我認為在撰寫程式碼的同時重構程式碼，是軟體工程中極為重要的實踐。技術債是軟體無法逃避的現實，你必須在每次變更時都牢記這一點，盡量防止技術債累積，並透過重構來償還現有的債務區域。

> **Note**
>
> 逐步（gradual）重構的效果有限。漸進式（progressive）重構或許有助於維持你的虛擬「船隻」浮在水面上，但它無法將一條小船變成一艘豪華郵輪或潛水艇。

更明確地說，重構並不能幫助你從過時的技術轉移到更現代的技術中。讓我們來看看一個可能對此有所幫助的工具。

17.3.4 使用 .NET 升級小幫手進行專案升級

隨著 .NET 新版本的推出，以及 .NET 生態系統內部新技術的出現，與時俱進可能是一項挑戰。

為了應對這個情況，微軟推出了 **.NET 升級小幫手（.NET Upgrade Assistant）**，它可以協助你安全地升級和現代化你的應用程式。在撰寫本書時，這項工具對使用以下技術撰寫的專案非常有用：

- **ASP.NET**
- **Universal Windows Platform（UWP）**
- **Windows Communication Foundation（WCF）**
- **Windows Forms**
- **Windows Presentation Foundation（WPF）**

.NET 升級小幫手可以安裝為全局工具（global tool）或是 Visual Studio 擴充功能，如圖 17.5 所示：

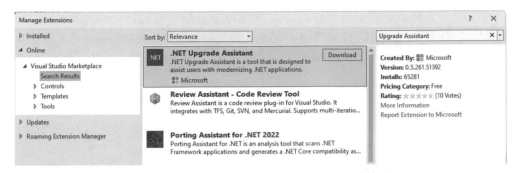

圖 17.5：在 Visual Studio 中安裝 .NET 升級小幫手

安裝擴充功能後，你就能在 **Solution Explorer** 中右鍵點擊一個專案，並選擇 **Upgrade**。

在這裡，你可以在專案中設定一組選項，這些選項會根據你使用的技術而有所不同。你還可以設定升級嘗試的範圍（the scope of the upgrade attempt），並選擇你想要包含和排除的檔案。

升級執行後，你將看到一份已更新的專案和檔案的清單，以及日誌的詳細資訊，如圖 17.6 所示：

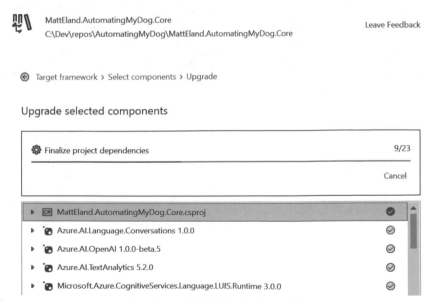

圖 17.6：.NET 升級小幫手正在執行

在嘗試進行升級之前，你應該確保專案已經妥善備份並處於原始碼控制（source control）中。你可能需要自行解決某些問題，但是這個工具對於以自動化方式啟動升級來說，是非常有用的。

對於無法使用 .NET 升級小幫手輕鬆升級的應用程式，你可能需要一些更具創意的策略，我們將在下一節中討論。

17.3.5 重構與 Strangler Fig 模式

2004 年，Martin Folwer 在一篇名為 Strangler Fig Application 的文章中，向軟體社群介紹了 **Strangler Fig pattern（絞殺榕模式）**。

在這篇文章中，Martin Folwer 描述了某些無花果樹，像是圖 17.7 中所展示的榕樹，如何將自己纏繞在其他樹木上，並逐漸取代其他樹的結構：

圖 17.7：Ankit Bhattacharjee 拍攝的榕樹（banyan tree）照片

隨著時間過去，這棵絞殺榕逐漸接管了原樹的結構，實質上變成了一棵全新的樹。

在這個隱喻中，這棵樹代表你試圖替換的遺留應用程式，而絞殺榕的各種藤蔓象徵你的重寫。

在這個模型中，你並不是要重寫整個應用程式，然後用一個全新重寫的應用程式來替換它。

反之，你會從應用程式中取出一個單一的 **vertical slice（垂直切割）**，其中包含一組核心功能和行為，然後在新技術中實作它們。這可能是一個網頁，也可能是一組 API 端點，這取決於你正在寫的是什麼。

一旦你在新技術中重寫了這個功能，你就可以把這個區域的流量從「舊應用程式」重新導向至「新應用程式」。這樣，你就可以逐步向使用者推出「新應用程式」的部分功能，在生產環境中進行驗證，然後再處理應用程式的另一個 vertical slice。

> **技術細節**
>
> 有幾種技術可以協助我們實現「替換應用程式的 vertical slice」的目標。Azure API Management 可以協助將網路流量引導至 API Management 中的適當端點。我也見過有人成功使用 **Yet Another Reverse Proxy（YARP）** 來進行這些工作。更多資訊請參考**「延伸閱讀」小節**。

隨著你擴充重寫，並驗證它們可以正常運作，你就可以移除原始應用程式的部分功能，這樣你就不再需要維護它們了。

對於「新應用程式」尚未支援的區域，你可以讓它連結回「舊應用程式」上的現有區域。

與完全重寫相比，Strangler Fig pattern 有一些關鍵優勢：

- 可以分階段地迭代交付你的重寫
- 在敏捷環境中效果更佳
- 有助於提早驗證風險區域，而不是等待完全重寫
- 如果需要的話，它允許你從原始應用程式中刪除被替換的程式碼
- 它可以與原始應用程式平行推出，作為預覽版

或許這種模式最大的好處是，它的成功機率遠遠高於嘗試全部重寫。

接下來，讓我們來討論當重構不成功時該如何應對。

17.4 重構出錯時的復原方式

有時候，儘管你盡了最大努力，重構工作還是會失敗。這可能是因為你的測試中有漏洞，或是對新技術有誤判，但在你的重構嘗試中，肯定會有一定比例的失敗。

17.4.1 失敗的重構所帶來的影響

失敗的重構既令人沮喪，也對未來的重構工作構成嚴重挑戰。畢竟，重構的一大障礙就是人們認為遺留程式碼非常脆弱，碰一下就壞。當你變更程式碼時，如果程式碼出現損壞，你就會增加未來變更程式碼的難度。

當重構失敗時，有時你可以建立一個快速修補（quick patch）來解決你導入的問題。在這種情況下，程式碼得到重構，服務得到恢復，但你卻失去了團隊的一些信任。

更多時候，重構失敗會導致程式碼被回復（roll back）到你重構前的版本。有時候，你會有機會修改，增加額外的測試，並重新嘗試這個重構；而其他時候，團隊會決定再次嘗試重構的風險過大，你將在一段時間內失去改善程式碼的機會。

總而言之，這個討論的關鍵在於公司有多信任你不會犯錯。

在軟體開發中出現錯誤是不可避免的，因為人非聖賢，都會犯錯，都會在不自覺中做出假設，也無法全知全能。

17.4.2 在敏捷環境中建立安全性

身為一名技術專家，你要做的就是建立一種環境，在這種環境中，錯誤發生的頻率很低，而且這些錯誤在進入生產環境之前，就能輕易、安全地被捕捉到。

在重構時，你可以採取一些措施來減少破壞軟體的機會：

- **測試**：單元測試、手動測試，以及讓同事在不同的環境中測試你的程式碼，可以幫助你捕捉到許多錯誤和一些假設。

- **程式碼審查**：團隊在將變更發送到整合環境和生產環境之前，對這些變更進行審查，就可以捕捉到不良假設、錯誤和糟糕的程式設計實踐。程式碼審查是團隊分享知識和技術的機會，同時也是在整個開發團隊分享程式倉庫（codebase）知識的機會。
- **程式碼分析**：正如 **Part 3** 所討論的，使用 .NET 記錄的最佳實踐，並遵守你的團隊標準，可以防止團隊以前遇到過的問題再次發生。
- **自動化測試**：測試非常重要，我在這裡說了兩次，但這次我要強調的是，任何要合併到發佈分支（release branch）中的變更，都需要先執行並通過自動化測試，才能繼續執行。這樣才能確保測試可靠、可重複地執行。
- **主動監控**：定期監控錯誤和警告日誌可以幫助你在生產環境和測試環境中及早發現問題。

當問題發生時，請誠實且光明正大的處理，並遵循以下步驟：

1. 確認問題確實存在。
2. 充分理解問題到足以解決它的程度。
3. 解決問題、恢復服務。
4. 確定如何防止問題再次發生。

一個錯誤（bug）突破了或滲透了你的防禦性措施，不妨將這視為改進流程和找出缺失的方式，讓它成為團隊的學習機會。

遺憾的是，這些學習機會確實會伴隨著「因為這個問題而導致其他人對你失去信心」的懲罰。

我發現，開放且誠實地傳達以下幾點，有助於增進理解，並在一定程度上修復失去的信任：

- 在發佈之前，團隊執行了哪些步驟來確認這個項目不會產生問題
- 錯誤的性質，以及它是如何突破你們團隊的
- 你如何解決問題、恢復服務
- 為了確保將來不再出現類似問題，你正在進行哪些措施

這種做法尊重每一個人，與他們分享理解，提供提出問題和建議的機會，並向他們保證「應用程式的品質」對於你和團隊來說非常重要。

在我們結束這一章和整本書之前，讓我們來談談在部署軟體時，你可能想要考慮的一些有益做法。

17.5 部署大規模重構

讓我們來談談一些部署（deploy）程式碼的方式，這些方式有助於在任何問題變成重大問題之前發現並解決它們。

17.5.1 使用功能旗標

功能旗標（**feature flag**）是控制「功能」是否啟用的組態設定（configuration setting）。

當你推出包含新功能的新程式碼時，這段程式碼不需要立即生效。你可以像平常一樣部署，同時在設定中禁用新功能區域。

一旦你確定軟體的其他部分能正常運作，你就可以啟用新功能了。如果新功能出現問題，你可以將功能旗標切換回到「不啟用」的狀態，來快速停用它。

在發佈實際功能時，功能旗標非常有用，你當然也可以在重大重構工作中使用它們。例如，功能旗標可能決定系統是使用 LegacyBookingSystem 還是 RevisedBookingSystem。

> **Tip**
> 功能旗標函式庫與 A/B 測試函式庫（如「**第 9 章**」介紹的 Scientist .NET）配合得非常好。

熱門的功能旗標工具包括 **Azure App Configuration** 和 **Launchdarkly**，但微軟也提供了一個開放原始碼功能管理函式庫，即 **.NET Feature Management**（**.NET 功能管理**）。

.NET Feature Management 的功能令人驚訝地強大，它可以直接整合到你的 .NET 應用程式中，不過它缺乏商業軟體產品可能具備的一些網頁監控（web monitoring）功能。

功能旗標增加了應用程式的複雜性，但在功能上線時，能為你提供選擇。這樣，你就可以啟用一項功能，在生產環境中評估其正確性，然後選擇禁用它、修補觀察到的任何問題，或是保留（啟用）它。

17.5.2 分階段推出和藍 / 綠部署

分階段推出（phased rollout）或藍 / 綠部署（**blue/green deployment**）將功能旗標的概念提升到另一個層次。在這個模型中，你有明顯的一組一組伺服器，通常被稱為藍色環境和綠色環境。

在藍 / 綠部署中，一開始，你可能會讓 100% 的使用者使用一個環境。在這段期間內，你會將「新的更新修補」套用到另一台伺服器上，並驗證它是否正常運作，如圖 17.8 所示：

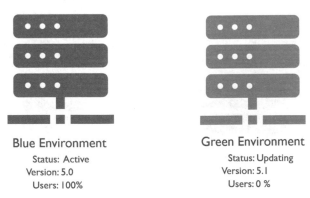

Blue Environment
Status: Active
Version: 5.0
Users: 100%

Green Environment
Status: Updating
Version: 5.1
Users: 0 %

圖 17.8：使用者正在使用藍色環境，同時綠色環境正在更新中

一旦確定新的伺服器可以正常運行且沒有問題，你就可以開始將「一部分的使用者」轉移到新的伺服器。

這個子集的使用者代表真實的生產環境流量（production traffic），可用於監控新版本在「最小的使用者集合」中的行為，如圖 17.9 所示：

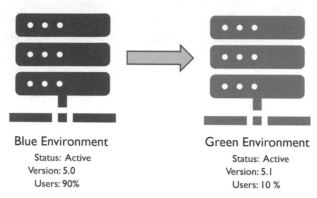

Blue Environment
Status: Active
Version: 5.0
Users: 90%

Green Environment
Status: Active
Version: 5.1
Users: 10 %

圖 17.9：大部分的使用者在藍色環境中執行，一部分的使用者則在綠色環境中執行

如果新環境開始出現問題，你可以迅速地將使用者從該伺服器轉移回舊的伺服器，然後關閉新環境並進行維護，直到你解決問題，準備好再次嘗試。

> **請小心**
>
> 在遷移到新的修訂版本，然後回復到舊的版本時，你必須特別小心，確保任何資料庫遷移（database migration）仍能正常工作。使用工具，例如 Entity Framework 的 Up 和 Down 指令碼，就可以處理這個問題。

如果新環境的運行沒有問題，就可以逐步將使用者從舊環境「轉移」到新環境。最終，你的舊環境會被清空，可以離線，直到下一次部署，如圖 17.10 所示：

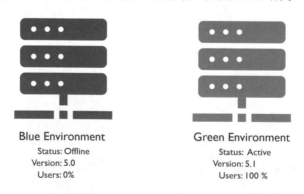

Blue Environment
Status: Offline
Version: 5.0
Users: 0%

Green Environment
Status: Active
Version: 5.1
Users: 100 %

圖 17.10：綠色環境處理所有流量，藍色環境則是離線（offline，又譯下線）

下一次部署發生時，角色將會反轉，一旦藍色環境更新到下一個版本，使用者將從綠色環境移動到藍色環境。

這聽起來複雜，某種程度上確實如此，但是你的雲端服務供應商可以自動化並管理許多這種複雜性。例如，Azure 在許多服務中都提供了藍 / 綠部署，更多資訊，請見「**延伸閱讀**」小節。

轉移到藍 / 綠部署模型後，複雜性在很大程度上就變得無關緊要了；藍 / 綠部署反而會成為你品質工具箱中的另一項工具。

17.5.3 持續整合與持續交付的價值

所有這些新增的複雜性，包括部署和功能管理，一開始可能令人生畏，但這種成熟度有助於團隊達到非常有效率的水準，減少任何失敗對終端使用者的影響。

這種複雜性可能是一個問題，但值得慶幸的是，**CI/CD（continuous integration and continuous delivery，持續整合與持續交付**）有助於管理它。

CI 是指在軟體發生變化時，隨時驗證其正確性。這表示每當有變更即將被合併到整合分支時，就需要執行程式碼分析、單元測試及任何其他檢查。

CD 關注的是以「可重複且可靠的方式」自動部署軟體應用程式。部署不是在一位專門的開發者的機器上完成的，而是使用自動化指令碼（automated script）完成的（這個指令碼通常是在雲端環境中執行的）。CD 讓你能以「可重複且可靠的方式」將軟體發送到你想要的任何環境中。

部分對 CI/CD 的解釋也包含了 **IaC（Infrastructure as Code，基礎設施即程式碼**）的元素，透過像是 **Terraform** 或 **Bicep** 等工具。IaC 被用來設定雲端環境，這些環境擁有相同的資源、安全權限和組態設定，這些都是以 IaC 指令碼為基礎的。這意味著部署可以用來建立缺失的雲端資源和安全資源，且一般來說，也讓團隊更容易一致地建立新環境。

當你將這些工具和流程組合在一起時，你將得到一個定義明確的自動化管線，這條管線會檢查新程式碼的正確性，執行測試以確保變更不會破壞任何東西，並且可以將變更部署到你希望的任何環境中——而且在過程中，完全不會出現人為錯誤。

一旦你擁有足夠廣泛的單元測試和整合測試函式庫，CI/CD 允許你按照你感到舒適的速度進行部署，這也是一些團隊每天都能部署上百次原因（如果他們希望的話）。

這種程度的流暢度與成熟度，讓團隊擁有快速創新的自由。這些新增的品質檢查和自動化的安全網進一步支援了重構工作，消弭了變更時的恐懼，讓你的軟體保持健康和整潔。

17.6 案例研究：雲霄航空公司

在本書結束之前，讓我們最後看一下我們的案例研究：雲霄航空公司。

一開始，雲霄擁有一些難以維護的系統，他們因為擔心導入嚴重錯誤，而不敢輕易碰觸。針對程式倉庫中的技術債，以及團隊在過去一年中遇到的品質問題，他們進行了一次系統性審查（systematic review）。

因此，團隊能夠優先處理技術債清單中的重點區域，並確定那些明顯缺乏單元測試的關鍵區域。雲霄進行了多次重構衝刺，首先解決最為關鍵的區域，並著重強調要擴充他們的單元測試。

品質熱點（quality hotspot）大致得到解決後，雲霄又回到了標準的敏捷開發節奏，但每個衝刺階段都會分配「大約 30% 的工作量」來償還技術債。

雲霄使用的許多系統都已過時，但雲霄能夠利用 .NET 升級小幫手快速實作大部分系統的現代化。

針對難以輕鬆升級的應用程式，開發團隊開始採用 Strangler Fig pattern 來建立一個新的應用程式，來覆蓋（重寫）舊的應用程式的 vertical slice，並使用 YARP 等工具，在可能的情況下將流量路由到新的應用程式。

所有這一切都離不開信任的與開誠佈公的文化，以及現代化應用程式管理流程（如功能旗標和 CI/CD）的支援。

雖然開發者還需要一段時間，才能完全對自己的程式碼感到自豪，但雲霄正朝著正確的方向前進。團隊已經重新贏回了整個組織的尊重，新增的穩定性和敏捷力正在協助整個企業，朝向陽光照耀的地平線駛去。

17.7 小結

在本章中,我們探討了在敏捷環境中進行重構的獨特挑戰,以及在敏捷衝刺中包含重構工作的策略。

我們還研究了完成大規模重構的做法,以及當事情沒有按計畫進行時該如何應對。

本章還討論了一些部署和自動化流程,透過功能旗標、藍 / 綠部署和 CI/CD 實踐,這些流程可以減少問題對終端使用者的影響,並將人為錯誤的風險降到最低。

17.8 打造更永續的軟體

本書帶領讀者從「技術債的本質」談起,一直深入到「重構的流程」。我們談到如何安全地測試和組織你的軟體,以及如何評估程式碼的最佳實踐、優先順序和溝通技術債。

我們還談到 C# 語言與 Visual Studio 的功能如何支援你打造更永續的軟體(more sustainable software)。

每年,微軟都會在年初公佈新的 C# 預覽版功能,並在年底左右推出這些功能;每年,我們的世界都會因此而有一些改變。

這些功能為我們提供了廣泛的技能,來應對今天與明天的開發問題,但現實是軟體開發仍在不斷變化。

軟體和軟體開發每年都變得更加複雜。與此同時,許多團隊卻陷入了「維護昨日的程式碼」的困境。

其實大可不必如此。你可以使你的軟體現代化;你可以在滿足企業及客戶需求的同時,以敏捷、負責任的方式來實作現代化。

我以各種形式撰寫軟體超過 35 年了。新手開發者可能會認為,經驗越多,犯錯就越少。雖然這有一些道理,但我個人發現,經驗越豐富,我就越不相信自己「有能力」不犯錯。

請為自己和其他人預留犯錯的空間。問題會發生，錯誤也會進入生產環境，但當這些事情發生時，你需要從中學習教訓與經驗。

我衷心希望，你能從每一章中學到新知識。我也希望，讀完本書的你能充滿期待——期待程式碼能為你帶來喜悅，或者至少不再害怕變更。

讀完本書所概述的實踐，我相信你和團隊可以透過成功地使用 C# 進行重構，達到更好的境界。

17.9 問題

1. 在敏捷環境中，如何償還技術債？
2. 為什麼大規模的重寫很困難？有哪些流程可以協助解決這個問題？
3. 在目前的軟體部署和測試流程中，你看到了什麼樣的差異？

17.10 延伸閱讀

你可以從以下的網址找到有關本章節材料的更多訊息：

- Manifesto for Agile Software Development：`https://agilemanifesto.org/`
- Strangler Fig Application：`https://martinfowler.com/bliki/StranglerFigApplication.html`
- YARP：`https://github.com/microsoft/reverse-proxy`
- Azure API 管理：`https://learn.microsoft.com/zh-tw/azure/api-management/api-management-key-concepts`
- .NET 升級小幫手的概觀：`https://learn.microsoft.com/zh-tw/dotnet/core/porting/upgrade-assistant-overview`
- .NET Feature Management：`https://github.com/microsoft/FeatureManagement-Dotnet`
- Azure 容器應用程式的藍綠部署：`https://learn.microsoft.com/zh-tw/azure/container-apps/blue-green-deployment`
- Vertical Slices：`https://deviq.com/practices/vertical-slices`

memo

memo

memo

memo